U0246837

建筑工程与
物业质量安全巡查

中国建筑科学研究院有限公司
安徽诚美测评咨询服务有限公司 编

王立雷　郑孝俊　主编

合肥工业大学出版社

图书在版编目（CIP）数据

建筑工程与物业质量安全巡查/中国建筑科学研究院有限公司，安徽诚美测评咨询服务有限公司编． --合肥：合肥工业大学出版社，2024.10

ISBN 978 - 7 - 5650 - 6379 - 4

Ⅰ.①建⋯　Ⅱ.①中⋯　②安⋯　Ⅲ.①建筑工程-安全管理②物业管理-安全管理　Ⅳ.①TU714②F293.347

中国国家版本馆 CIP 数据核字（2023）第 131804 号

建筑工程与物业质量安全巡查
JIANZHU GONGCHENG YU WUYE ZHILIANG ANQUAN XUNCHA

中国建筑科学研究院有限公司
安徽诚美测评咨询服务有限公司　编

王立雷　郑孝俊　主编

责任编辑	张择瑞	
出版发行	合肥工业大学出版社	
地　　址	（230009）合肥市屯溪路 193 号	
网　　址	press. hfut. edu. cn	
电　　话	理工图书出版中心:0551 - 62903204	
	营销与储运管理中心:0551 - 62903198	
开　　本	787 毫米×1092 毫米　1/16	
印　　张	14.5	
字　　数	326 千字	
版　　次	2024 年 10 月第 1 版	
印　　次	2024 年 10 月第 1 次印刷	
印　　刷	安徽联众印刷有限公司	
书　　号	ISBN 978 - 7 - 5650 - 6379 - 4	
定　　价	88.00 元	

如果有影响阅读的印装质量问题，请与出版社营销与储运管理中心联系调换。

本书编写组

主　　编　　王立雷　郑孝俊

副 主 编　　张　阳　余　芸　徐　辉
　　　　　　陆常锋

参编人员　　（排名不分先后）
　　　　　　康艳博　杨楚鹏　张　迪
　　　　　　曹伟强　陈慧芳　张　丹
　　　　　　巩喜燕　李　玲　刘星星
　　　　　　丁帅帅　夏　清

前　　言

随着我国现代化进程的加快,各地房屋建筑工程大量建设,随之而来的各种质量及安全事故开始大量出现,重特大安全事故也时有发生。目前市场急需在现在的质量安全管理的体系框架之外,寻求新的补充手段加强项目的质量安全监管和控制。质量安全巡查作为提高建筑工程质量安全和物业管理水平的重要手段之一,开始受到广泛的关注和重视。

建筑工程和物业质量安全是保障社会公共安全和城市可持续发展的重要组成部分。然而,在建筑工程过程和物业管理中,质量安全问题时常出现,一旦发生,就可能带来严重的后果。因此,建筑工程和物业质量安全巡查成了重要的管理手段,旨在通过全面的检查和监督,发现和解决问题,以确保建筑工程和物业的质量安全。

《建筑工程和物业质量安全巡查》是一本介绍建筑工程和物业工程质量安全巡查方法和技巧的实用指南。本书的出版正是为了满足巡查工作的需要,帮助读者掌握巡查技能和方法,进而提高巡查的精准度和效率。本书详细介绍了建筑工程和物业工程质量安全巡查的步骤、重点和注意事项,探讨了建筑工程和物业工程质量安全的关系,强调巡查对于提高物业和建筑工程质量安全的重要性。

本书是一本介绍建筑工程和物业质量安全巡查的实用性指导手册。本书将着眼于建筑工程和物业质量安全巡查的实践应用,系统地介绍巡查工作的基本知识、流程、方法和注意事项;通过对巡查的全面解读,希望能够为相关从业人员提供实用的指导和参考,促进建筑工程质量和物业管理水平的不断提升。

本书从最基础的巡查知识出发,详细介绍了巡查的目的、模式、方法和流程;深入分析了建筑工程和物业管理中常见的质量安全问题及其应对措施。同时,本书还介绍了巡查过程中需要注意的细节和技巧,旨在帮助读者全面了解建筑工程和物业管理中的质量安全问题,并能够有效地运用巡查方式,及时发现和解决问题,提高建筑工程和物业管理的质量安全水平。

　　本书的编写得益于作者多年的实践经验和积累,其内容丰富、准确,具有一定的实用性和可操作性。可以说,这是一本对于建筑工程质量安全和物业管理领域工作人员来说极具价值的参考书。希望读者能够通过本书的学习和实践,更好地掌握巡查技能,提高工作水平,为社会的发展作出自己的贡献。

　　本书可作为建筑工程和物业工程质量安全巡查人员培训的教材和使用手册,在编写过程中,虽经反复推敲和证,但仍难免有不妥甚至疏漏之处,恳请广大读者提出宝贵意见。

王立雷

2023 年 6 月

目　录

第一篇　总　论

第1章　概　论 …………………………………………………… (003)

　1.1　内　涵 ……………………………………………………… (003)

　1.2　项目实施背景 ……………………………………………… (004)

　1.3　巡查工作现状 ……………………………………………… (006)

　1.4　发展趋势 …………………………………………………… (011)

第2章　巡查工作组织实施 ……………………………………… (013)

　2.1　目标和任务 ………………………………………………… (013)

　2.2　组　织 ……………………………………………………… (013)

　2.3　策　划 ……………………………………………………… (014)

　2.4　文件管理 …………………………………………………… (016)

第3章　政策法律体系 …………………………………………… (017)

　3.1　建筑工程法律法规体系 …………………………………… (017)

　3.2　物业管理法律法规体系 …………………………………… (030)

第4章　质量安全巡查工程师 …………………………………… (047)

　4.1　定　义 ……………………………………………………… (047)

　4.2　职　责 ……………………………………………………… (047)

　4.3　权利与义务 ………………………………………………… (048)

　4.4　职业道德 …………………………………………………… (048)

第二篇　建筑工程质量安全巡查

第 5 章　质量巡查 ·· （055）

　5.1　质量管理行为 ·· （055）

　5.2　现场巡查 ·· （057）

第 6 章　安全巡查 ·· （117）

　6.1　安全管理行为 ·· （117）

　6.2　现场巡查 ·· （120）

第三篇　物业质量安全巡查

第 7 章　质量巡查 ·· （133）

　7.1　综合巡查 ·· （133）

　7.2　现场巡查 ·· （136）

第 8 章　安全巡查 ·· （159）

　8.1　综合管理 ·· （159）

　8.2　治安、消防、车辆安全管理 ··· （170）

　8.3　设备设施安全管理 ··· （200）

　8.4　环境安全管理 ·· （222）

第一篇

总　　论

第1章 概　论

1.1　内　涵

1.1.1　概念

质量安全巡查是指,受行业主管部门、建设单位、物业管理部门等有质量及安全技术需求的相关委托方委托,根据法律法规、行业标准、委托合同文件等,定期或不定期对委托方标的物的质量安全状况开展巡查,并形成巡查报告的服务活动。

质量安全巡查涵盖对建筑工程施工阶段、工程交付之后物业管理阶段以及后期的改造维护阶段施行的巡查,所选取的样本是工程项目或项目中的部分功能,以及质量缺陷和安全隐患责任涉及的主体单位。

1.1.2　特征

巡查工作具有人员专业性、抽查随机性、巡查内容全面性、问题处理高效性、权威性等特点:

1. 专业性

巡查组依据标准化的巡查管理制度体系,对巡查人员、巡查方式、巡查成果等进行明确;巡查人员经过系统科学的专业培训,对于现场质量安全管理具备丰富的工作经验并能够做出客观准确的专业判断;此外,巡查组可聘请行业专家或购买第三方社会机构专业技术服务参与巡查工作。

2. 随机性

巡查工作采取随机抽查、飞行巡查的方式,事先不通知被巡查对象。随机性能够客观、真实地反映出施工现场存在的质量安全管理缺陷与不足。

3. 全面性

巡查工作涵盖房屋建筑工程和物业质量安全各个领域以及各个阶段,且强调对过程中质量安全的综合巡查,发现并纠正质量安全违法违规行为。

4. 高效性、权威性

巡查工作由主管部门、受查标的物的上级部门委托,针对巡查发现的问题能够及时有效地反馈给委托单位，及时给出专业建议，并由委托单位完成问题整改结果的监督及所涉及的后续处罚措施的落实。

1.1.3 意义

质量安全巡查最直接的作用是以专业化、创新化的方式和手段，对施工项目和物业管理进行质量安全隐患排查，及时发现重大隐患，提出较为客观的评估报告，为建筑工程和物业的质量安全保驾护航。

质量安全巡查的深层意义是将监管方式由事前审批向事中事后监管转变的重要手段，既为建设过程中工程质量安全监督模式转型探索经验，又为管理部门制定切合工程现场实际的针对性管理措施创造条件，同时为行政管理部门改进工程监管机制和方式提供重要抓手，在建筑进入使用阶段后，为物业管理部门提供设备设施维护保养重要依据。

1.2 项目实施背景

1.2.1 建筑工程质量安全巡查实施背景

我国自实行改革开放大政方针以来，建筑业进入了日新月异的发展时期，建筑业为国民经济持续健康发展做出了重要贡献。近几年，建筑业总产值处于不断增长的状态，2021年全社会建筑业实现增加值80139亿元，占据国内生产总值的7.01%，俨然成为我国国民经济的支柱性产业。随着经济的发展，建筑工程的质量和安全成为社会关注的重点。随着建构筑物规模的扩大和结构的复杂化，新技术、新工艺、新材料和新设备不断地被应用到施工过程中，这为施工现场质量、安全管理带来了新的挑战。

建筑业安全管理现状主要受行业特点、工人素质、管理水平、文化观念、社会发展水平等因素的影响，其发展的不稳定导致了建筑施工安全生产问题日益严重，从而引发大量伤亡事故，令很多工人失去生命。通过统计2007—2021年房屋和市政工程领域总体事故发生起数可知，2007—2015年间我国建筑施工事故总量呈逐年下降的趋势，从2007年的840起、死亡人数1012人下降到2015年的442起、死亡人数554人，但是2016—2019年事故起数和死亡人数出现反弹，安全形势日益严峻；而通过对2007—2021年较大及以上事故的发生及死亡人数进行统计可知，每年都会发生多起较大以上事故，且重大事故仍然时有发生，而且每起较大以上事故死亡人数不断增加，这足以体现出当前安全管理的形势，改变这一现状是管理部门的工作重点。

对于质量管理来说，亦是如此。纵观我国当前建筑业质量管理局面，可以明确当前工程质量依旧存在大量的管理问题，如图纸标示不清、设计人员水平不高、设计各专业协调配合不融洽等设计质量问题，监理人员管理能力弱、数量不够、履职情况差等人员问题，施工过程不规范等施工问题，等等。以上要素的不稳定性，极大地影响了施工质量管理工作。

为有效地改变当前建筑业的质量和安全管理不足状况，国家建筑行政主管部门也制定了许多政策,以推动建筑工程质量安全巡查工作的开展。住建部 37 号令(2018 年 6 月)提出"县级以上地方人民政府住房城乡建设主管部门或者所属施工安全监督机构,可以通过政府购买技术服务方式,聘请具有专业技术能力的单位和人员对危大工程进行检查,所需费用向本级财政申请予以保障"。2020 年 9 月,《国务院办公厅转发住房城乡建设部关于完善质量保障体系提升建筑工程品质指导意见的通知》(国办函〔2019〕92 号)下发,要求"履行政府的工程质量监管责任。强化政府对工程建设全过程的质量监管,鼓励采取政府购买服务的方式,委托具备条件的社会力量进行工程质量监督检查和抽测,探索工程监理企业参与监管模式,健全省、市、县监管体系"。

因此,第三方的质量安全巡查作为质量安全监管的补充手段,强化重点领域风险防控,聚焦高支模、深基坑、起重机械、脚手架等危大工程安全隐患排查整治,以及钢筋、预拌混凝土、保温防水材料等重要材料的巡查抽测,以进一步深化施工质量安全治理,解决现有专职质量安全监督人员缺口较大、现有力量难以满足建筑工程质量安全监管需要等核心问题,从而建立建筑工程质量安全监管常态化的长效机制,保障建筑工程质量安全监管工作正常开展,有效防范和遏制质量安全风险。

1.2.2 物业质量安全巡查实施背景

物业管理的发展和我国的房地产业是相关的,随着住房制度的改革和深化,住房自有化和社会化已成为不可抗拒的历史潮流。物业管理是一个新兴的行业,在迅猛发展的同时也暴露出很多实质性的问题。比如物业管理从行业来看,有些企业还有些违规行为,比如服务意识比较差,少服务多收费或者乱收费的现象还存在。还有的物业管理企业利用共用部位进行经营谋取自身利益。另外,有物业管理企业和公用部门之间的责任划分不明确产生的矛盾,有开发建设与物业管理不衔接以及销售前期的虚假承诺导致的一些矛盾纠纷;还有业主大会和业主委员会、业主的自律机制没有建立起来,业主的公共意识没有建立起来,没有按照法律的规定履行职责,有时候甚至滥用权力损害了业主的共同利益等。

在此背景下,进行物业巡查是必然趋势。物业巡查作为物业管理部最日常、最重要的工作,它就好像是物业管理的一双眼睛,在物业管理的日常工作中起到了发现问题、整改问题的关键性作用。其目的是变员工的被动工作为主动工作,防患于未然;规范化、制度化和统一化作业行为,使人员管理工作有章可循,提高工作效率和责任感、归属感。它对如实、科学地反映商管工作具有重要意义,因此物业管理人员必须认真履行物业巡查的责任。

对不同的巡查区域而言,需要进行不同程度、不同层次的物业巡查,物业巡查的频次越高、角度越宽,往往就决定了一个物业管理人的水平越高,所以完善小区物业的巡查制度是更好提高小区物业管理水平的重要举措,这需要对物业公司的管理人员提出要求,需要安排人员定期、不定期地在小区内进行巡查,通过巡查来发现现场管理中的问题,现场解决问题,提高小区居民的满意度。

对于物业巡查的范围和内容而言,物业巡查的内容广泛,小到居民楼电梯的小广告、墙体的破损,大到小区内的安全隐患、小区中的基础设施情况等,可以说,物业巡查的好坏直接关系到整个小区的物业管理水平和安全性。物业管理过程中的巡查不仅包括小区居民楼的巡查,更包括小区内部基础设施的巡查。物业管理的本业就是对业主交付的公共财产进行维护、养护,小区内的公共设施和公共绿地,作为物业管理的重要组成部分,也是物业管理人员巡查的重点,通过定期巡查,制订更切实可行的养护计划,跟踪、整改、排除安全隐患。物业管理人员应该把自己的日常巡查工作与本职工作结合起来,及时发现安全隐患,特别是消防、治安、建筑物损坏等隐患,要做好巡视记录,如果发现问题,能处理的应立即处理之,重大问题和不能处理的问题应向上级汇报,做到心中有数,及时排除。

在日常的常规巡查中,需要相关人员到指定地点进行登记签到,从系统实现上,有效地防止相关人员作弊,真正实现相关执勤人员能到现场去签到,用各种技术进行保障,比如采用硬件接触式,或是位置监控式以及信息化控制系统等。

巡查的目的不只在于是否到了现场,也包括到现场后,检查现场的情况是否发生异常,事实上,发现情况是否异常,保证小区的安全并对小区公共设施出现损坏的情况能够及时发现,进行修理,才是巡查的根本目的。如果人为硬性地规定要准时准点签到,那会让执勤人员巡查流于形式,慢慢地只偏重于到达签到,而不再着重于对现场情况的巡查,这就违背了巡查的意义。

而巡查的意义不能只是到达现场,而是对现场实际情况进行详细的检查,这一点,任何巡查监控系统都是无法做到的。这也是在当前物业管理信息化背景下仍然强调需要借助人力进行物业巡查的重要原因,过度依赖系统的作用,会忽视对执勤人员的专业的管理,要做到有效地、有价值地进行巡查,需要管理人员更多的智慧。

1.3 巡查工作现状

1.3.1 建筑工程巡查工作现状

通过查阅建筑施工第三方质量安全巡查的相关文献可知,关于第三方巡查的国内外应用及研究较少。

我国最早出现政府购买第三方服务始于1995年的"罗山会馆",这也拉开了我国开展第三方服务的序幕。而对于第三方质量安全巡查服务来说,主要是近几年由我国政府部门提出"借助第三方进行质量安全巡查"后,越来越多的政府及企业随即响应,但从全国范围看,当前的建筑质量安全巡查工作仍然以政府部门组织的巡查为主,第三方独立巡查还未全面普及。

通过对当前各类第三方质量安全巡查服务进行分析可知,我国第三方巡查现状如下:

(1)巡查人员专业综合素养不高

建筑涉及的单位和专业门类很多,有建设、勘察、设计、审图、中介、施工、监理、检测等单位,专业又涉及结构、风、水、电等专业,施工工艺还分深基坑、高支模、脚手架、模板、钢筋等,建筑还分地下、多层、高层、超高层建筑。巡查单位不可能配齐所有专业人员,有限的巡查人员也不可能接受多个专业的培训,因为专业综合素养不高,所以巡查人员往往对自己不熟悉的专业内容巡查不够细致专业,难以发现问题。

（2）巡查内容以综合性巡查为主

巡查人员受专业性局限,巡查内容往往偏向以综合性巡查为主、务虚为主,缺少对工程现场量测巡查,所以也不能真正发现问题,达不到巡查效果。

（3）缺乏适用的巡查工具

目前的巡查工作中,巡查人员缺乏适用的巡查工具,巡查时以目测为主、估摸为主或干脆以被巡查方提供的数据资料为准,很少进行实测实量,导致巡查结果主观性较强。

（4）巡查频度与时间达不到监管效果

首先,建筑施工过程是一个动态过程,影响质量安全的行为每天都有可能发生,如果没有一定的巡查频度就达不到监管效果;其次,每次巡查受时间限制,通常只有半天时间进行现场和内页资料的巡查,只能检查部分相对重要的工程内容,无法做到全面检查。

（5）物业质量安全巡查没有常态化

当前的巡查工作以建筑施工巡查为主,物业常态化巡查基本没有,一般在出现重大质量安全事故后,政府才进行大规模突击性检查。

收集国外相关资料发现,美国是最早推动第三方服务的国家。第三方这一概念最早由美国学者 Levitt 于 1973 年首次提出,强调政府通过第三部门提供公共服务能够减少运营和监管成本,减少社会的不信任程度。后来,霍普金斯大学教授萨拉蒙提出政府失灵与第三方治理等理论,推动了第三方企业提高对于社会服务的参与程度。

在建筑领域,第三方企业社会服务主要表现为:政府或者业主会临时聘请第三方巡查监督人员,其属于政府认可的外部专业人员,会直接参与每一道重要工序和每一个分部分项工程的巡检并验收,由他们认定合格后,方可进行下一道工序。对工程材料、成品质量的检验都由相对独立的第三方法定检测机构检测。在所有监督检查中,又以地基基础和主体结构的隐蔽工程作为重点。

通过收集资料发现,德国的建筑工程质量检查制度明确第三方检查工作应当遵守国家规定,第三方应该公平公正地对工程进行客观的检查评价,这种第三方的检查也是持续进行的,以保证产品的质量符合标准。第三方检验一般分为两种情况:一种是涉及公共利益及公众安全的部分,按照国家法律法规规定,此部分必须交由官方认可的第三方进行工程检验;另一种是对不关乎公众利益的普通项目,诸如门窗安装质量等,第三方应代替业主对工程安装质量进行检查。如果进一步划分,对于除结构之外的建材、设备等也应交由第三方进行检验,一种是涉及公众安全的建筑材料,应交由官方进行第三方检查;另一种是对于无关公众利益的建材,应由社会上自发组织的相关部门进行质量监督,此种监督不具有法律强制性,属于自愿性。

在德国,基于这种第三方的检验模式,各第三方机构为了企业能够获得良好的竞争力及信誉,就必须建立健全内部的良性管理体制并提高良好的信誉能力。为了更好地在大环境中增强生存能力,就必须树立自己的企业信誉并获得自己的企业标识,从而得到社会的信任。

综上所述,德国建筑质量安全监督体制特色为:①其质量安全监管体制实行的是强制性与自愿性相结合的方式,对涉及公共安全的部位,必须依法进行强制性监督管理,对不涉及公众安全的部位,实行自愿性的管理;②对于建筑工程的监管实行的是自检基础上的第三方检验制度,在企业自检合格的基础上,交由相关部门进行第三方检验。

对于英国来说,政府规定政府委托的私人第三方质监公司人员需要承担刑事法律责任,而且承包商、建筑设计师必须建立各自的质量保证体系。

欧洲的铁路行业很早就采用了第三方安全巡查服务,欧盟借助第三方安全评估机构,进行安全评估和检查并接受后期的安全监督等。第三方机构应具备欧盟授权的资质,根据欧盟制定的标准规范评估受聘企业的安全管理体系,提供项目建设期的独立安全验证建议、运营阶段的周期性安全评估建议以及设备(系统)风险是否在可接受水平的建议。国家安全监管机构独立设置组织机构,不直接与基础设施管理部门、运营企业、设备生产和采购各方发生关系,不需要对生产负责,只根据第三方安全评估机构的检查评估结论对申请企业做出认证和批准,帮助各成员国提升安全管理水平。

总的来说,国外对于第三方巡查服务要求较为严格,这也在一定程度上保障了第三方服务机构的专业性,能够有效地提升服务的质量。

1.3.2 物业巡查工作现状

安全管理工作在整个社会中具有重要的地位和意义,是社会活动中的基础和保障。在物业管理活动中,安全管理不仅关系到业主和住户的生命财产不受损害,而且能够保障物业企业正常运转。物业质量安全巡查制度是物业安全管理落实的重要手段与方式,物业质量安全巡查制度的设计、执行与反馈情况,一定程度上反映了我国物业服务的质量与物业发展的情况。

1. 目前我国物业安全管理的发展趋势

1)物业安全观念的不断转变,安全巡查内容不断扩大

以往的物业安全观念主要是强调消防、治安管理等问题,所以物业巡查制度往往聚焦于安保措施的执行情况、火灾应急处理与消防预案。而目前随着社会的不断发展、小区规模的扩大、相关设备的不断增多,物业管理的环境在时代的发展过程中发生了巨大的变化。社会的发展和科技的进步,使得一些新型的设备和配置越来越多,使得安全隐患也越来越多,威胁安全的因素也越来越多,单一的消防工作不足以涵盖所有危险源。房屋建筑的规划日趋合理,小区规模不断扩大,物业面临更加困难的进出口管理、房屋建筑维护与巡逻安保问题。而且近年来安全管理中越来越重视对于业主安全观念的教育和对员工安全操作的培训,这方面在物业安全巡查中也已经占据重要位置。以上种种,对于物业安全巡查的规模、规范与标准化有了更高的要求,物业安全巡查制度所包含的要点不断扩大。

当今时代,西方的物业观念不断传入,比如美国的安保制度取消单一的物业安保采取当地统一的方法;德国"社会化"的物业公司履职方式的传入,即物业公司一般只负责整个住宅小区的整体管理,具体业务则聘请专业的服务公司承担。各种新型专业化物业思想的传入也推动了传统单一的物业安全观念产生了转变。

2）物业安全巡查制度的主体多样性

物业安全巡查制度从参与者来说具有明显的主体性。在我国,物业安全巡查不只是物业公司的职责,同时当地社区与政府相关管理人员也积极参与,履行自己的义务。

多数物业安全巡查制度的第一执行者是物业公司。在中国,大多数物业巡逻也包括部分安全巡查,特别是对于消防安全和部分设备的检查。除此之外,多数物业公司管理层也会对基层物业进行安全巡查,这种巡查往往具有明确的目标。比如:2021 年 9 月 29 日,由垦达物业品质部主导,联合工程、客服、秩序、保洁组成巡检小组,对雄川金融中心项目开展了全方位的节前安全大检查,充分做好各项安全巡查工作。

除了物业公司之外,另外一个物业安全巡查的重要参与方是行业主管部门。一般通过现场监督与制定相关法律法规和行业标准作为主要参与手段。

以漯河市住建局为例,为规范物业企业服务行为,提升物业服务质量,依据《河南省物业服务企业"双随机、一公开"监督检查事项清单》(豫建房管〔2017〕33 号)和《河南省住房和城乡建设厅关于公布〈河南省省级示范物业项目服务评价标准(居住物业)〉和〈河南省省级示范物业项目服务评价标准(公共物业)〉的通知》(豫建房管〔2018〕19 号),按照《漯河市百城办关于开展物业服务质量监督检查的通知》(漯百城提质办〔2019〕3 号)要求,市住建局组织相关部门、行业专家组成三个督导检查组,对全市物业进行巡查监督,并进行了网上通报。

部分住建局与政府管理机构也以下发行政法规与行政文件等方式,间接参与物业质量巡查管理。以绵阳市为例,粮食相关机构就冬春季易发火灾与消防隐患为重点,下达相关规定,帮助物业公司展开隐患排查工作。

另外,基层党组织、物业公司党组织、基层社区组织也积极发挥了自身作用,参与物业质量安全巡查工作,相关的报道也屡见不鲜。2020 年 6 月份,南京新百物业管理公司党支部和金陵汇德物业服务公司党支部开展结对共建。为应对社区老龄化问题,社区工作者与物业管理人员对接,相互帮助,共同解决社区老龄化问题。由于疫情防控常态化以及当下的实际情况,多数的物业巡查安全检查也已经和社区相接轨,大物业时代下,社区参与基层的物业安全巡查已是大势所趋。

我们不难发现,物业质量安全巡查制度具有鲜明的主体多元化特点,同层次的主体参与物业质量安全巡查,帮助物业公司更好地履行自身职能,并减少由于专业化以及短期利益至上观念所引发的安全隐患与人为事故。

3）物业安全巡查纳入法律法规要求

《上海市住宅物业消防安全管理办法》(沪府令 55 号)的颁布,标志着全面建设和完善物业安全管理工作法律的开始,相关主体行为会受到对应法律法规的限制,在日常管理、监督和指导下营造公正、公平、公开的物业管理市场环境。当前的物业安全管理还有所不足,存在较多的痛点和盲点,无法明确划清管理责任界限,已经对物业管理行业的诚信度和社会形象造成损害,因此,完善的安全管理法律法规有着很重要的现实意义。

2003 年 6 月 8 日,中华人民共和国国务院令第 379 号公布《物业管理条例》,但《物业管理条例》只是行政法规,是在当时上位法《中华人民共和国物权法》缺位的情况下制定的法律条文。目前,我国物业法律尚未形成完整体系。

与西方发达国家发达的物业管理制度与物业法律法规和行业规范相比,中国的物业尚未形成一项标准的物业安全监督管理制度。但是已经有部分地方开始颁布相关行政文件,目前受到广泛认可与接受的是以下两种:其一是深圳市市场监督管理局发布的、在2018年7月1日正式实施的深圳市标准化指导性技术文件《物业服务行业安全管理检查评价规范》(编号:SZDB/Z 307—2018)。其二是成都市市场监督管理局于2020年3月9日发布的四川省成都市地方标准指导文件《成都市物业管理企业安全生产标准化评定规范》(DB5101/T 69—2020)。尽管已有很多地区颁布了相关技术规范文件,但是我国目前仍然没有全国统一实施的标准性技术指导文件。这就意味着,我国目前的物业质量巡查制度仍然没有统一的标准。

4)物业安全巡查科技化智能

目前,越来越多的高科技设备用于物业管理工作。在物业巡查之中周界设备设施与巡哨系统已经得到普及。各种新的技术也应用在巡逻设施之中,针对物业管理项目日常巡查管理难、监管难、保存难等一系列问题,移动GIS技术已被用于物业管理巡查工作中。除此之外,智慧消防也是物业安全巡查科技化的重要体现之一。智慧消防是传统消防的补充,在不影响原有的消防体系使用的前提下,创新应用物联网、NFC、4G/5G、移动互联等技术,将小区各个消控中心独立运行的火灾自动报警系统进行联网,实现一个或多个小区的集中管理和远程监控,同时实现了对于火灾的高效率物业质量安全巡查。

除了在部分安全巡查要点上使用高科技设备之外,部分物业也希望通过全面的数据化、智能化设备与大数据进行整体性智能化物业管理。美的物业一直坚持以科技赋能社区,打造高端智慧生活。美的物业引入设备远程监控管理系统(简称EBA),从设备管理业务的信息化、人员调度、设备运维等管理模块,远程采集监控设备运行参数、后台诊断运行状态和发布预警报警信息,保持业务的连续性。目前已在落地"美尊系"服务标准的小区陆续上线供配电、发电机等设施设备监控系统,可实现对设备运维状况及健康状态进行全面诊断分析。这样的智能化新型巡查很可能是未来的物业安全巡查的一个发展方向。

2.国外发展的主要差异

1)物业安全巡查的专业性差异

与中国物业公司独自进行物业管理与基层物业服务不同,国外多采取外包方式。在美国,物业管理已成为城市建设和管理的一个重要产业。高度专业化是该国物业管理行业最显著的特点。

具体来说,就是物业管理公司接管项目后,将管理内容细化,再发包给清洁、保安、设备维修等专业公司。例如小区绿化由专业绿化公司来承担,维修交由专业维修公司按维修合同负责。在这种情况下,物业更愿意加大力度进行安全巡查,积极发现问题,减少由于自己实施自己监督带来的舞弊行为。同时,原本的物业质量安全巡查变成了由各个专业服务的公司负责具体事项,然后由物业管理公司进行验收,将安全巡查与项目验收相合并,提升了管理效率与物业巡查质量。

另外,这种方式可以减少物业公司在自己不擅长的项目上的无效投资,同时提升了物业专业服务的效率与水平。或许未来这种方式也可以成为我国物业公司的发展趋势。

2）形成了完备的法律法规体系与行业标准

《物业管理条例》和《中华人民共和国物权法》是迄今为止我国最重要的两部物业治理法规。其中，《中华人民共和国物权法》建立了我国的"建筑物区分所有权制度"，是构成业主物业权利的法律基础。《物业管理条例》从政府管理角度构建了物业市场监管秩序。在这两部法规基础上，各地出台地方性法规，细化规范。但是目前仍然没有全国统一的物业管理规范与安全巡查标准。

相比之下，在我国台湾地区，以《公寓大厦管理条例》为核心，制定有不少涉及物业使用维护与管理的制度。这些制度，对于我国台湾地区物业管理的规范化发展起到了积极作用，其中也包括了不少物业安全巡查制度的规范与要点。

近 40 年的发展过程中，物业管理企业从无到有，从有到优，取得很大的发展成果，尽管目前与西方先进国家的物业管理与物业巡查相比仍存在着很大的不足，但我国的物业巡查质量监督制度已经形成了自己的特色。

1.4 发展趋势

1.4.1 第三方巡查机构规范化

现阶段第三方巡查服务主要由政府牵头组织，通过购买第三方巡查服务的方式提升辖区内的巡查服务质量和安全管理水平，在当前政策推动下，发展第三方巡查服务是未来发展的必由趋势。

当前还有部分监理公司和咨询服务公司进行第三方监管，但是并没有相应的市场机制与公司来实施"外部审核"这一功能，随着工程建筑领域向精细化、专业化以及平台化的发展，可以预见会出现一类专门负责对工程建筑企业提供质量安全审核以及评价的工程咨询服务公司，而为了维护行业的稳定，国家有关部门也会出台与制度相应的规范和制度体系。

1.4.2 巡查内容更全面更专业

第三方质量安全巡查的内容除了规范性文档等综合性巡查外，将会更侧重于工程实体的量测和现场的隐患巡查，同时关注各种措施的落实情况，未来的巡查内容会更加全面、更加专业。质量巡查将涉及建筑材料和构配件质量评价、地基与基础工程质量评价、主体结构质量评价、屋面工程质量评价等，安全巡查将涉及脚手架工程、模板工程、起重吊装作业、高处作业以及基坑工程等。

同时，针对各巡查项目形象进度，有侧重地明确巡查内容，并将各巡查部分进行细化，实现"人-机-物-法-环"的全方位质量安全巡查，确保不会出现任何遗漏，以保障巡查的质量。

1.4.3 巡查队伍专业化

随着第三方监管行业的壮大，不同机构之间会出现激烈的市场竞争，而第三方巡查监管机构通过打造专业化的巡查队伍形成具有独特优势的核心竞争力,从而赢得购买服务者的青睐。巡查队伍的专业化主要是指培养一批了解安全巡查相关政策、掌握安全巡查方式方法并能熟练使用安全巡查相关工具的专业性人才,并搭配具备一定现场实操技术能力和管理经验的专家团队,有效地提升巡查工作的效率,帮助第三方巡查机构树立良好的品牌形象。

1.4.4　智能监管系统的推广

随着传统第三方质量安全监管体系的完善,监管工作暴露出许多不尽如人意的地方,而智能化的监管集成系统能够有效地解决这些问题,能够实现全天候、全时段监管,同时可以全方位地提高监管效率。

智能监管系统是指通过智能硬件设备监测施工现场的异常数据,并上传至超算中心(或超算分中心),采用系统中集成先进的 AI 算法进行数据分析,将分析后的结果传送至 AI 动态管控平台,相关异常信息、预测分析、决策方案会通过平台发送告警信息,并在施工现场通过语音广播推送至现场人员,督促相关负责人员快速处理。

1.4.5　物业巡查的自主常态化

当前物业管理制度体系不完善、管理人员专业性不强等现象较为常见,从而导致物业在消防、设备设施维保、交通安防和用电安全几个方面的问题较为突出,容易导致事故的发生。因此,对于业主来说,第三方物业巡查机构的介入能够帮助其解决燃眉之急,通过巡查、培训等多种方式,整体提升物业管理水平。此外,随着各地业主需求的不断增多,物业巡查将成为常态化的巡查服务之一。

第2章 巡查工作组织实施

2.1 目标和任务

巡查目标和任务是质量安全巡查的基本工作指引,也是其必须履行的巡查职能。

建筑工程的巡查目标和任务是通过对在施建筑工程项目的工程实体质量、安全文明施工、施工进度、工程内页资料进行巡查,助力建筑工程满足质量目标、安全生产管理目标、文明施工和环保目标等要求。其中,建筑工程质量目标为无重大质量事故,一般质量事故率控制在一定数值(如1‰)以下;安全生产管理目标为无责任死亡事故发生,一般安全事故率控制在一定数值(如1‰)以下;文明施工和环保目标为消除扬尘,保护植被,控制水系污染,要求参建单位在施工过程中和完成施工后及时采取有效措施恢复环境,全面达到环保标准。

物业巡查目标和任务是确保项目范围内环境的安全有序,做好公共秩序维护以及电梯安全管理和各类突发情况及时有效处理等服务保障工作,助力物业公司自主建立质量安全标准化管理体系,通过自我检查、自我纠正和自我完善,构建长效机制,持续提升物业工程质量安全水平。

2.2 组 织

1. 巡查单位

巡查单位应是具备相应技术能力并具有法人资格的机构。

2. 项目巡查组

项目巡查组的组织形式和规模可根据巡查服务合同约定的服务内容、服务期限以及项目特点、规模、技术复杂程度、环境等因素综合确定。项目巡查组须配备满足巡查工作需要的检测设备和工器具。巡查服务合同工作全部完成或巡查服务合同终止时,项目巡查组可自行解散。

项目巡查组一般由巡查组长、副组长、巡查工程师和文件资料管理员组成,且专业配套,人员应相对固定,数量应满足合同和巡查工作需要。

2.3 策 划

2.3.1 巡查计划制订

巡查单位应编制巡查计划。结合建筑工程及物业管理实际情况,明确巡查工作的具体组织安排、内容、要点、程序和纪律等。巡查计划由巡查组长负责组织编写,公司技术负责人审批,报委托方审查。巡查计划应在巡查实施前报送委托方审查,未经审查的计划不得实施。

1. 编写巡查计划应以下列文件资料为依据

(1)国家或地方行政机关制定的建筑工程和物业相关法律、法规及政府规章、规范性文件。

(2)已发布实施的建筑工程和物业相关的技术标准、规范、规程。

(3)招标文件、投标文件。

(4)签署的巡查任务合同及项目涉及的相关资料。

2. 巡查计划内容应符合合同约定(包括但不限于以下内容)

(1)项目概况。

(2)巡查组人员组成。

(3)巡查工作程序及巡查计划安排。

(4)巡查频率。

(5)巡查方法。

(6)巡查实施细则。

(7)巡查纪律。

2.3.2 巡查前期准备

1. 巡查计划制订后即开始进行巡查前期准备工作

1)制订巡查计划、确定巡查人员的分工,并根据巡查计划安排巡查人员,形成派工登记。

2)组织巡查人员学习图纸、规范、巡查实施方案及相关技术文件,熟悉项目和物业管理的基本情况以及巡查控制要点和实施细则。

3)准备相关检查工器具及物资。

4)准备相关检查记录、报告等文书表格。

5)组织巡查人员交底,交底内容应包括:

(1)巡查工作的范围、内容。

(2)巡查工作的程序和方法。

(3)巡查频率。

(4)项目重要风险源及关键工序的常见隐患。

(5)巡查工作中需相关单位配合的事宜。

2.相关单位配合要求

1)建筑工程:被查项目的建设单位项目负责人、施工单位(包括分包单位)的项目经理、监理单位的总监理工程师应在工地现场配合巡查工作;施工单位的项目技术负责人、质量员、施工员、材料员、资料员,监理单位的专业监理工程师、见证员、资料员,应在工地现场做好配合工作;施工单位的安全员、机械员、资料员、特种作业人员,监理单位的安全监理工程师、资料员,应在工地现场做好配合工作;建设、施工、监理单位的资料员和其他人员,应在工地现场做好配合工作。

2)物业:被查项目的物业管理负责人、质量安全负责人、门岗、中控岗、园区巡逻岗、车场巡逻岗、电工等其他与物业现场管理相关工作人员进行陪同,应在现场做好配合工作。

2.3.3 巡查流程

1.巡查准备

巡查组到达巡查地点后,首先听取项目的基本情况汇报,进一步了解项目的概况、组织管理情况、质量安全状况和管理过程中采取的措施、手段等信息,充分做好巡查准备。

2.巡查实施

1)建筑工程巡查包括质量管理行为巡查、安全管理行为巡查及现场实体的质量安全巡查。其中,质量管理行为巡查应包括但不限于工程资料管理、工程过程管理及工程关键点管理等内容,安全管理行为巡查应包括但不限于安全管理痕迹、关键点及实效的检查评估等内容,现场实体的质量巡查应包括但不限于建筑材料及构配件、地基与基础工程、主体结构工程、屋面工程、装饰装修工程、安装工程、建筑节能工程等内容,现场实体安全巡查应包括但不限于高处作业风险检查、物体打击风险检查、坍塌风险检查、起重伤害风险检查、机械伤害风险检查、触电风险检查、火灾风险及其他风险检查等内容。

2)物业巡查主要包括环境巡查、秩序巡查、设备设施巡查、消防巡查、车辆巡查、空调系统巡查、防雷系统巡查、治安管理、标志管理、环境管理、应急处置、安全培训等。

3.巡查记录

现场检查时,巡查组应当针对现场检查的情况,填写项目信息记录单,记录项目巡查的相关信息。

2.3.4 巡查结果反馈及报告

1.现场点评

现场检查结束后,巡查组应针对巡查情况,向被查单位的各方反馈巡查情况,对存在问题进行点评,开具《整改通知单》,有关单位应在规定时限内进行整改。必要时报有关监管部门复查确认。

2.巡查报告

巡查组在向各方反馈巡查情况的同时,撰写巡查报告,并将报告送达监管部门,由监管部门督促落实整改要求。

巡查报告宜包含巡查快报、巡查简报、巡查总报告、巡查体系完善建议。

1）巡查快报宜包含项目基本信息、质量安全风险问题描述、重大隐患描述、应急处理建议等内容。

2）巡查简报宜包含项目详细信息、质量安全及管理风险描述、判定依据、整改建议、优秀做法推荐、项目亮点等内容。

3）巡查总报告宜包含巡查总结概况、各指标比对分析、委托方各层级各维度数据图表分析、质量安全和管理行为系统性及典型问题原因分析、重大隐患描述、系统性及典型问题整改建议、巡查工作成效、下轮次巡查重点与建议、行业优秀管控做法推荐等内容。

4）巡查体系完善建议宜包含体系各模块指标应用情况说明和体系各模块指标完善建议。

2.4　文件管理

2.4.1　一般规定

1. 第三方巡查单位应建立完善的文件资料管理制度，文件资料管理员负责管理。

2. 第三方巡查单位应及时、准确、完整地收集、整理、传递文件资料，建立收发文台账。

3. 第三方巡查单位宜采取信息化技术管理文件资料。

2.4.2　文件内容

巡查机构应按委托合同的约定提交同评价与验收相关的文件资料，需提交的文件资料应包括下列主要内容：

1. 巡查项目的合同文件；

2. 巡查项目的实施方案；

3. 巡查工作简报；

4. 巡查工作总结；

5. 巡查工作的影像资料；

6. 其他需提供的资料。

2.4.3　文件归档

1. 巡查组应当建立巡查工作档案管理制度。在巡查工作完成后，要将工程巡查实施过程中形成的文字、表式和影像等档案资料及时整理汇总，按照档案管理的有关规定分类归档。

2. 宜采取信息化技术管理文件资料，文件资料管理员应及时、准确、完整地收集、整理、传递文件资料，建立收发文台账，文件资料应及时整理、分类、组卷、形成档案；并应按相关规定保存、移交。

第3章 政策法律体系

随着我国经济社会的蓬勃发展,施工质量安全以及物业管理等问题不断增多,为维持建筑业市场的稳定性,保证建筑施工项目的质量和安全处于可控状态,提高物业管理的有效性,政府及有关部门相继颁布了相关的法律法规,构建了包含法律、行政法规、部门规章、地方性法规、地方性规章、国家标准、行业标准、地方标准、企业标准、国家标准化指导性技术文件等内容在内的法律法规标准体系。

3.1 建筑工程法律法规体系

3.1.1 安全管理现行法律法规体系

我国现行有关建筑工程安全生产的法律法规与标准规范见表3-1~表3-13所列。

表3-1 建筑安全生产相关法律

颁布单位	名 称	发布时间
全国人大	中华人民共和国建筑法	2019年修订
全国人大	中华人民共和国安全生产法	2021年修订
全国人大	中华人民共和国消防法	2021年修订
全国人大	中华人民共和国职业病防治法	2018年修订
全国人大	中华人民共和国标准化法	2017年修订
全国人大	中华人民共和国大气污染防治法	2015年修订
全国人大	中华人民共和国噪声污染防治法	2022年
全国人大	中华人民共和国行政许可法	2019年修订
全国人大	中华人民共和国行政处罚法	2021年修订
全国人大	中华人民共和国特种设备安全法	2013年

表 3-2　建筑工程安全生产相关法规

颁布单位	名　称	发布时间
国务院	建设工程安全生产管理条例	2003 年
国务院	特种设备安全监察条例	2009 年修订
国务院	安全生产许可证条例	2014 年修订
国务院	生产安全事故报告和调查处理条例	2007 年
国务院	工伤保险条例	2010 年修订
国务院	国务院关于特大安全事故行政责任追究的规定	2001 年

表 3-3　建筑工程安全生产部门规章

颁布单位	名　称	发布时间
建设部	建筑施工企业安全生产许可证管理规定	2004 年
建设部	建筑起重机械安全监督管理规定	2008 年
住建部	危险性较大的分部分项工程安全管理规定	2018 年
住建部	建筑施工企业主要负责人、项目负责人和专职安全生产管理人员安全生产管理规定	2014 年
建设部	建设行政处罚程序暂行规定	1999 年
住建部	房屋建筑和市政基础设施工程施工分包管理办法	2014 年修订
住建部	实施工程建设强制性标准监督规定	2015 年修订
国家安全生产监督管理总局	生产安全事故应急预案管理办法	2019 年修订
住建部	建筑工程施工许可管理办法	2018 年修订

表 3-4　建筑工程安全生产规范性文件(建筑施工企业安全生产许可管理)

发文字号	名　称
建质〔2004〕148 号	关于印发《建筑施工企业安全生产许可证管理规定实施意见》的通知
建质〔2008〕121 号	关于印发《建筑施工企业安全生产许可证动态监管暂行办法》的通知
建质〔2006〕18 号	关于严格实施建筑施工企业安全生产许可证制度的若干补充规定
建质〔2007〕201 号	关于建筑施工企业安全生产许可证有效期满延期工作的通知
建质〔2008〕91 号	关于印发《建筑施工企业安全生产管理机构设置及专职安全生产管理人员配备办法》的通知
建办质〔2008〕38 号	关于电梯安装企业是否申领安全生产许可证的意见
建办质函〔2013〕350 号	住房城乡建设部办公厅关于下放中央管理的建筑施工企业安全生产许可行政审批项目的通知
建办质函〔2015〕269 号	住房城乡建设部办公厅关于土石方、混凝土预制构件等 8 类专业承包业申领安全生产许可证事宜的意见企业申领安全生产许可证事宜的意见

表 3-5　建筑工程安全生产规范性文件(建筑施工人员安全管理)

发文字号	名　称
建质〔2015〕206 号	住房城乡建设部关于印发建筑施工企业主要负责人、项目负责人和专职安全生产管理人员安全生产管理规定实施意见的通知
建质〔2007〕189 号	建筑施工企业主要负责人、项目负责人和专职安全生产管理人员安全生产考核管理暂行规定
建办质〔2005〕20 号	关于建筑施工企业三类人员安全生产考核和安全生产许可证核发管理工作有关事项的通知
建办质函〔2007〕727 号	建设部办公厅关于调整中央企业施工单位主要负责人、项目负责人、专职安全生产管理人员安全任职资格审批事项的通知
建质〔2008〕75 号	关于印发《建筑施工特种作业人员管理规定》的通知
建办质〔2008〕41 号	关于建筑施工特种作业人员考核工作的实施意见

表 3-6　建筑工程安全生产规范性文件(建筑起重机械安全管理)

发文字号	名　称
建质〔2008〕76 号	关于印发《建筑起重机械备案登记办法》的通知
建办质函〔2014〕275 号	住房城乡建设部办公厅关于调整建筑起重机械备案管理有关工作的通知

表 3-7　建筑工程安全生产规范性文件(危险性较大的分部分项工程安全管理)

发文字号	名　称
建办质〔2018〕31 号	住房城乡建设部办公厅关于实施《危险性较大的分部分项工程安全管理规定》有关问题的通知
建办质〔2017〕39 号	住房城乡建设部办公厅关于进一步加强危险性较大的分部分项工程安全管理的通知
建安办函〔2017〕12 号	关于印发起重机械、基坑工程等五项危险性较大的分部分项工程施工安全要点的通知
建建〔2000〕230 号	建筑施工附着升降脚手架管理暂行规定
建质〔2009〕254 号	关于印发《建设工程高大模板支撑系统施工安全监督管理导则》的通知

表 3-8　建筑工程安全生产规范性文件(建筑施工项目安全管理)

发文字号	名　称
建质〔2018〕95 号	住房城乡建设部关于印发工程质量安全手册(试行)的通知
建质〔2011〕158 号	关于印发《房屋市政工程生产安全重大隐患排查治理挂牌督办暂行办法》的通知
建质〔2003〕82 号	关于印发《建筑工程预防高处坠落事故若干规定》和《建筑工程预防坍塌事故若干规定》的通知

表 3 - 9　建筑工程安全生产规范性文件（建筑施工安全生产标准化考评管理）

发文字号	名　称
建质〔2014〕111 号	住房城乡建设部关于印发《建筑施工安全生产标准化考评暂行办法》的通知
建安办函〔2011〕14 号	关于继续深入开展建筑安全生产标准化工作的通知

表 3 - 10　建筑工程安全生产规范性文件（建筑施工生产安全事故管理）

发文字号	名　称
建法〔2015〕37 号	住房城乡建设部关于印发《住房城乡建设质量安全事故和其他重大突发事件督办处理办法》的通知
建质〔2013〕4 号	住房城乡建设部关于印发《房屋市政工程生产安全事故报告和查处工作规程》的通知
建质〔2011〕66 号	关于印发《房屋市政工程生产安全和质量事故查处督办暂行办法》的通知

表 3 - 11　建筑工程安全生产规范性文件（建筑施工安全监管执法）

发文字号	名　称
建质〔2014〕153 号	住房城乡建设部关于印发《房屋建筑和市政基础设施工程施工安全监督规定》的通知
建质〔2014〕154 号	住房城乡建设部关于印发《房屋建筑和市政基础设施工程施工安全监督工作规程》的通知
建办质〔2017〕56 号	住房城乡建设部办公厅关于严厉打击建筑施工安全生产非法违法行为的通知

表 3 - 12　建筑工程安全生产规范性文件（建筑施工安全监管信息化建设）

发文字号	名　称
建办质〔2018〕5 号	住房城乡建设部办公厅关于印发全国建筑施工安全监管信息系统共享交换数据标准（试行）的通知
建质安函〔2018〕62 号	关于开通全国建筑施工安全监管信息系统数据查询功能的通知
建安办函〔2006〕67 号	关于启用全国建筑施工企业安全生产许可证管理信息系统的通知

表 3 - 13　建筑工程安全生产技术规程及标准规范

发文字号	名　称
JGJ59	《建筑施工安全检查要点》
JGJ/T77	《施工企业安全生产评价标准》
JGJ146	《建筑施工现场环境与卫生标准》
JGJ/T188	《施工现场临时建筑物技术规范》

（续表）

发文字号	名　　称
JGJ80	《建筑施工高处作业安全技术规范》
JGJ46	《施工现场临时用电安全技术规范》
JGJ120	《建筑基坑支护技术规程》
GB－50497	《建筑基坑工程监测技术标准》
GB－50330	《建筑边坡工程技术规范》
JGJ130	《建筑施工扣件式钢管脚手架安全技术规范》
JGJ166	《建筑施工碗扣式钢管脚手架安全技术规范》
JGJ94	《建筑桩基技术规范》
JGJ202	《建筑施工工具式脚手架安全技术规范》
GB－19155	《高处作业吊篮》
JGJ162	《建筑施工模板安全技术规范》
JGJ33	《建筑机械使用安全技术规程》
GB－5144	《塔式起重机安全规程》
JGJ147	《建筑拆除工程安全技术规范》
GB－10055	《施工升降机安全规程》
JGJ/T185	《建筑工程资料管理规程》
GB－50656	《施工企业安全生产管理规范》
GB－50870	《建筑施工安全技术统一规范》
JGJ311	《建筑深基坑工程施工安全技术规范》

备注：所有引用的标准规范都以现行实施为准。

3.1.2　安全监管相关内容

安全监管主要涉及安全检查与安全监督两个方面，安全检查是做好安全工作的重要措施之一，能够监督各项安全规章制度的贯彻落实，及时发现和消除事故隐患。安全监督主要是指国家建设行政部门的其他有关部门对建筑施工安全生产进行检查监督，并对违法行为进行制止和处罚。

与安全检查和安全监督有关的法律法规、规章制度的有关内容如下：

（1）《中华人民共和国建筑法》对于安全监管的有关条款体现在第三十二条、第三十五条和第七十九条。

第三十二条　筑工程监理应当依照法律、行政法规及有关的技术标准、设计文件和建筑工程承包合同，对承包单位在施工质量、建设工期和建设资金使用等方面，代表建设单位实施监督。

工程监理人员认为工程施工不符合工程设计要求、施工技术标准和合同约定的，有权要求建筑施工企业改正。

工程监理人员发现工程设计不符合建筑工程质量标准或者合同约定的质量要求的，应当报告建设单位要求设计单位改正。

第三十五条 工程监理单位不按照委托监理合同的约定履行监理义务，对应当监督检查的项目不检查或者不按照规定检查，给建设单位造成损失的，应当承担相应的赔偿责任。

工程监理单位与承包单位串通，为承包单位谋取非法利益，给建设单位造成损失的，应当与承包单位承担连带赔偿责任。

第七十九条 负责颁发建筑工程施工许可证的部门及其工作人员对不符合施工条件的建筑工程颁发施工许可证的，负责工程质量监督检查或者竣工验收的部门及其工作人员对不合格的建筑工程出具质量合格文件或者按合格工程验收的，由上级机关责令改正，对责任人员给予行政处分；构成犯罪的，依法追究刑事责任；造成损失的，由该部门承担相应的赔偿责任。

(2)《中华人民共和国安全生产法》对于安全监管的有关规定体现在第二十一条、第二十五条、第四十六条和第六十五条。

第二十一条 生产经营单位的主要负责人对本单位安全生产工作负有下列职责：

(一)建立健全并落实本单位全员安全生产责任制，加强安全生产标准化建设；

(二)组织制定并实施本单位安全生产规章制度和操作规程；

(三)组织制定并实施本单位安全生产教育和培训计划；

(四)保证本单位安全生产投入的有效实施；

(五)组织建立并落实安全风险分级管控和隐患排查治理双重预防工作机制，督促、检查本单位的安全生产工作，及时消除生产安全事故隐患；

(六)组织制定并实施本单位的生产安全事故应急救援预案；

(七)及时、如实报告生产安全事故。

第二十五条 生产经营单位的安全生产管理机构以及安全生产管理人员履行下列职责：

(一)组织或者参与拟订本单位安全生产规章制度、操作规程和生产安全事故应急救援预案；

(二)组织或者参与本单位安全生产教育和培训，如实记录安全生产教育和培训情况；

(三)组织开展危险源辨识和评估，督促落实本单位重大危险源的安全管理措施；

(四)组织或者参与本单位应急救援演练；

(五)检查本单位的安全生产状况，及时排查生产安全事故隐患，提出改进安全生产管理的建议；

(六)制止和纠正违章指挥、强令冒险作业、违反操作规程的行为；

(七)督促落实本单位安全生产整改措施。

生产经营单位可以设置专职安全生产分管负责人，协助本单位主要负责人履行安全生产管理职责。

第四十六条　生产经营单位的安全生产管理人员应当根据本单位的生产经营特点，对安全生产状况进行经常性检查；对检查中发现的安全问题，应当立即处理；不能处理的，应当及时报告本单位有关负责人，有关负责人应当及时处理。检查及处理情况应当如实记录在案。

生产经营单位的安全生产管理人员在检查中发现重大事故隐患，依照前款规定向本单位有关负责人报告，有关负责人不及时处理的，安全生产管理人员可以向主管的负有安全生产监督管理职责的部门报告，接到报告的部门应当依法及时处理。

第六十五条　应急管理部门和其他负有安全生产监督管理职责的部门依法开展安全生产行政执法工作，对生产经营单位执行有关安全生产的法律、法规和国家标准或者行业标准的情况进行监督检查，行使以下职权：

（一）进入生产经营单位进行检查，调阅有关资料，向有关单位和人员了解情况；

（二）对检查中发现的安全生产违法行为，当场予以纠正或者要求限期改正；对依法应当给予行政处罚的行为，依照本法和其他有关法律、行政法规的规定作出行政处罚决定；

（三）对检查中发现的事故隐患，应当责令立即排除；重大事故隐患排除前或者排除过程中无法保证安全的，应当责令从危险区域内撤出作业人员，责令暂时停产停业或者停止使用相关设施、设备；重大事故隐患排除后，经审查同意，方可恢复生产经营和使用；

（四）对有根据认为不符合保障安全生产的国家标准或者行业标准的设施、设备、器材以及违法生产、储存、使用、经营、运输的危险物品予以查封或者扣押，对违法生产、储存、使用、经营危险物品的作业场所予以查封，并依法作出处理决定。

监督检查不得影响被检查单位的正常生产经营活动。

（3）《中华人民共和国特种设备安全法》的第四十一条提出特种设备的检查要求，即特种设备安全管理人员应当对特种设备使用状况进行经常性检查，发现问题应当立即处理；情况紧急时，可以决定停止使用特种设备并及时报告本单位有关负责人。

（4）《建设工程安全生产管理条例》中第十四条和第二十一条对安全检查和安全监督进行了详细的描述。

第十四条　工程监理单位在实施监理过程中，发现存在安全事故隐患的，应当要求施工单位整改；情况严重的，应当要求施工单位暂时停止施工，并及时报告建设单位。施工单位拒不整改或者不停止施工的，工程监理单位应当及时向有关主管部门报告。工程监理单位和监理工程师应当按照法律、法规和工程建设强制性标准实施监理，并对建设工程安全生产承担监理责任。

第二十一条　施工单位主要负责人依法对本单位的安全生产工作全面负责。施工单位应当建立健全安全生产责任制度和安全生产教育培训制度，制定安全生产规章制度和操作规程，保证本单位安全生产条件所需资金的投入，对所承担的建设工程进行定期和专项安全检查，并做好安全检查记录。

施工单位的项目负责人应当由取得相应执业资格的人员担任，对建设工程项目的安全施工负责，落实安全生产责任制度、安全生产规章制度和操作规程，确保安全生产费用的有效使用，并根据工程的特点组织制定安全施工措施，消除安全事故隐患，及时、如实报告生产安全事故。

（5）《房屋建筑和市政基础设施工程施工安全监督规定》

第六条　施工安全监督人员应当具备下列条件：

（一）具有工程类相关专业大专及以上学历或初级及以上专业技术职称；

（二）具有两年及以上施工安全管理经验；

（三）熟悉掌握相关法律法规和工程建设标准规范；

（四）经业务培训考核合格，取得相关执法证书；

（五）具有良好的职业道德。

第八条　施工安全监督主要包括以下内容：

（一）抽查工程建设责任主体履行安全生产职责情况；

（二）抽查工程建设责任主体执行法律、法规、规章、制度及工程建设强制性标准情况；

（三）抽查建筑施工安全生产标准化开展情况；

（四）组织或参与工程项目施工安全事故的调查处理；

（五）依法对工程建设责任主体违法违规行为实施行政处罚；

（六）依法处理与工程项目施工安全相关的投诉、举报。

（6）《房屋建筑和市政基础设施工程施工安全监督工作规程》对安全监督的工作规程进行了详细的介绍。

第五条　监督机构应当根据工程项目实际情况，编制《施工安全监督工作计划》，明确主要监督内容、抽查频次、监督措施等。对含有超过一定规模的危险性较大分部分项工程的工程项目、近一年发生过生产安全事故的施工企业承接的工程项目应当增加抽查次数。施工安全监督过程中，对发生过生产安全事故以及检查中发现安全隐患较多的工程项目，应当调整监督工作计划，增加抽查次数。

第八条　监督人员应当依据法律法规和工程建设强制性标准，对工程建设责任主体的安全生产行为、施工现场的安全生产状况和安全生产标准化开展情况进行抽查。工程项目危险性较大分部分项工程应当作为重点抽查内容。监督人员实施施工安全监督，可采用抽查、抽测现场实物，查阅施工合同、施工图纸、管理资料，询问现场有关人员等方式。监督人员进入工程项目施工现场抽查时，应当向工程建设责任主体出示有效证件。

第九条　监督人员在抽查过程中发现工程项目施工现场存在安全生产隐患的，应当责令立即整改；无法立即整改的，下达《限期整改通知书》，责令限期整改；安全生产隐患排除前或排除过程中无法保证安全的，下达《停工整改通知书》，责令从危险区域内撤出作业人员。对抽查中发现的违反相关法律、法规规定的行为，依法实施行政处罚或移交有关部门处理。

3.1.3　质量管理现行法律法规体系

（1）《中华人民共和国建筑法》

《中华人民共和国建筑法》于1997年11月1日第八届全国人民代表大会常务委员会第二十八次会议通过，2019年4月23日第十三届全国人民代表大会常务委员会第十次会议做了第二次修正。全文共八章八十五条，并自1998年3月1日起施行。

《建筑法》是为了加强对建筑活动的监督管理,维护建筑市场秩序,保证建筑工程的质量和安全,促进建筑业健康发展而制定,是关于建筑的基本大法。在范围极为广泛的建筑活动中,迫切需要制定一套统一的行为准则,按照法律法规调整建筑活动中的社会经济关系。对此,想要维护建筑市场秩序的稳定进行,保障建筑工程的安全与质量,必须制定法律法规进行依法管理。关于该法律法规的修正,鼓励企业为从事危险作业的职工办理意外伤害保险,建筑施工企业应依法为职工参保并缴纳工伤保险费。

(2)《中华人民共和国城乡规划法》

《中华人民共和国城乡规划法》于 2007 年 10 月 28 日第十届全国人民代表大会常务委员会第三十次会议通过,根据 2019 年 4 月 23 日第十三届全国人民代表大会常务委员会第十次会议做了第二次修正。全文共七章七十条。本法为了加强城乡规划管理,协调城乡空间布局,改善人居环境,促进城乡经济社会全面协调可持续发展。

(3)《招标投标法》

《招标投标法》于 1999 年 8 月 30 日第九届全国人民代表大会常务委员会第十一次会议通过,2017 年 12 月 27 日第十二届全国人民代表大会常务委员会第三十一次会议修正。全文共六章六十八条,自 2000 年 1 月 1 日起施行。

本法为了规范招标投标活动,保护国家利益、社会公共利益和招标投标活动当事人的合法权益,提高经济效益,保证项目质量而制定。

(4)《民法典》与《合同法》

《中华人民共和国合同法》是为了保护合同当事人的合法权益,维护社会经济秩序,促进社会主义现代化建设制定。由中华人民共和国第九届全国人民代表大会第二次会议于 1999 年 3 月 15 日通过,于 1999 年 10 月 1 日起施行。2020 年 5 月 28 日,十三届全国人大三次会议表决通过了《中华人民共和国民法典》,自 2021 年 1 月 1 日起施行,《中华人民共和国合同法》同时废止。

(5)《建设工程质量管理条例》

中华人民共和国国务院令第 279 号,经 2000 年 1 月 10 日国务院第 25 次常务会议通过,2000 年 1 月 30 日发布施行。为了加强对建设工程质量的管理,保证建设工程质量,保护人民生命和财产安全,根据《中华人民共和国建筑法》制定本条例。凡在中华人民共和国境内从事建设工程的新建、扩建、改建等有关活动及实施对建设工程质量监督管理的,必须遵守本条例。本条例共九章八十二条。

(6)《建设工程勘察设计管理条例》

《建设工程勘察设计管理条例》是为了加强对建设工程勘察、设计活动的管理,保证建设工程勘察、设计质量,保护人民生命和财产安全制定。《建设工程勘察设计管理条例》(中华人民共和国国务院令第 293 号),于 2000 年 9 月 25 日公布,自公布之日起施行。2017 年 10 月 23 日公布的《国务院关于修改部分行政法规的决定》对条例进行了修改。

(7)《房屋建筑和市政基础设施工程质量监督管理规定》

住房和城乡建设部令 2010 年第 5 号,《房屋建筑和市政基础设施工程质量监督管理规定》已在第 58 次住房和城乡建设部常务会议审议通过,自 2010 年 9 月 1 日起施行。

为了加强房屋建筑和市政基础设施工程质量的监督,保护人民生命和财产安全,规范住房和城乡建设主管部门及工程质量监督机构的质量监督行为,根据《中华人民共和国建筑法》《建设工程质量管理条例》等有关法律、行政法规,制定本规定。

(8)《房屋建筑和市政基础设施工程竣工验收备案管理办法》

住房和城乡建设部令第 78 号,2000 年 4 月 4 日住房和城乡建设部关于修改《房屋建筑工程和市政基础设施工程竣工验收备案管理暂行办法》的决定已经第二十二次部常务会议审议通过,自发布之日起施行。

为了加强房屋建筑工程和市政基础设施工程质量的管理,根据《建设工程质量管理条例》,制定本办法。

(9)《关于完善质量保障体系提升建筑工程品质的指导意见》

《关于完善质量保障体系提升建筑工程品质的指导意见》(简称《意见》)是为解决建筑工程质量管理面临的突出问题,进一步完善质量保障体系,不断提升建筑工程品质提出的意见,由国务院办公厅于 2019 年 9 月 15 日印发实施。《意见》提出了突出建设单位首要责任,落实施工单位主体责任,明确房屋使用安全主体责任,履行政府的工程质量监管责任;强调了严格监管执法,加大建筑工程质量责任追究力度,加强社会监督,探索建立建筑工程质量社会监督机制,落实质量责任制度、质量保障体系建设、质量监督队伍建设。

(10)《工程质量安全手册(试行)》

《工程质量安全手册(试行)》(简称《手册》)由住房和城乡建设部根据法律法规、国家有关规定和工程建设强制性标准制定并主持编写,2018 年 9 月 21 日印发。《手册》明确了质量行为要求和安全行为要求;细化了工程实体质量控制内容,如地基基础工程、钢筋工程、混凝土工程、钢结构工程、装配式混凝土工程、砌体工程、防水工程、装饰装修工程、给排水及采暖工程、通风与空调工程、建筑电气工程、智能建筑工程、市政工程;细化了安全生产现场控制,如基坑工程、脚手架工程、起重机械、模板支撑体系、临时用电、安全防护;也明确了质量安全管理资料,如建筑材料进场检验资料、施工试验检测资料、施工记录、质量验收记录、危险性较大的分部分项工程资料、基坑工程资料、脚手架工程资料、起重机械资料、模板支撑体系资料、临时用电资料、安全防护资料。

(11)地方性的法规文件

除了国务院和住建部关于建筑质量的政策文件外,各地住房和城乡建设主管部门在国家法律法规文件的基础上,结合本地实际,细化了有关要求,制定简洁明了、要求明确的实施细则,督促工程建设各方主体认真执行《工程质量安全手册(试行)》,编制了符合本地特色的建筑质量安全巡查手册,也陆续引入第三方建筑质量安全巡查机制,将工程质量安全要求落实到每个项目、每个员工,落实到工程建设全过程,并以执行工程质量安全手册为切入点,开展质量安全"双随机、一公开"检查,对执行情况良好的企业和项目给予评优评先等政策支持,对不执行或执行不力的企业和个人依法依规严肃查处并曝光,住房和城乡建设部适时组织开展对工程质量安全手册执行情况进行督察。

3.1.4 质量监管相关内容

(1)《中华人民共和国建筑法》对工程质量责任作了明确界定。

《中华人民共和国建筑法》第五十三条,国家对从事建筑活动的单位推行质量体系认证制度,经认证合格的,由认证机构颁发质量体系认证证书;第五十五条,建筑工程实行总承包的,工程质量由工程总承包单位负责,总承包单位将建筑工程分包给其他单位的,应当对分包工程的质量与分包单位承担连带责任;第五十六条,建筑工程的勘察、设计单位必须对其勘察、设计的质量负责;第五十八条,建筑施工企业对工程的施工质量负责。

《中华人民共和国建筑法》对工程监理单位的工作要求为:第三十二条,建筑工程监理应当依照法律、行政法规及有关的技术标准、设计文件和建筑工程承包合同,对承包单位在施工质量、建设工期和建设资金使用等方面,代表建设单位实施监督。

《中华人民共和国建筑法》对建设单位可能干预并影响建筑质量的行为作了明确限制。第五十四条,建设单位不得以任何理由,要求建筑设计单位或者建筑施工企业在工程设计或者施工作业中,违反法律、行政法规和建筑工程质量、安全标准,降低工程质量。

《中华人民共和国建筑法》对工程质量的基本要求为:第六十条,建筑物在合理使用寿命内,必须确保地基基础工程和主体结构的质量;第六十一条,交付竣工验收的建筑工程,必须符合规定的建筑工程质量标准,有完整的工程技术经济资料和经签署的工程保修书,并具备国家规定的其他竣工条件。

《中华人民共和国建筑法》明确了违反本法的法律责任:第六十九条,工程监理单位与建设单位或者建筑施工企业串通,弄虚作假、降低工程质量的,责令改正,处以罚款,降低资质等级或者吊销资质证书;有违法所得的,予以没收;造成损失的,承担连带赔偿责任;构成犯罪的,依法追究刑事责任。工程监理单位转让监理业务的,责令改正,没收违法所得,可以责令停业整顿,降低资质等级;情节严重的,吊销资质证书。第七十条,涉及建筑主体或者承重结构变动的装修工程擅自施工的,责令改正,处以罚款;造成损失的,承担赔偿责任;构成犯罪的,依法追究刑事责任。第七十二条,建设单位违反本法规定,要求建筑设计单位或者建筑施工企业违反建筑工程质量、安全标准,降低工程质量的,责令改正,可以处以罚款;构成犯罪的,依法追究刑事责任。第七十三条,建筑设计单位不按照建筑工程质量、安全标准进行设计的,责令改正,处以罚款;造成工程质量事故的,责令停业整顿,降低资质等级或者吊销资质证书,没收违法所得,并处罚款;造成损失的,承担赔偿责任;构成犯罪的,依法追究刑事责任。第七十四条,建筑施工企业在施工中偷工减料的,使用不合格的建筑材料、建筑构配件和设备的,或者有其他不按照工程设计图纸或者施工技术标准施工的行为的,责令改正,处以罚款;情节严重的,责令停业整顿,降低资质等级或者吊销资质证书;造成建筑工程质量不符合规定的质量标准的,负责返工、修理,并赔偿因此造成的损失;构成犯罪的,依法追究刑事责任。第八十条,在建筑物的合理使用寿命内,因建筑工程质量不合格受到损害的,有权向责任者要求赔偿。

(2)《建设工程质量管理条例》是对建筑质量管理过程提出了更具可操作性的建筑行政法规。

《建设工程质量管理条例》界定了工程范围,明确了建设程序。例如:第二条,凡在中华人民共和国境内从事建设工程的新建、扩建、改建等有关活动及实施对建设工程质量监督管理的,必须遵守本条例;第五条,从事建设工程活动,必须严格执行基本建设程序,坚持先勘察、后设计、再施工原则。

《建设工程质量管理条例》对工程各参与单位的工程质量责任和义务作了明确规定。

例如：第三条，建设单位、勘察单位、设计单位、施工单位、工程监理单位依法对建设工程质量负责。第七条至第十七条明确了建设单位的质量责任和义务：建设单位应当依法对工程建设项目的勘察、设计、施工、监理以及与工程建设有关的重要设备、材料等的采购进行招标；不得明示或暗示设计单位或者施工单位违反工程建设强制性标准，降低建设工程质量；应当委托具有相应资质等级的工程监理单位进行监理；建设单位在开工前，应当按照国家有关规定办理工程质量监督手续；房屋建筑使用者在装修过程中，不得擅自变动房屋建筑主体和承重结构。第二十五条至第三十三条明确了施工单位的质量责任和义务：施工单位不得挂靠、转包或者违法分包工程，对建设工程的施工质量负责；必须按照工程设计要求、施工技术标准和合同约定，对建筑材料、建筑构配件、设备和商品混凝土进行检验，检验应当有书面记录和专人签字；必须建立、健全施工质量的检验制度，严格工序管理，作好隐蔽工程的质量检查和记录，隐蔽工程在隐蔽前，应当通知建设单位和建设工程质量监督机构。第三十四条至第三十八条明确了工程监理单位的质量责任和义务：工程监理单位应当依照法律、法规以及有关技术标准、设计文件和建设工程承包合同，代表建设单位对施工质量实施监理，并对施工质量承担监理责任；监理工程师应当按照工程监理规范的要求，采取旁站、巡视和平行检验等形式，对建设工程实施监理。第四十六条至第五十三条明确了监督管理的规定，建设工程质量监督管理，可以由建设行政主管部门或者其他有关部门委托的建设工程质量机构具体实施；从事房屋建筑工程和市政基础设施工程质量监督的机构，必须按照国家有关规定经国务院建设行政主管部门考核；从事专业建设工程质量监督的机构，必须按照国家有关规定经国务院有关部门或者省、自治区、直辖市人民政府有关部门考核。经考核合格后，方可实施质量监督。

《建设工程质量管理条例》第八章罚则，量化了违反本条例规定的处罚标准。第五十六条，建设单位有下列行为之一的，责令改正，处 20 万元以上 50 万元以下的罚款：①明示或者暗示设计单位或者施工单位违反工程建设强制性标准，降低工程质量的；②建设项目必须实行工程监理而未实行工程监理的；③未按照国家规定办理工程质量监督手续的；④明示或者暗示施工单位使用不合格的建筑材料、建筑构配件和设备的。第六十四条，施工单位在施工中偷工减料的，使用不合格的建筑材料、建筑构配件和设备的，或者有不按照工程设计图纸或者施工技术标准施工的其他行为的，责令改正，处工程合同价款百分之二以上百分之四以下的罚款；造成建设工程质量不符合规定的质量标准的，负责返工、修理，并赔偿因此造成的损失；情节严重的，责令停业整顿，降低资质等级或者吊销资质证书。第六十五条，施工单位未对建筑材料、建筑构配件、设备和商品混凝土进行检验，或者未对涉及结构安全的试块、试件以及有关材料取样检测的，责令改正，处 10 万元以上 20 万元以下的罚款；情节严重的，责令停业整顿，降低资质等级或者吊销资质证书；造成损失的，依法承担赔偿责任。第六十七条，工程监理单位有下列行为之一的，责令改正，处 50 万元以上 100 万元以下的罚款，降低资质等级或者吊销资质证书；有违法所得的，予以没收；造成损失的，承担连带赔偿责任：①与建设单位或者施工单位串通，弄虚作假、降低工程质量的；②将不合格的建设工程、建筑材料、建筑构配件和设备按照合格签字的。第七十条，发生重大工程质量事故隐瞒不报、谎报或者拖延报告期限的，对直接负责的主管人员和其他责任人员依法给予行政处分。第七十一条，供水、供电、供气、公安消防等部门或者单位明示或者暗示建设单位或者施工单位购买其指定的生产供应单位的建筑材料、建筑构配件和设备的,责令改正。第七十二条,注册建筑师、注册结构工程师、监理工程师等注册执业人员因过错造成质量事故的,责令停止执业 1 年;造成重大质量事故的,吊销执业资格证书,5 年以内不予注册;情节特别恶劣的,终身不予注册。第七十四条,建设单位、设计单位、施工单位、工程监理单位违反国家规定,降低工程质量标准,造成重大安全事故,构成犯罪的,对直接责任人员依法追究刑事责任。第七十六条,国家机关工作人员在建设工程质量监督管理工作中玩忽职守、滥用职权、徇私舞弊,构成犯罪的,依法追究刑事责任;尚不构成犯罪的,依法给予行政处分。

(3)《房屋建筑和市政基础设施工程质量监督管理规定》规定了谁监督、谁实施和监督内容。例如:第三条,县级以上地方人民政府建设主管部门负责本行政区域内工程质量监督管理工作。工程质量监督管理的具体工作可以由县级以上地方人民政府建设主管部门委托所属的工程质量监督机构(以下简称监督机构)实施。第四条,本规定所称工程质量监督管理,是指主管部门依据有关法律法规和工程建设强制性标准,对工程实体质量和工程建设、勘察、设计、施工、监理单位和质量检测等单位的工程质量行为实施监督。本规定所称工程实体质量监督,是指主管部门对涉及工程主体结构安全、主要使用功能的工程实体质量情况实施监督。本规定所称工程质量行为监督,是指主管部门对工程质量责任主体和质量检测等单位履行法定质量责任和义务的情况实施监督。

《房屋建筑和市政基础设施工程质量监督管理规定》细化了工程质量监督管理内容和监督程序以及处理监督结果。例如:第五条,工程质量监督管理内容包括:①执行法律法规和工程建设强制性标准的情况;②抽查涉及工程主体结构安全和主要使用功能的工程实体质量;③抽查工程质量责任主体和质量检测等单位的工程质量行为;④抽查主要建筑材料、建筑构配件的质量;⑤对工程竣工验收进行监督;⑥组织或者参与工程质量事故的调查处理;⑦定期对本地区工程质量状况进行统计分析;⑧依法对违法违规行为实施处罚。第六条,对工程项目实施质量监督,应当依照下列程序进行:①受理建设单位办理质量监督手续;②制订工作计划并组织实施;③对工程实体质量、工程质量责任主体和质量检测等单位的工程质量行为进行抽查、抽测;④监督工程竣工验收,重点对验收的组织形式、程序等是否符合有关规定进行监督;⑤形成工程质量监督报告;⑥建立工程质量监督档案。第九条,县级以上地方人民政府建设主管部门应当根据本地区的工程质量状况,逐步建立工程质量信用档案。第十条,县级以上地方人民政府建设主管部门应当将工程质量监督中发现的涉及主体结构安全和主要使用功能的工程质量问题及整改情况,及时向社会公布。

《房屋建筑和市政基础设施工程质量监督管理规定》提出了对监督机构的要求。第十二条,监督机构应当具备下列条件:①监督人员数量由县级以上地方人民政府建设主管部门根据实际需要确定,监督人员应当占监督机构总人数的 75% 以上;②有固定的工作场所和满足工程质量监督检查工作需要的仪器、设备和工具等;③有健全的质量监督工作制度,具备与质量监督工作相适应的信息化管理条件。第十三条,监督人员应当具备下列条件:①具有工程类专业大学专科以上学历或者工程类执业注册资格;②具有三年以上工程质量管理或者设计、施工、监理等工作经历;③熟悉掌握相关法律法规和工程建设强制性标准;④具有一定的组织协调能力和良好职业道德。监督人员符合上述条件经考核合格后,方可从事工程质量监督工作。第十四条,监督机构可以聘请中级职称以上的工程类专业技术人员协助实施工程质量监督。第十五条,省、自治区、直辖市人民政府建设主管部门应当每两年对监督人员进行一次岗位考核,每年进行一次法律法规、业务知识培训,并适时组织开展继续教育培训。第十六条,国务院住房和城乡建设主管部门对监督机构和监督人员的考核情况进行监督抽查。

3.2 物业管理法律法规体系

随着我国物业的蓬勃发展,物业管理问题不断增多,为推进物业管理行业在依法治国道路上的长远发展,政府及有关部门相继颁布了相关的法律法规,构建了包含综合管理、房屋及设备设施管理、安全生产、客户服务、环境管理、秩序维护、传染病防治与突发事件应对、国家标准、行业标准、地方标准、企业标准、国家标准化指导性技术文件等内容在内的物业管理法律法规标准体系。

3.2.1 物业管理现行法律法规体系

我国现行有关物业管理的法律法规与标准规范见表3-14~表3-24所列。

表 3-14 物业管理相关法律

颁布单位	名 称	发布时间
全国人大	中华人民共和国民法典	2020 年
全国人大	中华人民共和国邮政法	2015 年修订
全国人大	中华人民共和国无线电管理条例	2016 年修订
全国人大	中华人民共和国安全生产法	2021 年修订
全国人大	中华人民共和国特种设备安全法	2013 年通过
全国人大	中华人民共和国职业病防治法	2018 年修订
全国人大	中华人民共和国传染病防治法	2013 年修订
全国人大	中华人民共和国职业教育法	2022 年修订
全国人大	中华人民共和国消费者权益保护法	2013 年修订
全国人大	中华人民共和国价格法	1997 年
全国人大	中华人民共和国消防法	2021 年修订
全国人大	中华人民共和国突发事件应对法	2007 年
全国人大	中华人民共和国环境保护法	2014 年修订
全国人大	中华人民共和国治安管理处罚法	2012 年修订
全国人大	中华人民共和国行政处罚法	2021 年修订

（续表）

颁布单位	名　称	发布时间
全国人大	中华人民共和国个人信息保护法	2021 年
全国人大	中华人民共和国食品安全法	2021 年修订
全国人大	中华人民共和国房地产管理法	2019 年修订

表 3-15 物业管理相关法规

颁布单位	名　称	发布时间
国务院	物业管理条例	2018 年
国务院	建筑工程质量管理条例	2019 年
国务院	生产安全事故应急条例	2019 年
国务院	危险化学品安全管理条例	2013 年
国务院	特种设备安全监察条例	2009 年
国务院	城镇排水与污水处理条例	2013 年
国务院	城市绿化条例	2017 年
国务院	保安服务管理条例	2022 年
国务院	突发公共卫生事件应急条例	2011 年
国务院	公共场所卫生管理条例	2019 年
国务院	城市市容和环境卫生管理条例	2017 年

表 3-16 物业管理部门规章

颁布单位	名　称	发布时间
住建部	住宅室内装饰装修管理办法	2003 年
建设部	城市供水水质管理规定	2007 年
建设部	城市危险房屋管理规定	2004 年
建设部	城市建筑垃圾管理规定	2005 年
建设部	住宅专项维修资金管理办法	2007 年
住建部	物业承接查验办法	2010 年
环保总局	电子废物污染环境防治管理办法	2007 年
卫生部	中华人民共和国传染病防治法实施办法	1991 年

表 3-17 物业管理规范性文件（综合管理）

颁布单位、文号	名　称
建房〔2009〕274 号	关于印发《业主大会和业主委员会指导规则》的通知
建房规〔2020〕10 号	关于加强和改进住宅物业管理工作的通知

（续表）

颁布单位、文号	名　称
建办房〔2017〕75 号	关于做好取消物业服务企业资质核定相关工作的通知
国办发〔2020〕21 号	国务院办公厅关于进一步规范行业协会商会收费的通知
国办函〔2021〕46 号	国务院办公厅转发国家发展改革委等部门关于推动城市停车设施发展意见的通知
建城〔2020〕68 号	住房和城乡建设部等部门关于印发绿色社区创建行动方案的通知

表 3-18　物业管理规范性文件（房屋及设施设备管理）

颁布单位、文号	名　称
信部联规〔2007〕24 号	信息产业部　建设部关于进一步规范住宅小区及商住楼通信管线及通信设施建设的通知
建住房〔2006〕3 号	建设部关于印发《电梯应急指南》的通知
卫监督发〔2006〕53 号	卫生部关于印发《公共场所集中空调通风系统卫生管理办法》的通知
国机房改〔2014〕169 号	关于改革中央国家机关住宅专项维修资金使用管理的通知

表 3-19　物业管理规范性文件（安全生产管理）

颁布单位、文号	名　称
安委办〔2017〕29 号	关于全面加强企业全员安全生产责任制工作的通知
安监总办〔2015〕27 号	关于印发企业安全生产责任制体系五落实五到位规定的通知
国办发〔2017〕87 号	国务院办公厅关于印发消防安全责任制实施办法的通知
公消〔2008〕273 号	关于推行《消防控制室管理及应急程序》的通知

表 3-20　物业管理规范性文件（客户服务管理）

颁布单位、文号	名　称
发改价格〔2007〕2285 号	国家发展改革委、建设部关于印发《物业服务定价成本监审办法（试行）》的通知
发改价检〔2004〕1428 号	国家发展改革委、建设部关于印发《物业服务收费明码标价》的通知
发改价格〔2003〕1864 号	国家发展改革委、建设部关于印发物业服务收费管理办法的通知

表 3-21　物业管理规范性文件（环境管理）

颁布单位、文号	名　称
建城〔2020〕93 号	住房和城乡建设部等部门印《关于进一步推进生活垃圾分类工作的若干意见》的通知
发改环资〔2021〕642 号	国家发展改革委、住房城乡建设部关于印发"十四五"城镇生活垃圾分类和处理设施发展规划》的通知

表 3 - 22　物业管理规范性文件(秩序管理)

颁布单位、文号	名　称
发改价格〔2015〕2975 号	关于进一步完善机动车停放服务收费政策的指导意见

表 3 - 23　物业管理规范性文件(传染病防治与突发事件管理)

颁布单位、文号	名　称
联防联控机制综发〔2020〕89 号	关于进一步规范和加强新冠肺炎流行期间消毒工作的通知
国卫办监督函〔2020〕147 号	关于印发消毒剂使用指南的通知

表 3 - 24　物业管理标准规范

标准编号	名　称
GB 15630	《消防安全标志设置要求》
GB 17051	《二次供水设施卫生规范》
GB 50310	《电梯工程施工质量验收规范》
GB 50242	《建筑给水排水及采暖工程施工质量验收规范》
GB 19210	《空调通风系统清洗规范》
GB 50354	《建筑内部装修防火施工及验收规范》
GB 5749	《生活饮用水卫生标准》
GB 50281	《泡沫灭火系统施工及验收规范》
GB 12142	《便携式金属梯安全要求》
GB 50263	《气体灭火系统施工及验收规范》
GB 2894	《安全标志及其使用导则》
GB 50268	《给水排水管道工程施工及验收规范》
GB 50444	《建筑灭火器配置验收及检查规范》
GB 16796	《安全防范报警设备安全要求和试验方法》
GB 17945	《消防应急照明和疏散指示系统》
GB 25201	《建筑消防设施的维护管理》
GB 25506	《消防控制室通用技术要求》
GB 50057	《建筑物防雷设计规范》
GB 50275	《风机、压缩机、泵安装工程施工及验收规范》
GB 26859	《电力安全工作规程电力线路部分》
GB 50208	《地下防水工程质量验收规范》
GB 50034	《建筑照明设计标准》

（续表）

标准编号	名　称
GB 50016	《建筑设计防火规范》
GB 13495.1	《消防安全标志第 1 部分：标志》
GB 50243	《通风与空调工程施工质量验收规范》
GB 50222	《建筑内部装修设计防火规范》
GB 50261	《自动喷水灭火系统施工及验收规范》
GB 3445	《室内消火栓》
GB 37300	《公共安全重点区域视频图像信息采集规范》
GB 37487	《公共场所卫生管理规范》
GB 50166	《火灾自动报警系统施工及验收标准》
GB 50365	《空调通风系统运行管理标准》

备注：所有引用的标准规范都以现行实施为准。

3.2.2　物业质量巡查法律法规体系

（1）《中华人民共和国民法典》

第二编物权第六章界定了业主的建筑物区分所有权。第二百七十一条，业主对建筑物内的住宅、经营性用房等专有部分享有所有权，对专有部分以外的共有部分享有共有和共同管理的权利。第二百七十二条，业主对其建筑物专有部分享有占有、使用、收益和处分的权利。业主行使权利不得危及建筑物的安全，不得损害其他业主的合法权益。第二百七十三条，业主对建筑物专有部分以外的共有部分，享有权利，承担义务；不得以放弃权利为由不履行义务。业主转让建筑物内的住宅、经营性用房，其对共有部分享有的共有和共同管理的权利一并转让。第二百七十四条，建筑区划内的道路，属于业主共有，但是属于城镇公共道路的除外。建筑区划内的绿地，属于业主共有，但是属于城镇公共绿地或者明示属于个人的除外。建筑区划内的其他公共场所、公用设施和物业服务用房，属于业主共有。第二百七十五条，建筑区划内，规划用于停放汽车的车位、车库的归属，由当事人通过出售、附赠或者出租等方式约定。占用业主共有的道路或者其他场地用于停放汽车的车位，属于业主共有。第二百七十六条，建筑区划内，规划用于停放汽车的车位、车库应当首先满足业主的需要。第二百七十七条，业主可以设立业主大会，选举业主委员会。业主大会、业主委员会成立的具体条件和程序，依照法律、法规的规定。第二百七十八条，下列事项由业主共同决定：制定和修改业主大会议事规则；制定和修改管理规约；选举业主委员会或者更换业主委员会成员；选聘和解聘物业服务企业或者其他管理人；使用建筑物及其附属设施的维修资金；筹集建筑物及其附属设施的维修资金；改建、重建建筑物及其附属设施；改变共有部分的用途或者利用共有部分从事经营活动；有关共有和共同管理权利的其他重大事项。业主共同决定事项，应当由专有部分面积占比三分之二以上的业主且人数占比三分之二以上的业主参与表决。决定前款第六项至第八项规定的事项,应当经参与表决专有部分面积四分之三以上的业主且参与表决人数四分之三以上的业主同意。决定前款其他事项,应当经参与表决专有部分面积过半数的业主且参与表决人数过半数的业主同意。第二百七十九条,业主不得违反法律、法规以及管理规约,将住宅改变为经营性用房。业主将住宅改变为经营性用房的,除遵守法律、法规以及管理规约外,应当经有利害关系的业主一致同意。第二百八十条,业主大会或者业主委员会的决定,对业主具有法律约束力。业主大会或者业主委员会作出的决定侵害业主合法权益的,受侵害的业主可以请求人民法院予以撤销。第二百八十一条,建筑物及其附属设施的维修资金,属于业主共有。经业主共同决定,可以用于电梯、屋顶、外墙、无障碍设施等共有部分的维修、更新和改造。建筑物及其附属设施的维修资金的筹集、使用情况应当定期公布。紧急情况下需要维修建筑物及其附属设施的,业主大会或者业主委员会可以依法申请使用建筑物及其附属设施的维修资金。第二百八十二条,建设单位、物业服务企业或者其他管理人等利用业主的共有部分产生的收入,在扣除合理成本之后,属于业主共有。第二百八十三条,建筑物及其附属设施的费用分摊、收益分配等事项,有约定的,按照约定;没有约定或者约定不明确的,按照业主专有部分面积所占比例确定。第二百八十四条,业主可以自行管理建筑物及其附属设施,也可以委托物业服务企业或者其他管理人管理。对建设单位聘请的物业服务企业或者其他管理人,业主有权依法更换。第二百八十五条,物业服务企业或者其他管理人根据业主的委托,依照本法第三编有关物业服务合同的规定管理建筑区划内的建筑物及其附属设施,接受业主的监督,并及时答复业主对物业服务情况提出的询问。物业服务企业或者其他管理人应当执行政府依法实施的应急处置措施和其他管理措施,积极配合开展相关工作。第二百八十六条,业主应当遵守法律、法规以及管理规约,相关行为应当符合节约资源、保护生态环境的要求。对于物业服务企业或者其他管理人执行政府依法实施的应急处置措施和其他管理措施,业主应当依法予以配合。业主大会或者业主委员会,对任意弃置垃圾、排放污染物或者噪声、违反规定饲养动物、违章搭建、侵占通道、拒付物业费等损害他人合法权益的行为,有权依照法律、法规以及管理规约,请求行为人停止侵害、排除妨碍、消除危险、恢复原状、赔偿损失。业主或者其他行为人拒不履行相关义务的,有关当事人可以向有关行政主管部门报告或者投诉,有关行政主管部门应当依法处理。第二百八十七条,业主对建设单位、物业服务企业或者其他管理人以及其他业主侵害自己合法权益的行为,有权请求其承担民事责任。

第三编合同第二十四章对物业服务合同的基本要求为:第九百三十七条,物业服务合同是物业服务人在物业服务区域内,为业主提供建筑物及其附属设施的维修养护、环境卫生和相关秩序的管理维护等物业服务,业主支付物业费的合同。物业服务人包括物业服务企业和其他管理人。第九百三十八条,物业服务合同的内容一般包括服务事项、服务质量、服务费用的标准和收取办法、维修资金的使用、服务用房的管理和使用、服务期限、服务交接等条款。物业服务人公开作出的有利于业主的服务承诺,为物业服务合同的组成部分。物业服务合同应当采用书面形式。第九百三十九条,建设单位依法与物业服务人订立的前期物业服务合同,以及业主委员会与业主大会依法选聘的物业服务人订立的物业服务合同,对业主具有法律约束力。第九百四十条,建设单位依法与物业服务人订立的前期物业服务合同约定的服务期限届满前,业主委员会或者业主与新物业服务人订立的物业服务合同生效的,前期物业服务合同终止。第九百四十一条,物业服务人将物业服务区域内的部分专项服务事项委托给专业性服务组织或者其他第三人的,应当就该部分专项服务事项向业主负责。物业服务人不得将其应当提供的全部物业服务转委托给第三人,或者将全部物业服务支解后分别转委托给第三人。第九百四十二条,物业服务人应当按照约定和物业的使用性质,妥善维修、养护、清洁、绿化和经营管理物业服务区域内的业主共有部分,维护物业服务区域内的基本秩序,采取合理措施保护业主的人身、财产安全。对物业服务区域内违反有关治安、环保、消防等法律法规的行为,物业服务人应当及时采取合理措施制止、向有关行政主管部门报告并协助处理。第九百四十三条,物业服务人应当定期将服务的事项、负责人员、质量要求、收费项目、收费标准、履行情况,以及维修资金使用情况、业主共有部分的经营与收益情况等以合理方式向业主公开并向业主大会、业主委员会报告。第九百四十四条,业主应当按照约定向物业服务人支付物业费。物业服务人已经按照约定和有关规定提供服务的,业主不得以未接受或者无需接受相关物业服务为由拒绝支付物业费。业主违反约定逾期不支付物业费的,物业服务人可以催告其在合理期限内支付;合理期限届满仍不支付的,物业服务人可以提起诉讼或者申请仲裁。物业服务人不得采取停止供电、供水、供热、供燃气等方式催交物业费。第九百四十五条,业主装饰装修房屋的,应当事先告知物业服务人,遵守物业服务人提示的合理注意事项,并配合其进行必要的现场检查。

(2)《物业管理条例》

第四章物业管理服务:第三十二条,从事物业管理活动的企业应当具有独立的法人资格。国家对从事物业管理活动的企业实行资质管理制度。具体办法由国务院建设行政主管部门制定。第三十三条,一个物业管理区域由一个物业服务企业实施物业管理。第三十四条,业主委员会应当与业主大会选聘的物业服务企业订立书面的物业服务合同。物业服务合同应当对物业管理事项、服务质量、服务费用、双方的权利义务、专项维修资金的管理与使用、物业管理用房、合同期限、违约责任等内容进行约定。第三十五条,物业服务企业应当按照物业服务合同的约定,提供相应的服务。物业服务企业未能履行物业服务合同的约定,导致业主人身、财产安全受到损害的,应当依法承担相应的法律责任。第三十六条,物业服务企业承接物业时,应当与业主委员会办理物业验收手续。业主委员会应当向物业服务企业移交本条例第二十九条第一款规定的资料。第三十七条,物业管理用房的所有权依法属于业主。未经业主大会同意,物业服务企业不得改变物业管理用房的用途。第三十八条,物业服务合同终止时,物业服务企业应当将物业管理用房和本条例第二十九条第一款规定的资料交还给业主委员会。物业服务合同终止时,业主大会选聘了新的物业服务企业的,物业服务企业之间应当做好交接工作。第三十九条,物业服务企业可以将物业管理区域内的专项服务业务委托给专业性服务企业,但不得将该区域内的全部物业管理一并委托给他人。第四十条,物业服务收费应当遵循合理、公开以及费用与服务水平相适应的原则,区别不同物业的性质和特点,由业主和物业服务企业按照国务院价格主管部门会同国务院建设行政主管部门制定的物业服务收费办法,在物业服务合同中约定。第四十一条,业主应当根据物业服务合同的约定交纳物业服务费用。业主与物业使用人约定由物业使用人交纳物业服务费用的,从其约定,业主负连带交纳责任。已竣工但尚未出售或者尚未交给物业买受人的物业,物业服务费用由建设单位交纳。第四十二条,县级以上人民政府价格主管部门会同同级房地产行政主管部门,应当加强对物业服务收费的监督。第四十三条,物业服务企业可以根据业主的委托提供物业服务合同约定以外的服务项目,服务报酬由双方约定。第四十四条,物业管理区域内,供水、供电、供气、供热、通信、有线电视等单位应当向最终用户收取有关费用。物业服务企业接受委托代收前款费用的,不得向业主收取手续费等额外费用。第四十五条,对物业管理区域内违反有关治安、环保、物业装饰装修和使用等方面法律、法规规定的行为,物业服务企业应当制止,并及时向有关行政管理部门报告。有关行政管理部门在接到物业服务企业的报告后,应当依法对违法行为予以制止或者依法处理。第四十六条,物业服务企业应当协助做好物业管理区域内的安全防范工作。发生安全事故时,物业服务企业在采取应急措施的同时,应当及时向有关行政管理部门报告,协助做好救助工作。物业服务企业雇请保安人员的,应当遵守国家有关规定。保安人员在维护物业管理区域内的公共秩序时,应当履行职责,不得侵害公民的合法权益。第四十七条,物业使用人在物业管理活动中的权利义务由业主和物业使用人约定,但不得违反法律、法规和管理规约的有关规定。物业使用人违反本条例和管理规约的规定,有关业主应当承担连带责任。第四十八条,县级以上地方人民政府房地产行政主管部门应当及时处理业主、业主委员会、物业使用人和物业服务企业在物业管理活动中的投诉。

第五章物业的使用与维护:第四十九条,物业管理区域内按照规划建设的公共建筑和共用设施,不得改变用途。业主依法确需改变公共建筑和共用设施用途的,应当在依法办理有关手续后告知物业服务企业;物业服务企业确需改变公共建筑和共用设施用途的,应当提请业主大会讨论决定同意后,由业主依法办理有关手续。第五十条,业主、物业服务企业不得擅自占用、挖掘物业管理区域内的道路、场地,损害业主的共同利益。因维修物业或者公共利益,业主确需临时占用、挖掘道路、场地的,应当征得业主委员会和物业服务企业的同意;物业服务企业确需临时占用、挖掘道路、场地的,应当征得业主委员会的同意。业主、物业服务企业应当将临时占用、挖掘的道路、场地,在约定期限内恢复原状。第五十一条,供水、供电、供气、供热、通信、有线电视等单位,应当依法承担物业管理区域内相关管线和设施设备维修、养护的责任。前款规定的单位因维修、养护等需要,临时占用、挖掘道路、场地的,应当及时恢复原状。第五十二条,业主需要装饰装修房屋的,应当事先告知物业服务企业。物业服务企业应当将房屋装饰装修中的禁止行为和注意事项告知业主。第五十三条,住宅物业、住宅小区内的非住宅物业或者与单幢住宅楼结构相连的非住宅物业的业主,应当按照国家有关规定交纳专项维修资金。专项维修资金属于业主所有,专用于物业保修期满后物业共用部位、共用设施设备的维修和更新、改造,不得挪作他用。专项维修资金收取、使用、管理的办法由国务院建设行政主管部门会同国务院财政部门制定。第五十四条,利用物业共用部位、共用设施设备进行经营的,应当在征得相关业主、业主大会、物业服务企业的同意后,按照规定办理有关手续。业主所得收益应当主要用于补充专项维修资金,也可以按照业主大会的决定使用。第五十五条,物业存在安全隐患,危及公共利益及他人合法权益时,责任人应当及时维修养护,有关业主应当给予配合。责任人不履行维修养护义务的,经业主大会同意,可以由物业服务企业维修养护,费用由责任人承担。

(3)《电梯应急指南》

第一章总则:第一条,为了保障电梯乘客在乘梯出现紧急情况(困人、开门运行、溜梯、冲顶、夹人和伤人等)时能够得到及时解救,帮助人们应对电梯紧急情况,避免因恐慌、非理性操作而导致伤亡事故,最大限度地保障乘客的人身安全以及设备安全,制定本指南。第二条,电梯使用管理单位应当根据《特种设备安全监察条例》及其他相关规定,加强对电梯运行的安全管理。第三条,本指南所指电梯,是指动力驱动、沿刚性导轨或固定线路运送人、货物的机电设备,包括载人(货)电梯、自动扶梯、自动人行道等。本指南所指电梯使用管理单位,是指设有电梯房屋建筑的产权人或其委托的电梯管理单位。

第二章电梯的应急管理:第四条,电梯使用管理单位应当根据本单位的实际情况,配备电梯管理人员,落实每台电梯的责任人,配置必备的专业救助工具及24小时不间断的通信设备。电梯使用管理单位应当制定电梯事故应急措施和救援预案。第五条电梯使用管理单位应当与电梯维修保养单位签订维修保养合同,明确电梯维修保养单位的责任。电梯维修保养单位作为救助工作的责任单位之一,应当建立严格的救助规程,配置一定数量的专业救援人员和相应的专业工具等,确保接到电梯发生紧急情况报告后,及时赶到现场进行救助。第六条,市、县人民政府应当逐步建立和完善电梯发生紧急情况时的社会救援体系。有条件的地方,应当设立电梯救援中心,组织专业力量,按区域建立救助网络。第七条,电梯发生异常情况,电梯使用管理单位应当立即通知电梯维修保养单位或向电梯救援中心报告(已设立的),同时由本单位专业人员先行实施力所能及的处理。电梯维修保养单位或电梯救援中心应当指挥专业人员迅速赶到现场进行救助。第八条,政府有关部门应当加强各种电梯紧急情况应对常识的宣传。电梯使用管理单位应当每年进行至少一次电梯应急预案的演练,并通过在电梯轿厢内张贴宣传品和标明注意事项等方式,宣传电梯安全使用和应对紧急情况的常识。

第三章电梯的应急救援:第九条乘客在遇到紧急情况时,应当采取以下求救和自我保护措施:通过警铃、对讲系统、移动电话或电梯轿厢内的提示方式进行求援,如电梯轿厢内有病人或其他危急情况,应当告知救援人员;与电梯轿厢门或已开启的轿厢门保持一定距离,听从管理人员指挥;在救援人员到达现场前不得撬砸电梯轿厢门或攀爬安全窗,不得将身体的任何部位伸出电梯轿厢外;保持镇静,可做屈膝动作,以减轻对电梯急停的不适。第十条,电梯使用管理单位接报电梯紧急情况的处理程序:值班人员发现所管理的电梯发生紧急情况或接到求助信号后,应当立即通知本单位专业人员到现场进行处理,同时通知电梯维修保养单位;值班人员应用电梯配置的通信对讲系统或其他可行方式,详细告知电梯轿厢内被困乘客应注意的事项;值班人员应当了解电梯轿厢所停楼层的位置、被困人数、是否有病人或其他危险因素等情况,如有紧急情况应当立即向有关部门和单位报告;电梯使用管理单位的专业人员到达现场后可先行实施救援程序,如自行救助有困难,应当配合电梯维修保养单位实施救援。第十一条,乘客在电梯轿厢被困时的解救程序:到达现场的救援专业人员应当先判别电梯轿厢所处的位置再实施救援;电梯轿厢高于或低于楼面超过0.5米时,应当先执行盘车解救程序,再按照下列程序实施救援:确定电梯轿厢所在位置;关闭电梯总电源;用紧急开锁钥匙打开电梯厅门、轿厢门;疏导乘客离开轿厢,防止乘客跌伤;重新将电梯厅门、轿厢门关好;在电梯出入口处设置禁用电梯的指示牌。第十二条　电梯使用管理单位的普后处理工作:如有乘客重伤,应当按事故报告程序进行紧急事故报告;向乘客了解事故发生的经过,调查电梯故障原因,协助做好相关的取证工作;如属电梯故障所致,应当督促电梯维修保养单位尽快检查并修复;及时向相关部门提交故障及事故情况汇报资料。

　　第四章紧急状态时对电梯的处理:第十三条　发生火灾时,应当采取以下应急措施:立即向消防部门报警;按动有消防功能电梯的消防按钮。使消防电梯进入消防运行状态,以供消防人员使用;对于无消防功能的电梯,应当立即将电梯直驶至首层并切断电源或将电梯停于火灾尚未蔓延的楼层。在乘客离开电梯轿厢后,将电梯置于停止运行状态,用手关闭电梯轿厢厅门、轿门,切断电梯总电源;井道内或电梯轿厢发生火灾时,必须立即停梯疏导乘客撤离,切断电源,用灭火器灭火;有共用井道的电梯发生火灾时,应当立即将其余尚未发生火灾的电梯停于远离火灾蔓延区,或交给消防人员用以灭火使用;相邻建筑物发生火灾时,也应停梯,以避免因火灾停电造成困人事故。第十四条　应对地震的应急措施:已发布地震预报的,应根据地方人民政府发布的紧急处理措施,决定电梯是否停止,何时停止;震前没有发出临震预报而突然发生震级和强度较大的地震,一旦有震感应当立即就近停梯,乘客迅速离开电梯轿厢;地震后应当由专业人员对电梯进行检查和试运行,正常后方可恢复使用。第十五条　发生湿水时,在对建筑设施及时采取堵漏措施的同时,应当采取以下应急措施:当楼层发生水淹而使井道或底坑进水时,应当将电梯轿厢停于进水层站的上二层,停梯断电,以防止电梯轿厢进水;当底坑井道或机房进水较多,应当立即停梯,断开总电源开关,防止发生短路、触电等事故;对湿水电梯应当进行除湿处理。确认湿水消除,并经试梯无异常后,方可恢复使用;电梯恢复使用后,要详细填写湿水检查报告,对湿水原因、处理方法、防范措施等记录清楚并存档。

　　(4)《生活饮用水卫生监督管理办法》

　　第一章总则:第一条,为保证生活饮用水(以下简称饮用水)卫生安全,保障人体健康,根据《中华人民共和国传染病防治法》及《城市供水条例》的有关规定,制定本办法。第二条,本办法适用于集中式供水、二次供水单位(以下简称供水单位)和涉及饮用水卫生安全的产品的卫生监督管理。第十一条,直接从事供、管水的人员必须取得体检合格证后方可上岗工作,并每年进行一次健康检查。凡患有痢疾、伤寒、甲型病毒性肝炎、戊型病毒性肝炎、活动性肺结核、化脓性或渗出性皮肤病及其他有碍饮用水卫生的疾病的和病原携带者,不得直接从事供、管水工作。直接从事供、管水的人员,未经卫生知识培训不得上岗工作。第十二条,生产涉及饮用水卫生安全的产品的单位和个人,必须按规定向政府卫生计生主管部门申请办理产品卫生许可批准文件,取得批准文件后,方可生产和销售。任何单位和个人不得生产、销售、使用无批准文件的前款产品。第十五条,当饮用水被污染,可能危及人体健康时,有关单位或责任人应立即采取措施,消除污染,并向当地人民政府卫生计生主管部门和建设行政主管部门报告。第二十九条,本办法下列用语的含义是:二次供水:将来自集中式供水的管道水另行加压、贮存,再送至水站或用户的供水设施;包括客运船舶、火车客车等交通运输工具上的供水(有独自制水设施者除外）。涉及饮用水卫生安全的产品：凡在饮用水生产和供水过程中与饮用水接触的连接止水材料、塑料及有机合成管材、管件、防护涂料、水处理剂、除垢剂、水质处理器及其他新材料和化学物质。直接从事供、管水的人员：从事净水、取样、化验、二次供水卫生管理及水池、水箱清洗人员。

(5)《防雷减灾管理办法》

第一章总则：第一条，为了加强雷电灾害防御工作，规范雷电灾害管理，提高雷电灾害防御能力和水平，保护国家利益和人民生命财产安全，维护公共安全，促进经济建设和社会发展，依据《中华人民共和国气象法》《中华人民共和国行政许可法》和《气象灾害防御条例》等法律、法规的有关规定，制定本办法。第二条，在中华人民共和国领域和中华人民共和国管辖的其他海域内从事雷电灾害防御活动的组织和个人，应当遵守本办法。本办法所称雷电灾害防御（以下简称防雷减灾），是指防御和减轻雷电灾害的活动，包括雷电和雷电灾害的研究、监测、预警、风险评估、防护以及雷电灾害的调查、鉴定等。第三条，防雷减灾工作，实行安全第一、预防为主、防治结合的原则。

第三章防雷工程：第十一条，各类建（构）筑物、场所设施安装的雷电防护装置（以下简称防雷装置）应当符合国家有关防雷标准和国务院气象主管机构规定的使用要求，并由具有相应资质的单位承担设计、施工和检测。本办法所称防雷装置，是指接闪器、引线、接地装置、电涌保护器及其连接导体等成的，用以防御雷电灾害的设施或者系统。

第四章防雷检测：第十九条，投入使用后的防雷装置实行定期检测制度。防雷装置应当每年检测一次，对爆炸和火灾危险环境场所的防雷装置应当每半年检测一次。第二十一条，防雷装置检测机构对防雷装置检测后，应当出具检测报告。不合格的，提出整改意见。被检测单位拒不整改或者整改不合格的，防雷装置检测机构应当报告当地气象主管机构，由当地气象主管机构依法作出处理。防雷装置检测机构应当执行国家有关标准和规范，出具的防雷装置检测报告必须真实可靠。第二十二条，防雷装置所有人或受托人应当指定专人负责，做好防雷装置的日常维护工作。发现防雷装置存在隐患时，应当及时采取措施进行处理。第二十三条，已安装防雷装置的单位或者个人应当主动委托有相应资质的防雷装置检测机构进行定期检测，并接受当地气象主管机构和当地人民政府安全生产管理部门的管理和监督检查。

(6)《消防监督检查规定》

第一章总则：第一条，为了加强和规范消防监督检查工作，督促机关、团体、企业、事业等单位（以下简称单位）履行消防安全职责，依据《中华人民共和国消防法》，制定本规定。第二条，本规定适用于公安机关消防机构和公安派出所依法对单位遵守消防法律、法规情况进行消防监督检查。第三条，直辖市、市（地区、州、盟）、县（市辖区、县级市、旗）公安机关消防机构具体实施消防监督检查，确定本辖区内的消防安全重点单位并由所属公安机关报本级人民政府备案。公安派出所可以对居民住宅区的物业服务企业、居民委员会、村民委员会履行消防安全职责的情况和上级公安机关确定的单位实施日常消防监督检查。

第二章消防监督检查的形式和内容：第六条，消防监督检查的形式有：对公众聚集场所在投入使用、营业前的消防安全检查；对单位履行法定消防安全职责情况的监督抽查；

对举报投诉的消防安全违法行为的核查;对大型群众性活动举办前的消防安全检查;根据需要进行的其他消防监督检查。第八条,公众聚集场所在投入使用、营业前,建设单位或者使用单位应当向场所所在地的县级以上人民政府公安机关消防机构申请消防安全检查,并提交下列材料:消防安全检查申报表;营业执照复印件或者工商行政管理机关出具的企业名称预先核准通知书;依法取得的建设工程消防验收或者进行竣工验收消防备案的法律文件复印件;消防安全制度、灭火和应急疏散预案、场所平面布置图;员工岗前消防安全教育培训记录和自动消防系统操作人员取得的消防行业特有工种职业资格证书复印件;其他依法应当申报的材料。

依照《建设工程消防监督管理规定》不需要进行竣工验收消防备案的公众聚集场所申请消防安全检查的,还应当提交场所室内装修消防设计施工图、消防产品质量合格证明文件,以及装修材料防火性能符合消防技术标准的证明文件、出厂合格证。公安机关消防机构对消防安全检查的申请,应当按照行政许可有关规定受理。第九条,对公众聚集场所投入使用、营业前进行消防安全检查,应当检查下列内容:建筑物或者场所是否依法通过消防验收合格或者进行竣工验收消防备案抽查合格;依法进行竣工验收消防备案但没有进行备案抽查的建筑物或者场所是否符合消防技术标准;消防安全制度、灭火和应急疏散预案是否制定;自动消防系统操作人员是否持证上岗,员工是否经过岗前消防安全培训;消防设施、器材是否符合消防技术标准并完好有效;疏散通道、安全出口和消防车通道是否畅通;室内装修材料是否符合消防技术标准;外墙门窗上是否设置影响逃生和灭火救援的障碍物。第十条,对单位履行法定消防安全职责情况的监督抽查,应当根据单位的实际情况检查下列内容:建筑物或者场所是否依法通过消防验收或者进行竣工验收消防备案,公众聚集场所是否通过投入使用、营业前的消防安全检查;建筑物或者场所的使用情况是否与消防验收或者进行竣工验收消防备案时确定的使用性质相符;消防安全制度、灭火和应急疏散方案是否制定;消防设施、器材和消防安全标志是否定期组织维修保养,是否完好有效;电器线路、燃气管路是否定期维修保养、检测;疏散通道、安全出口、消防车通道是否畅通,防火分区是否改变,防火间距是否被占用;是否组织防火检查、消防演练和员工消防安全教育培训,自动消防系统操作人员是否持证上岗;生产、储存、经营易燃易爆危险品的场所是否与居住场所设置在同一建筑物内;生产、储存、经营其他物品的场所消防技术标准;其他依法需要检查的内容。对人员密集场所还应当抽查室内装修材料是否符合消防技术标准、外墙门窗上是否设置影响逃生和灭火救援的障碍物。第十一条,对消防安全重点单位履行法定消防安全职责情况的监督抽查,除检查本规定第十条规定的内容外,还应当检查下列内容:是否确定消防安全管理人;是否开展每日防火巡查并建立巡查记录;是否定期组织消防安全培训和消防演练;是否建立消防档案、确定消防安全重点部位。对属于人员密集场所的消防安全重点单位,还应当检查单位灭火和应急疏散预案中承担灭火和组织疏散任务的人员是否确定。第十二条,在大型群众性活动举办前对活动现场进行消防安全检查,应当重点检查下列内容:室内活动使用的建筑物(场所)是否依法通过消防验收或者进行竣工验收消防备案,公众聚集场所是否通过使用、营业前的消防安全检查;临时搭建的建筑物是否符合消防安全要求;是否制定灭火和应急疏散预案并组织演练;是否明确消防安全责任分工并确定消防安全管理人员;活动现场消防设施、器材是否配备齐全并完好有效;活动现场的疏散通道、安全出口和消防车通道是否畅通;活动现场的疏散指示标志和应急照明是否符合消防技术标准并完好有效。第十三条,对大型的人员密集场所和其他特殊建设工程的施工现场进行消防监督检查,应当重点检查施工单位履行下列消防安全职责的情况:是否明确施工现场消防安全管理员,是否制定施工现场消防安全制度、灭火应急疏散预案;在建工程内是否设置人员住宿、可燃材料及易燃易爆危险品储存等场所;是否设置临时消防给水系统、临时消防应急照明,是否配备消防器材,并确保完好有效;是否设有消防车通道并畅通;是否组织员工消防安全教育培训和消防演练;施工现场人员宿舍、办公用房的建筑构件燃烧性能、安全疏散是否符合消防技术标准。

第三章消防监督检查的程序:第十四条,公安机关消防机构实施消防监督检查时,检查人员不得少于两人并出示执法身份证件。消防监督检查应当填写检查记录,如实记录检查情况。第十五条,对公众聚集场所投入使用、营业前的消防安全检查,公安机关消防机构应当自受理申请之日起十个工作日内进行检查,自检查之日起三个工作日内作出同意或者不同意投入使用或者营业的决定,并送达申请人。第十六条,对大型群众性活动现场在举办前进行的消防安全检查,公安机关消防机构应当在接到本级公安机关治安部门书面通知之日起三个工作日内进行检查,并将检查记录移交本级公安机关治安部门。第十八条,公安机关消防机构应当按照下列时限,对举报投诉的消防安全违法行为进行实地核查:对举报投诉占用、堵塞、封闭疏散通道、安全出口或者其他妨碍安全疏散行为,以及擅自停用消防设施的,应当在接到举报投诉后二十四小时内进行核查;对举报投诉本款第一项以外的消防安全违法行为,应当在接到举报投诉之日起三个工作日内进行核查。核查后,对消防安全违法行为应当依法处理。处理情况应当及时告知举报投诉人;无法告知的,应当在受理登记中注明。第二十二条,公安机关消防机构在消防监督检查中发现火灾隐患,应当通知有关单位或者个人立即采取措施消除;对具有下列情形之一,不及时消除可能严重威胁公共安全的,应当对危险部位或者场所予以临时查封:疏散通道、安全出口数量不足或者严重堵塞,已不具备安全疏散条件的;建筑消防设施严重损坏,不再具备防火灭火功能的;人员密集场所违反消防安全规定,使用、储存易燃易爆危险品的;公众聚集场所违反消防技术标准,采用易燃、可燃材料装修,可能导致重大人员伤亡的;其他可能严重威胁公共安全的火灾隐患。临时查封期限不得超过三十日。临时查封期限届满后,当事人仍未消除火灾隐患的,公安机关消防机构可以再次依法予以临时查封。

(7)《特种设备安全监察条例》

第一章总则:第一条,为了加强特种设备的安全监察,防止和减少事故,保障人民群众生命和财产安全,促进经济发展,制定本条例。第二条,本条例所称特种设备是指涉及生命安全、危险性较大的锅炉、压力容器(含气瓶,下同)、压力管道、电梯、起重机械、客运索道、大型游乐设施。第三条,特种设备的生产(含设计、制造、安装、改造、维修,下同)、使用、检验检测及其监督检查,应当遵守本条例,但本条例另有规定的除外。第五条,特种设备生产、使用单位应当建立健全特种设备安全、节能管理制度和岗位安全、节能责任制度。特种设备生产、使用单位的主要负责人应当对本单位特种设备的安全全面负责。

特种设备生产、使用单位和特种设备检验检测机构,应当接受特种设备安全监督管理部门依法进行的特种设备安全监察。第八条,国家鼓励推行科学的管理方法,采用先进技术,提高特种设备安全性能和管理水平,增强特种设备生产、使用单位防范事故的能力,对取得显著成绩的单位和个人,给予奖励。第九条,任何单位和个人对违反本条例规定的行为,有权向特种设备安全监督管理部门和行政监察等有关部门举报。特种设备安全监督管理部门应当建立特种设备安全监察举报制度,公布举报电话、信箱或者电子邮件地址,受理对特种设备生产、使用和检验检测违法行为的举报,并及时予以处理。特种设备安全监督管理部门和行政监察等有关部门应当为举报人保密,并按照国家有关规定给予奖励。

第三章特种设备的使用:第二十三条特种设备使用单位,应当严格执行本条例和有关安全生产的法律、行政法规的规定,保证特种设备的安全使用。第二十四条,特种设备使用单位应当使用符合安全技术规范要求的特种设备。特种设备投入使用前,使用单位应当核对其是否附有本条例第十五条规定的相关文件。第二十五条,特种设备在投入使用前或者投入使用后 30 日内,特种设备使用单位应当向直辖市或者设区的市的特种设备安全监督管理部门登记。登记标志应当置于或者附着于该特种设备的显著位置。第二十六条,特种设备使用单位应当建立特种设备安全技术档案。安全技术档案应当包括以下内容:特种设备的设计文件、制造单位、产品质量合格证明、使用维护说明等文件以及安装技术文件和资料;特种设备的定期检验和定期自行检查的记录;特种设备的日常使用状况记录;特种设备及其安全附件、安全保护装置、测量调控装置及有关附属仪器仪表的日常维护保养记录;特种设备运行故障和事故记录;高耗能特种设备的能效测试报告、能耗状况记录以及节能改造技术资料。第二十七条,特种设备使用单位应当对在用特种设备进行经常性日常维护保养,并定期自行检查。特种设备使用单位应当至少每月进行一次自行检查,并作出记录。特种设备使用单位在对在用特种设备进行自行检查和日常维护保养时发现异常情况的,应当及时处理。特种设备使用单位应当对在用特种设备的安全附件、安全保护装置、测量调控装置及有关附属仪器仪表进行定期校验、检修,并作出记录。锅炉使用单位应当按照安全技术规范的要求进行锅炉水(介)质处理,并接受特种设备检验检测机构实施的水(介)质处理定期检验。从事锅炉清洗的单位,应当按照安全技术规范的要求进行锅炉清洗,并接受特种设备检验检测机构实施的锅炉清洗过程监督检验。第二十八条,特种设备使用单位应当按照安全技术规范的定期检验要求,在安全检验合格有效期届满前 1 个月向特种设备检验检测机构提出定期检验要求。检验检测机构接到定期检验要求后,应当按照安全技术规范的要求及时进行安全性能检验和能效测试。未经定期检验或者检验不合格的特种设备,不得继续使用。第二十九条,特种设备出现故障或者发生异常情况,使用单位应当对其进行全面检查,消除事故隐患后,方可重新投入使用。特种设备不符合能效指标的,特种设备使用单位应当采取相应措施进行整改。第三十条,特种设备存在严重事故隐患,无改造、维修价值,或者超过安全技术规范规定使用年限,特种设备使用单位应当及时予以报废,并应当向原登记的特种设备安全监督管理部门办理注销。第三十一条,电梯的日常维护保养必须依照本条例取得许可的安装、改造、维修单位或者电梯制造单位进行。电梯应当至少每 15 日进行一次清洁、润滑、调整和检查。第三十二条,电梯的日常维护保养单位应当在维护保养中严格执行国家安全技术规范的要求,保证其维护保养的电梯的安全技术性能,并负责落实现场安全防护措施,保证施工安全。电梯的日常维护保养单位,应当对其维护保养的电梯的安全性能负责。接到故障通知后,应当立即赶赴现场,并采取必要的应急救援措施。

(8)《城市绿化条例》

第一章总则:第一条为了促进城市绿化事业的发展,改善生态环境,美化生活环境,增进人民身心健康,制定本条例。第二条本条例适用于在城市规划区内种植和养护树木花草等城市绿化的规划、建设、保护和管理。

第三章保护和管理:第十七条,城市的公共绿地、风景林地、防护绿地、行道树及干道绿化带的绿化,由城市人民政府城市绿化行政主管部门管理;各单位管界内的防护绿地的绿化,由该单位按照国家有关规定管理;单位自建的公园和单位附属绿地的绿化,由该单位管理;居住区绿地的绿化,由城市人民政府城市绿化行政主管部门根据实际情况确定的单位管理;城市苗圃、草圃和花圃等,由其经营单位管理。第十八条,任何单位和个人都不得擅自改变城市绿化规划用地性质或者破坏绿化规划用地的地形、地貌、水体和植被。第十九条,任何单位和个人都不得擅自占用城市绿化用地;占用的城市绿化用地,应当限期归还。因建设或者其他特殊需要临时占用城市绿化用地,须经城市人民政府城市绿化行政主管部门同意,并按照有关规定办理临时用地手续。第二十条,任何单位和个人都不得损坏城市树木花草和绿化设施。砍伐城市树木,必须经城市人民政府城市绿化行政主管部门批准,并按照国家有关规定补植树木或者采取其他补救措施。第二十四条,百年以上树龄的树木,稀有、珍贵树木,具有历史价值或者重要纪念意义的树木,均属古树名木。对城市古树名木实行统一管理,分别养护。城市人民政府城市绿化行政主管部门,应当建立古树名木的档案和标志,划定保护范围,加强养护管理。在单位管界内或者私人庭院内的古树名木,由该单位或者居民负责养护,城市人民政府城市绿化行政主管部门负责监督和技术指导。

(9)《城镇排水与污水处理条例》

第一章总则:第一条,为了加强对城镇排水与污水处理的管理,保障城镇排水与污水处理设施安全运行,防治城镇水污染和内涝灾害,保障公民生命、财产安全和公共安全,保护环境,制定本条例。第二条,城镇排水与污水处理的规划,城镇排水与污水处理设施的建设、维护与保护,向城镇排水设施排水与污水处理,以及城镇内涝防治,适用本条例。第二十条,城镇排水设施覆盖范围内的排水单位和个人,应当按照国家有关规定将污水排入城镇排水设施。在雨水、污水分流地区,不得将污水排入雨水管网。

第四章污水处理:第三十二条,排水单位和个人应当按照国家有关规定缴纳污水处理费。向城镇污水处理设施排放污水、缴纳污水处理费的,不再缴纳排污费。排水监测机构接受城镇排水主管部门委托从事有关监测活动,不得向城镇污水处理设施维护运营单位和排水户收取任何费用。

第七章附则:第五十八条,依照《中华人民共和国水污染防治法》的规定,排水户需要取得排污许可证的,由环境保护主管部门核发;违反《中华人民共和国水污染防治法》的规定排放污水的,由环境保护主管部门处罚。

（10）《电子废物污染环境防治管理办法》

第一章总则：第一条，为了防治电子废物污染环境，加强对电子废物的环境管理，根据《固体废物污染环境防治法》，制定本办法。第二条，本办法适用于中华人民共和国境内拆解、利用、处置电子废物污染环境的防治。第四条，任何单位和个人都有保护环境的义务，并有权对造成电子废物污染环境的单位和个人进行控告和检举。

（11）《城市建筑垃圾管理规定》

第一条，为了加强对城市建筑垃圾的管理，保障城市市容和环境卫生，根据《中华人民共和国固体废物污染环境防治法》《城市市容和环境卫生管理条例》和《国务院对确需保留的行政审批项目设定行政许可的决定》，制定本规定。第二条，本规定适用于城市规划区内建筑垃圾的倾倒、运输、中转、回填、消纳、利用等处置活动。本规定所称建筑垃圾，是指建设单位、施工单位新建、改建、扩建和拆除各类建筑物、构筑物、管网等以及居民装饰装修房屋过程中所产生的弃土、弃料及其他废弃物。第九条，任何单位和个人不得将建筑垃圾混入生活垃圾，不得将危险废物混入建筑垃圾，不得擅自设立弃置场受纳建筑垃圾。第十一条，居民应当将装饰装修房屋过程中产生的建筑垃圾与生活垃圾分别收集，并堆放到指定地点。建筑垃圾中转站的设置应当方便居民。装饰装修施工单位应当按照城市人民政府市容环境卫生主管部门的有关规定处置建筑垃圾。第十三条，施工单位不得将建筑垃圾交给个人或者未经核准从事建筑垃圾运输的单位运输。第十五条，任何单位和个人不得随意倾倒、抛撒或者堆放建筑垃圾。第十六条，建筑垃圾处置实行收费制度，收费标准依据国家有关规定执行。第十七条，任何单位和个人不得在街道两侧和公共场地堆放物料。因建设等特殊需要，确需临时占用街道两侧和公共场地堆放物料的，应当征得城市人民政府市容环境卫生主管部门同意后，按照有关规定办理审批手续。

（12）《突发公共卫生事件应急条例》

第一章总则：第一条，为了有效预防、及时控制和消除突发公共卫生事件的危害，保障公众身体健康与生命安全，维护正常的社会秩序，制定本条例。第二条，本条例所称突发公共卫生事件（以下简称突发事件），是指突然发生，造成或者可能造成社会公众健康严重损害的重大传染病疫情、群体性不明原因疾病、重大食物和职业中毒以及其他严重影响公众健康的事件。第五条，突发事件应急工作，应当遵循预防为主、常备不懈的方针，贯彻统一领导、分级负责、反应及时、措施果断、依靠科学、加强合作的原则。第二十一条，任何单位和个人对突发事件，不得隐瞒、缓报、谎报或者授意他人隐瞒、缓报、谎报。第二十四条，国家建立突发事件举报制度，公布统一的突发事件报告、举报电话。任何单位和个人有权向人民政府及其有关部门报告突发事件隐患，有权向上级人民政府及其有关部门举报地方人民政府及其有关部门不履行突发事件应急处理职责，或者不按照规定履行职责的情况。接到报告、举报的有关人民政府及其有关部门，应当立即组织对突发事件隐患、不履行或者不按照规定履行突发事件应急处理职责的情况进行调查处理。对举报突发事件有功的单位和个人，县级以上各级人民政府及其有关部门应当予以奖励。

（13）《保安服务管理条例》

第一章总则：第一条，为了规范保安服务活动，加强对从事保安服务的单位和保安员的管理,保护人身安全和财产安全,维护社会治安,制定本条例。第二条,本条例所称保安服务是指:保安服务公司根据保安服务合同,派出保安员为客户单位提供的门卫、巡逻、守护、押运、随身护卫、安全检查以及安全技术防范、安全风险评估等服务;机关、团体、企业、事业单位招用人员从事的本单位门卫、巡逻、守护等安全防范工作;物业服务企业招用人员在物业管理区域内开展的门卫、巡逻、秩序维护等服务。第三条,国务院公安部门负责全国保安服务活动的监督管理工作。县级以上地方人民政府公安机关负责本行政区域内保安服务活动的监督管理工作。保安服务行业协会在公安机关的指导下,依法开展保安服务行业自律活动。第四条,保安服务公司和自行招用保安员的单位(以下统称保安从业单位)应当建立健全保安服务管理制度、岗位责任制度和保安员管理制度,加强对保安员的管理、教育和培训,提高保安员的职业道德水平、业务素质和责任意识。第五条,保安从业单位应当依法保障保安员在社会保险、劳动用工、劳动保护、工资福利、教育培训等方面的合法权益。第六条,保安服务活动应当文明、合法,不得损害社会公共利益或者侵犯他人合法权益。保安员依法从事保安服务活动,受法律保护。第七条,对在保护公共财产和人民群众生命财产安全、预防和制止违法犯罪活动中有突出贡献的保安从业单位和保安员,公安机关和其他有关部门应当给予表彰、奖励。

第4章　质量安全巡查工程师

质量安全巡查能有效地降低建筑工程和物业质量安全管理风险,已经成为一种共识,对涉及质量安全的建筑、物业等项目进行第三方巡查是政府监管模式的再次创新,其中广东、江苏、浙江、上海等经济发达地区均作为试点省份。通过巡查,能够进一步推进企业主体责任的落实,解决质量安全管理问题。

在这一背景下,培养一批了解质量安全巡查相关政策、掌握质量安全巡查方式方法、能熟练使用质量安全巡查相关工具的专业性人才对于企业、地方政府和核查机构等质量安全巡查市场的各重要参与方具有重要意义。掌握基本质量安全巡查工作流程和正确的量化及核算方法,制订合理的质量安全巡查方案,并熟知质量安全巡查相关规范,切实加强相关人员能力建设,落实质量安全巡查体系工作,是当前全国质量安全巡查市场的重要任务,也是纳入企业、第三方核查机构及相关支撑机构能否在建筑工程和物业质量安全发展进程中立足的重要体现。

4.1　定　义

质量安全巡查工程师通常是指为适应建筑工程和物业工程质量安全监管发展需求,经培训合格后从事建筑工程和物业质量安全巡查、检测、评定、监督的专业人员。

质量安全巡查工程师证书按照业务特点划分为质量安全巡查工程师(建筑工程类)和质量安全巡查工程师(物业类),此证书为技能提升类证书,非职业/执业资格类证书。

4.2　职　责

质量安全巡查工程师的职责如下:

1. 对项目的质量安全巡查工作负直接责任。

2. 宣传贯彻与项目质量安全管理相关的国家有关法律法规,帮助项目建立质量安全管理相关制度以及有关标准规范的实施和落地。

3. 负责对项目质量安全管理过程提供的技术指导。

4. 负责施工流程的梳理。

5. 负责组织项目相关人员进行质量安全方案的技术交底和编制指导工作。

6. 负责协助项目组织召开质量安全例会,开展教育培训。

7. 按照批准的巡查计划组织开展巡查工作,负责巡查小组的内部管理,提供项目质量安全隐患处理建议以及问题上报,编写巡查快报、巡查简报、巡查总报告。

8. 负责有关档案资料的整理工作。

9. 负责对巡查过程中发现的问题进行整改验收。

10. 负责处理项目质量安全巡查过程中的紧急突发状况。

11. 完成其他需要的工作。

4.3 权利与义务

4.3.1 质量安全巡查工程师享有的权利

1. 对巡查中发现的不符合质量安全生产要求的事项提出意见和建议。

2. 获得相应的劳动报酬。

3. 对侵犯本人权利的行为进行申诉。

4. 法律、法规规定的其他权利。

4.3.2 质量安全巡查工程师应当履行的义务

1. 保证巡查活动的质量,承担相应的责任。

2. 接受继续教育,不断提高技能水准。

3. 维护国家、公众的利益和受聘单位的合法权益。

4. 保守活动中的秘密。

5. 法律、法规规定的其他义务。

4.4 职业道德

职业道德是社会一般道德要求在职业生活中的具体体现,质量安全巡查工程师建设良好的职业道德,可以反作用于经济基础,对于提高服务质量、纠正行业不正之风,具有其他手段不可替代的作用。

4.4.1 职业道德的内涵

所谓质量安全巡查工程师职业道德,是指质量安全巡查工程师行业的从业人员在巡查过程中所应遵循的一种职业行为规范,主要调整质量安全巡查工程师行业内部、质量安全巡查工程师与其他相关单位及社会之间的道德关系。它既是对质量安全巡查工程师从业人员职业行为的道德要求,也是质量安全巡查工程师行业从业人员对社会所应承担的道德责任和义务,是建立质量安全巡查工程师职业声誉和专业地位的基本保证。

4.4.2　职业道德的特点

与一般的职业道德相比,质量安全巡查工程师职业道德具有以下特点:

1. 具有执行项目质量安全标准的原则性

质量安全巡查工程师行为必须独立、公正、合法、不为利益所诱、不惧权势所迫,始终以维护项目质量安全相关标准的正确实施、维护服务对象的合法权益和社会公共安全为目的。

2. 具有维护社会公共安全的责任性

质量安全巡查工程师的相关工作直接影响着社会公共安全的稳定。所以,质量安全巡查工程师要富有强烈的责任心,加强职业道德建设,对自己的工作尽心尽责。

3. 具有高度的服务性

质量安全巡查工程师职业道德调整和制约着双方的服务关系,具有高度的服务性特点。因此,质量安全巡查工程师在工作中必须树立服务意识,不断提升服务质量。

4.4.3　职业道德基本规范

质量安全巡查工程师职业道德规范在质量安全巡查工程师职业道德体系中具有非常重要的作用。它是由质量安全巡查工程师职业道德原则派生出来的,是质量安全巡查工程师职业道德原则的具体化。它不仅是质量安全巡查工程师在职业活动中应当普遍遵守的具体行为准则,也是判断质量安全巡查工程师职业行为善与恶的具体标准。具体来说,质量安全巡查工程师职业道德的基本规范可以归纳为:爱岗敬业、客观公正、公平竞争、提高技能、保守秘密、奉献社会。

1. 爱岗敬业

爱岗敬业,是指质量安全巡查工程师热爱自己的本职工作,在工作中兢兢业业,忠于职守,认真负责地履行岗位职责。爱岗是敬业的前提,表现为热爱自己的工作岗位,安心本职工作。对于每个工作人员来说,这是一种职业情感,包含了质量安全巡查工程师对职业道德的认识和对自己所在的工作岗位的好恶、倾慕或鄙夷的态度。敬业是爱岗的升华,是对职业责任、职业荣誉的深刻认识和具体表现,表现为对职业的一丝不苟,与职业工作身心一体。

2. 客观公正

客观公正是指质量安全巡查工程师必须坚持实事求是,不偏不倚地为服务对象提供质量安全巡查技术服务,不得由于偏见、利益冲突或他人的不当影响而损害自己的判断,确保巡查结果真实可信,符合有关规定。

3. 公平竞争

公平竞争,是指质量安全巡查工程师及其聘用单位要遵循公开、平等、公正和诚实信用的市场原则,严格按照有关法律、法规及政策开展建筑质量安全巡查技术工作等服务活动。

4. 提高技能

提高技能,是质量安全巡查工程师为了适应工作需要,提高自己的职业技能或专业胜任能力。作为质量安全巡查工程师,一定要高度重视职业技能的提高,使自己具备专业胜任能力。质量安全巡查工程师只有具备对业务"精益求精"和"活到老,学到老"的精神,不断更新自己的知识,才能适应形势的发展,使自己持续地具备专业胜任能力,并始终处于竞争的有利地位。

5. 保守秘密

所谓保守秘密,是指质量安全巡查工程师要保守巡查过程中所知晓的商业秘密。这不仅是质量安全巡查工程师的行业纪律,也是质量安全巡查工程师的基本道德规范。具有非常重要的意义。

6. 奉献社会

奉献社会是社会主义职业道德的最高境界,也是做人的最高境界。质量安全巡查工程师应当将奉献社会作为职业道德的最高目标指向,不断加强自身职业道德建设,实现更高层次、更深意义的人生价值。

4.4.4 职业道德修养

质量安全巡查工程师职业道德修养是一个伦理学的概念,它是指质量安全巡查工程师依据职业道德原则、规范进行自我评价、自我教育、自我磨炼和自我提高的过程,以及由此所达到的职业道德境界和水平。它包含两层含义:一是按照职业道德原则、规范进行自我反省、检查和自我批评的行为和过程;二是经过努力所达到的职业道德水平。修养的根本目的在于提高自己的职业道德素质和培养高尚的职业道德品质。

1. 质量安全巡查工程师进行职业道德修养的必要性

质量安全巡查工程师行业是面向社会的服务行业,质量安全巡查工程师个人的道德状况不仅对同行和所在单位,而且对服务对象和社会都会带来影响。重视职业道德修养,不仅是质量安全巡查工程师自身文明、进步的表现,也是其所在单位精神文明建设的具体表现,更会影响和促进整个行业乃至全社会的精神文明建设。

2. 职业道德修养的内容

职业道德修养是质量安全巡查工程师为锤炼职业道德品质、提高职业道德境界所进行的一种自我教育自我改造和自我完善的过程,主要内容包括:

1)政治理论和思想道德修养

一是政治理论修养,主要通过学习马列主义、毛泽东思想、邓小平理论、"三个代表"重要思想、科学发展观和习近平新时代中国特色社会主义思想,不断提高质量安全巡查工程师的思想觉悟和理论水平;二是思想道德理论修养,包括学习社会主义和共产主义道德理论知识。

2)业务知识修养

质量安全巡查工程师是建筑法律法规和相关技术标准规范的具体执行者和维护者,其业务知识修养是职业道德修养的关键,既关乎职业行为的有效开展,又关乎社会公共安全。

3)人生观的修养

质量安全巡查工程师的人生观的修养对培养良好的职业道德具有特别重要的意义,

进行人生观的修养也就成为职业道德修养及其重要的内容。

4）职业道德品质修养

质量安全巡查工程师应当具备"忠于职守、诚实守信、工作认真、吃苦耐劳、廉洁正直、热情服务"的基本职业道德品质。

3．职业道德修养的途径和方法

坚持结合日常工作，在履行职业责任过程中进行职业道德修养，这是质量安全巡查工程师进行职业道德修养的根本途径和根本方法。

1）自我反思

质量安全巡查工程师要经常进行自我反思，依据质量安全巡查工程师职业道德原则和规范来评价、检查和反省自己的职业行为，树立科学的世界观、人生观和道德观，坚持理论联系实际开展工作。

2）向榜样学习

在本行业起步阶段，质量安全巡查工程师学习先进模范人物，还要密切联系自己活动实际，注重实效，大力弘扬新时代的创业精神，提高职业道德水平，立志在本岗多做贡献。

3）坚持"慎独"

质量安全巡查工程师进行职业道德修养时要坚持"慎独"，即不管所在单位的制度有无规定，也不管有无人监督，领导管理严不严，都能够自觉地严格要求自己，遵守职业道德原则和规范，坚决杜绝不正之风和违法乱纪行为。

4）提高道德选择能力

在巡查过程中，质量安全巡查工程师要根据实践的发展，随时对自己符合职业道德要求的情感、意志和信念予以激励和支持；对因客观情况和客观要求变化而出现的问题，及时调整和修正自己的方向和方法。

第二篇

建筑工程质量安全巡查

　　建筑业是国家的经济支柱产业,是国家经济发展的引擎,也传承着国家的历史文化。《中华人民共和国建筑法》《建设工程质量管理条例》《建设工程安全生产管理条例》是建筑质量安全管理的最基础的法律法规。如何遵守法律、落实条例法规,确保建筑质量安全管理工作落到实处,建筑施工质量安全巡查是最直接、最有效、最基本的手段。

第 5 章　质量巡查

　　质量巡查实施是指按照法律法规规章、规范性文件以及工程建设强制性标准的要求,抽查工程实体和质量保证资料,对主要参建单位和相关人员实施工程项目质量管理活动的行为进行巡查,特别是对基坑工程管理、施组编制与审批、按技术标准及设计文件施工、建材质量管理等质量行为实施重点巡查。

5.1　质量管理行为

5.1.1　工程资料管理

　　1. 核查责任制建设情况
　　(1)工程资料管理应制度健全、岗位责任明确,并应纳入工程建设管理的各个环节和各级相关人员的职责范围;
　　(2)工程资料形成单位应对资料内容的真实性、完整性、有效性负责;由多方形成的资料,应各负其责。
　　2. 核查资料的符合度
　　工程资料应与建筑工程建设过程同步形成,其填写、编制、审核、审批、签认应及时进行,其内容应符合相关规定;
　　工程资料应为原件,当为复印件时,提供单位应在复印件上加盖单位印章,并应有经办人签字及日期。

5.1.2　工程过程管理

　　1. 核查施工许可证。建筑工程开工前,建设单位应取得施工许可证。
　　2. 核查工程发包情况。建设单位不得将建设工程肢解发包,并且应当将工程发包给具有相应资质等级的单位。
　　3. 核查资质审查情况。工程建设各方主体企业资质应符合要求,工程建设各方主体关键岗位人员资质应符合要求并在岗。
　　4. 核查合同交底情况。合同实施前,应进行合同交底,交底内容应全面,应重点包含易产生争议、纠纷的条款及现场答疑的内容。

5. 核查管理体系。工程建设各方主体应建立质量管理体系,并保证处于有效运行状态。

6. 核查方案设计情况:施工组织设计、专项施工方案和相关记录等文件应齐全完备,并且编审应满足规范流程。

7. 核查图纸会审情况:项目部应按清单内容组织图纸会审及设计交底,图纸会审和交底记录的签字盖章日期应齐全;图纸问题发现应充分、书面记录应完整、图纸会审意见应及时交设计院确认、设计图纸应符合规范要求;设计单位应进行设计交底,图纸会审手续完备后方可施工。

8. 核查样板规划:开工前,项目部应组织监理和总包,规划本项目工法样板、工序样板及交付样板的施工时间、检查重点、责任单位、责任人、计划等,并进行样板交底。

9. 核查材料管理情况:厂家资质证明文件、材料出厂合格证、检测报告、复试报告应符合设计及现行规范合同约定要求。

10. 核查台账管理情况:项目部应按要求建立材料进场台账、隐蔽验收台账、检验批台账及试验台账。

5.1.3　工程关键点管理

1. **核查基础工程管理资料**

1)桩身完整性检测:检测数量与类别应满足规范及设计要求,检测结果存在Ⅲ、Ⅳ类桩应有相应处理措施;

2)静载试验:检测数量应满足规范及设计要求,单桩承载力应满足设计要求;

3)抗拔试验:地下室底板浇筑之前,应取得有资质的检测单位提供的桩基检测报告(或中间报告);

4)后浇带止水措施施工质量、模板支设、隐蔽前钢筋绑扎及剔凿质量隐蔽验收记录应齐全,隐蔽工程验收记录应附影像资料,且影像资料能反映质量情况。

2. **核查现浇混凝土结构工程管理资料**

1)砼浇筑(地下室及地上主体)前隐蔽验收记录应齐全,隐蔽工程验收记录应附影像资料,且影像资料能反映质量情况;

2)施工单位应对现场满足龄期要求的结构混凝土强度进行自测并记录。

3. **核查钢筋工程管理资料**

重大部位钢筋工程(钢筋连接、钢筋规格、型号、数量,钢筋间距、保护层厚度,预留预埋及定位)隐蔽验收记录应齐全,隐蔽工程验收记录应附影像资料,且影像资料能反映质量情况。

4. **核查砌筑工程管理资料**

砌筑节点隐蔽验收记录应齐全,隐蔽工程验收记录应附影像资料,且影像资料能反映质量情况。

5. **核查装配式混凝土结构工程管理资料**

装配式工程重大质量问题的处理方案和验收记录,预制构件安装和后浇混凝土部位的隐蔽工程检查验收文件,外墙防水施工质量检验记录等应齐全,签字应规范全面,且隐蔽工程验收记录应附影像资料。

6. 核查钢结构、幕墙工程管理资料

1）幕墙、钢结构高强螺栓拉拔试验资料应齐全，且应附影像资料；

2）采光顶、金属屋面天沟蓄水试验记录及影像资料应齐全，签字应规范全面。

7. 核查防水工程管理资料

1）防水工程隐蔽验收记录应齐全且应附影像资料，影像资料能反映质量情况，签字应规范全面；

2）地下室顶板、屋面、卫生间防水施工后闭水试验，验收记录及影像资料应齐全，签字应规范全面。

8. 核查外窗工程管理资料

外窗安装及塞缝隐蔽验收记录应齐全，隐蔽工程验收记录应附影像资料，且影像资料能反映质量情况。

9. 核查外墙工程管理资料

外墙孔、洞隐蔽验收记录应齐全，隐蔽工程验收记录应附影像资料，且影像资料能反映质量情况。

10. 核查室内装修工程管理资料

1）抹灰工序验收，验收记录及影像资料应齐全，影像资料能反映质量情况，签字应规范全面；

2）地暖管隐蔽验收记录应齐全且应附影像资料，影像资料能反映质量情况，签字应规范全面；

3）天花封板前隐蔽验收记录应齐全且应附影像资料，影像资料能反映质量情况，签字应规范全面；

4）管道打压试验、通球试验、烟道漏烟测试记录应齐全，并与现场实际情况相符。

11. 核查安装工程管理资料

大型设备基础及其预埋件等重要工程隐蔽验收记录应齐全且应附影像资料，影像资料能反映质量情况，签字应规范全面。

5.2　现场巡查

5.2.1　工程实体实测实量

1. 主体结构工程

1）混凝土工程

（1）基本原则

住宅项目：现场需拆模清理累计完成 3 层以上，方可进行实测。

商业项目：现场需拆模完成清理 3000m² 以上，方可进行实测。随机抽取新工作面的 10％作为实测测区。

住宅项目与商业项目若不属于同一过程评估标段的,分别进行实测实量;若属于同一过程评估标段的,根据现场不同业态的实际进度按比例进行实测。

(2)截面尺寸偏差(砼结构)

指标说明:反映层高范围内剪力墙、砼柱施工尺寸与设计图尺寸的偏差。

评判标准:[-5,8]mm。

测量工具:5m钢卷尺。

测量方法和数据记录:

① 以钢卷尺测量同一面墙/柱截面尺寸,精确至毫米。

② 同一墙/柱面作为1个实测区。累计实测实量20个实测区、40个测点进行计算。如在本户/本检查区中不满足测点,可在邻户/本检查区周边进行随机测区选择,以满足测点要求;每个实测区从地面向上300mm和1500mm各测量截面尺寸1次,选取其中与设计尺寸偏差最大的数,作为判断该实测指标合格率的1个计算点。

墙柱截面尺寸测量示例见图5-1。

(3)表面平整度(砼结构)

指标说明:反映层高范围内剪力墙表面平整程度。

评判标准:[0,8]mm。

测量工具:2m靠尺、楔形塞尺。

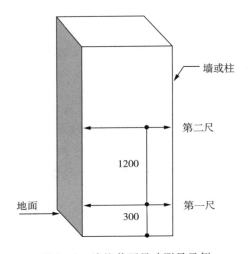

图5-1 墙柱截面尺寸测量示例

测量方法和数据记录:

① 剪力墙/暗柱:选取长边墙,任选长边墙两面中的一面作为1个实测区。累计实测实量20个实测区、60个测点进行计算。

② 当所选墙长度小于3m时,同一面墙4个角(顶部及根部)中取左上及右下2个角。按45度角斜放靠尺,累计测2次表面平整度。跨洞口部位必测。这2个实测值分别作为判断该指标合格率的2个计算点。

③ 当所选墙长度大于3m时,除按45度角斜放靠尺测量两次表面平整度外,还需在墙长度中间位置水平放靠尺测量1次表面平整度,这3个实测值分别作为判断该指标合格率的3个计算点。

④ 跨洞口部位必测。实测时在洞口45度斜交叉测1尺,该实测值作为新增实测指标合格率的1个计算点。

⑤ 现场检查区域仅砼柱时,不测(砼结构)表面平整度。

平整度测量示例见图5-2。

(4)垂直度(砼结构)

指标说明:反映层高范围内剪力墙、砼柱表面垂直的程度。

评判标准:[0,8]mm。

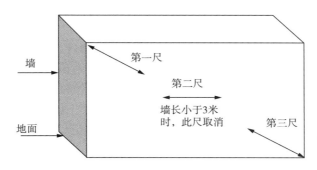

图 5-2　平整度测量示意图

测量工具:2m 靠尺。

测量方法和数据记录:

① 剪力墙:任取长边墙的一面作为 1 个实测区。累计实测实量 20 个实测区、60 个测点进行计算。

② 当墙长度小于 3m 时,同一面墙距两端头竖向阴阳角 30cm 位置,分别按以下原则实测 2 次:一是靠尺顶端接触到上部砼顶板位置时测 1 次垂直度;二是靠尺底端接触到下部地面位置时测 1 次垂直度,砼墙体洞口一侧为垂直度必测部位。这 2 个实测值分别作为判断该实测指标合格率的 2 个计算点。

③ 当墙长度大于 3m 时,同一面墙距两端头竖向阴阳角 30cm 和墙中间位置,分别按以下原则实测 3 次:一是靠尺顶端接触到上部砼顶板位置时测 1 次垂直度;二是靠尺底端接触到下部地面位置时测 1 次垂直度;三是在墙长度中间位置靠尺基本在高度方向居中时测 1 次垂直度。砼墙体洞口一侧为垂直度必测部位。这 3 个实测值分别作为判断该实测指标合格率的 3 个计算点。

④ 砼柱:任选砼柱四面中的两面,分别将靠尺顶端接触到上部砼顶板和下部地面位置时各测 1 次垂直度。这 2 个实测值分别作为判断该实测指标合格率的 2 个计算点。

柱垂直度测量示例见图 5-3,柱垂直度测量示例见图 5-4。

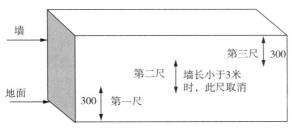

图 5-3　墙垂直度测量示意图

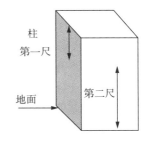

图 5-4　柱垂直度测量示意图

(5)顶板水平度(砼结构)

指标说明:综合反映同一房间砼顶板的水平程度。

评判标准:[0,15]mm。

测量工具:激光扫平仪、塔尺。

测量方法和数据记录:

① 同一跨板作为 1 个实测区,累计实测实量 8 个实测区、40 个测点作为计算点。

② 在实测板跨内打出一条水平基准线。同一实测区距顶板天花线约 30cm 处选取 4 个角点,以及板跨几何中心位,分别测量砼顶板与水平基准线之间的 5 个垂直距离。以最低点为基准点,计算另外四点与最低点之间的偏差值。当最大偏差值≤15mm 时,5 个实测点均合格;15mm<最大偏差值≤20mm 时,5 个偏差值(基准点偏差值以 0 计)的实际值作为该实测指标合格率的 5 个计算点;当最大偏差值>20mm 时,则 5 个实测点均不合格,即 5 个计算点均不合格。

③ 所选检查区内顶板水平度极差的实测区不满足 8 个时,需增加实测检查区域。

顶板水平度测量示例见图 5-5。

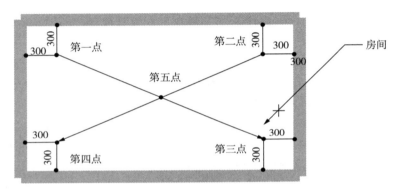

图 5-5 顶板水平度测量示意图

(6)地面水平度(砼结构)

指标说明:综合反映同一房间地面的水平程度。

评判标准:[0,10]mm。

测量工具:激光扫平仪、塔尺。

测量方法和数据记录:

① 同一跨板作为 1 个实测区,累计实测实量 8 个实测区、40 个测点作为计算点。

② 在实测板跨内打出一条水平基准线。同一实测区距地面墙边线约 30cm 处选取 4 个角点,以及板跨几何中心位,分别测量地面与水平基准线之间的 5 个垂直距离。以最低点为基准点,计算另外四点与最低点之间的偏差值。当最大偏差值>10mm 时,5 个偏差值(基准点偏差值以 0 计)的实际值作为该实测指标合格率的 5 个计算点。

③ 所选检查区内地面水平度极差的实测区不满足 8 个时,需增加实测检查区域。

地面水平度测量示例见图 5-6。

(7)楼板厚度偏差(砼结构)

指标说明:反映同跨板的厚度施工尺寸与设计图尺寸的偏差。

评判标准:[-5,8]mm。

测量工具:超声波楼板测厚仪(非破损)或卷尺、深度检测尺(破损法)。

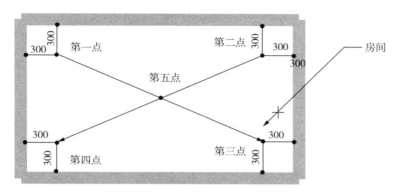

图 5-6　地面水平度测量示意图

测量方法和数据记录：

① 同一跨板作为 1 个实测区，累计 10 个实测区，每个实测区取 1 个样本点，取点位置为板块短边中间、长边 1/3 位置。

② 测量所抽查跨板的楼板厚度，当采用非破损法测量时将测厚仪发射探头与接收探头分别置于被测楼板的上下两侧，仪器上显示的值即为两探头之间的距离，移动接收探头，当仪器显示为最小值时，即为楼板的厚度；当采用破损法测量时，可用电钻在板块中钻孔（需特别注意避开预埋电线管等），以深度检测尺测量孔眼厚度。1 个实测值作为判断该实测指标合格率的 1 个计算点。

楼板厚度测量示例见图 5-7。

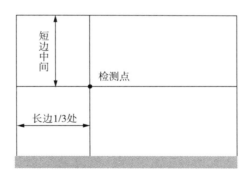

图 5-7　楼板厚度测量示意图

（8）混凝土观感

指标说明：无露筋、蜂窝、孔洞、烂根、夹渣、胀模、缺棱掉角等质量缺陷。

测量工具：目测。

测量方法和数据记录：

① 无露筋、蜂窝、孔洞、烂根、胀模、缺棱掉角、夹渣等质量缺陷，未及时按合理方案修补。

② 现场抽检 20 面混凝土墙/柱。每面墙/柱均作为一个实测区。

（9）楼板开裂

指标说明：客厅、卧室、厨房、卫生间、公共部位等结构板无裂纹。

测量工具：目测。

测量方法和数据记录：

① 客厅、卧室、厨房、卫生间、公共部位等结构板无裂纹。

② 抽检 4 户（含 2 个楼梯等公共部位），如不足 10 个房间，增加其他楼层补足 10 个房间。每个房间、楼梯均作为一个实测区。

2）砌筑工程

（1）基本原则

适用于住宅（毛坯、精装）项目和商业项目砌筑工程。

住宅项目：现场砌筑完成 3 户以上，方可进行实测。

商业项目：现场需砌筑完成 3000m² 以上，方可进行实测。随机抽取新工作面的 10% 作为实测测区。

住宅项目与商业项目若不属于同一过程评估标段的，分别进行实测实量；若属于同一过程评估标段的，根据现场不同业态的实际进度按比例进行实测。

（2）表面平整度（砌筑工程）

指标说明：反映层高范围内砌体墙体表面平整程度。

评判标准：[0,8]mm。

测量工具：2m 靠尺、楔形塞尺。

测量方法和数据记录：

① 每一面墙都可作为 1 个实测区，优先选取有门窗、过道、洞口的墙面。测量部位选择正手墙面。累计实测实量 10 个实测区、30 个检测点。

② 当墙面长度小于 3m，各墙面顶部和根部 4 个角中，取左上及右下 2 个角。按 45 度角斜放靠尺分别测量 2 次，其实测值作为判断该实测指标合格率的 2 个计算点。

③ 当墙面长度大于 3m 时，还需在墙长度中间位置增加 1 次水平测量，3 次测量值均作为判断该实测指标合格率的 3 个计算点。

④ 墙面有门、窗洞口时，在门、窗洞口 45 度斜交叉测 1 尺，该实测值作为新增实测指标合格率的 1 个计算点。

⑤ 所选测区中墙面表面平整度的实测区不满足 10 个时，需增加实测套房数或区域。

表面平整度测量示例见图 5-8。

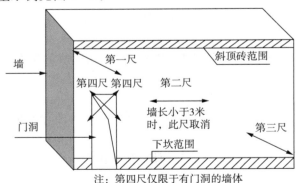

图 5-8 表面平整度测量示意图

（3）垂直度（砌筑工程）

指标说明：反映层高范围砌体墙体垂直的程度。

评判标准：[0,5]mm。

测量工具：2m 靠尺。

测量方法和数据记录：

① 每一面墙都可作为 1 个实测区，优先选取有门窗、过道洞口的墙面。测量部位选择正手墙面。累计实测实量 10 个实测区、30 个检测点。

② 实测值主要反映砌体墙体垂直度，应避开墙顶梁、墙体斜顶砖、墙底灰砂砖或砼反坎，消除其对测量值的影响，如两米靠尺过高不易定位，可采用 1m 靠尺。

③ 当墙长度小于 3m 时，同一面墙距两侧阴阳角 30cm 位置，分别按以下原则实测 2 次：一是靠尺顶端接触到上部砌体位置时测 1 次垂直度；二是靠尺底端距离下部地面位置 30cm 时测 1 次垂直度。墙体洞口一侧为垂直度必测部位。这 2 个实测值分别作为判断该实测指标合格率的 2 个计算点。

④ 当墙长度大于 3m 时，同一面墙距两端头竖向阴阳角 30cm 和墙体中间位置，分别按以下原则实测 3 次：一是靠尺顶端接触到上部砌体位置时测 1 次垂直度；二是靠尺底端距离下部地面位置 30cm 时测 1 次垂直度；三是在墙长度中间位置靠尺基本在高度方向居中时测 1 次垂直度。这 3 个测量值分别作为判断该实测指标合格率的 3 个计算点。

⑤ 所选区域墙面垂直度的实测区不满足 10 个时，需增加实测户数/检查区。

墙垂直度测量示例见图 5-9。

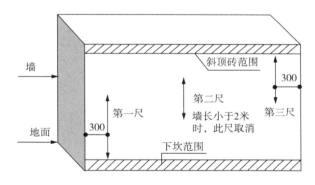

图 5-9　墙垂直度测量示意图

（4）外门窗洞口尺寸偏差（仅适用于砌筑工程）

指标说明：反映洞口施工尺寸与设计图纸尺寸的偏差和外门窗框塞缝宽度，间接反映窗框渗漏风险。

评判标准：[-10,10]mm。结构洞口也按此标准组织实测。

测量工具：5m 钢卷尺或激光测距仪。

测量方法和数据记录：

① 同一外门或外窗洞口均可作为 1 个实测区，累计实测实量 10 个实测区，20 个检测点。测量时不包括抹灰收口厚度，各测量 2 次门洞口宽度及高度净尺寸（对于落地外

门窗,在未做水泥砂浆地面时,高度可不测),取高度或宽度的 2 个实测值与设计值之间的偏差最大值,作为判断高度或宽度实测指标合格率的 1 个计算点。

② 所选区域的外门窗洞口尺寸偏差的实测区不满足 10 个时,需增加实测区域。

门窗洞口测量示例见图 5 - 10。

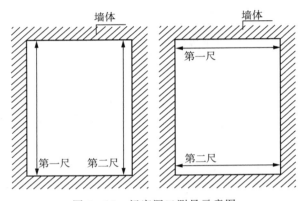

图 5 - 10　门窗洞口测量示意图

注:商业项目外门窗洞口尺寸偏差(砌筑工程)不纳入实测实量范围

(5)砌筑节点

指标说明:反映墙体砌筑过程中,砌体砌块的规范性。

评判标准:

① 门窗框预制块:采用预制混凝土块、实心砖;空心砖墙体则在门窗洞边 200mm 内的孔洞须用细石混凝土填实;预制块或实心砖的宽度同墙厚;长度≥200mm;高度应与砌块同高或砌块高度的 1/2 且≥100mm;最上部(或最下部)的混凝土块中心距洞口上下边的距离为 150～200mm,其余部位的中心距≤600mm,且均匀分布。

② 现浇窗台板:宽同墙厚,高度≥100mm,每边入墙内≥300mm(不足 300mm 通长设置);

③ 洞口(大于 300mm)的过梁:同墙宽,入墙≥250mm。

测量工具:目测,5m 钢卷尺。

测量方法和数据记录:

① 户内每一门窗框预制块、现浇窗台板、洞口(大于 300mm)的过梁各作为 1 个实测区。累计实测实量 30 个实测区,30 个检测点。每 1 个实测区取 1 个实测点,分别检查门窗框预制块、现浇砼窗台板、洞口预制过梁 3 项内容是否符合评判标准。

② 测量方法:采用目测、尺量检查同一个实测区是否符合评判标准。

③ 数据记录:同一实测区只要有任何一个问题不符合评判标准,则该实测点不合格;反之,则该实测点合格。

砌筑节点测量示例见图 5 - 11。

(6)砌筑节点

指标说明:反映墙体砌筑过程中,砌体作业的规范性。

评判标准:

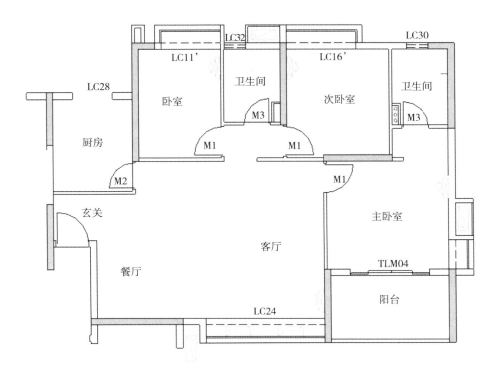

图 5-11　砌筑节点测量示意图

① 无断砖、通缝、瞎缝；

② 墙顶空隙的补砌挤紧或灌缝间隔不少于 14 天；

③ 不同基体(含各类线槽)镀锌钢丝网规格为 10×10×0.7mm,基体搭接不小于 100mm,挂网前墙体高低差部分采用水泥砂浆填补；

④ 砌体墙灰缝须双面勾缝。

数据记录：

户内/检查区内每一面砌体墙作为 1 个实测区。累计实测实量 20 个实测区,20 个检测点。

同一实测区只要有任何一个问题不符合评判标准,则该实测点不合格；反之,则该实测点合格。

3)钢结构(仅适用于商业)

(1)钢结构焊接质量

评判标准：

① 焊脚尺寸的允许偏差为[0,4]mm。

② 焊缝表面不得有裂纹、焊瘤等缺陷。一级、二级焊缝不得有表面气孔、夹渣、弧坑裂纹、电弧擦伤等缺陷。且一级焊缝不许有咬边、未焊满、根部收缩等缺陷。

测量工具:观察检查或使用放大镜、焊缝量规和钢尺检查。

测量方法和数据记录:根据观察现场的施工质量,选择疑似存在质量问题的部位作为检测点,共选择 20 个检查部位,共 20 个测区,产生 20 个计算点。

（2）钢结构防腐质量

指标说明：涂层干漆膜总厚度：室外应为 $150\mu m$，室内应为 $125\ \mu m$，其允许偏差为 $-25\mu m$，每遍涂层干漆膜厚度的允许偏差为 $-5\mu m$。

测量工具：用干漆膜测厚仪检查。每个构件检测 5 处，每处的数值为 3 个相距 50mm 测点涂层干漆膜厚度的平均值。

测量方法和数据记录：根据观察现场的施工质量，选择疑似存在质量问题的部位作为检测点，共选择 20 个检查部位，共 20 个测区，产生 20 个计算点。

（3）钢结构防火质量

指标说明：防火漆料不应有误涂、漏涂、涂层应闭合无脱层、空鼓、明显凹陷、粉化松散和浮浆等外观缺陷，乳突已剔除。薄涂型防火漆料漆层表面裂纹宽度不应大于 0.5mm，厚涂型防火漆料涂层表面裂纹宽度不应大于 1mm。

测量工具：用干漆膜测厚仪检查。每个构件检测 5 处，每处的数值为 3 个相距 50mm 测点涂层干漆膜厚度的平均值。

测量方法和数据记录：根据观察现场的施工质量，选择疑似存在质量问题的部位作为检测点，共选择 10 个检查部位，共 20 个测区，产生 20 个计算点。

备注：住宅项目不进行钢结构工程实测实量。

2. 设备安装工程

1）基本原则

（1）住宅项目：实测前，根据同一标段内各楼栋进度随机选取处于抹灰或装修阶段 3 套房作为设备安装工程的实测套房。户数最多的房型为必选。同一套房内具备条件的设备安装工程实测指标需全部检测。当实测指标合格率计算点总数少于 6 个时，需增加实测套房数。

（2）商业项目：纳入质量风险评估，不进行实测实量。

2）坐便器预留排水管孔距偏差

指标说明：本指标实测值为墙面装修完成面与坐便器预留管外壁的距离。通过控制此指标，避免因距离过小，造成坐便器安装困难；或因距离过大，造成坐便器水箱等与装修完成面的缝隙过大，影响观感。

评判标准：[0,15]mm。

测量工具：5m 钢卷尺。

测量方法和数据记录：

① 每一个坐便器预留排水管孔作为一个实测区，累计实测 3 户，每户 2 个实测区。所选 3 套房实测区不满足 6 个测区时，需增加实测套房数。

② 本指标在墙面打灰饼或抹灰完成或装饰面完成阶段，且管孔填嵌固定后测量。

③ 实测前，通过图纸确定坐便器预留排水管孔距，并将其管孔中心距换算为管外壁距墙体装修完成面距离。如墙体装修面还未完成，现场测量值要减去墙面瓷砖铺贴预留厚度，以此作为偏差计算的数值进行合格性判断。同时根据现场坐便器预留排水管位置，复核坐便器安装完成后左右两侧距墙体或柜体或淋浴房墙体的距离，原则上孔洞中心距周边墙体的间距不小于 300mm，否则视为不合格，计入测量表格。

④ 每 1 个坐便器预留排水管孔距的实测值与设计值（不应小于 300mm）之间的偏差值,作为判断该实测指标合格率的 1 个计算点。

坐便器预留排水管孔距偏差测量示例见图 5-12。

3）同一室内底盒标高差

指标说明:该指标为同一房间内,各墙面相同标高位的电气底盒与同一水平线距离的极差,主要反映观感质量。

评判标准:[0,10]mm。

测量工具:激光扫平仪、5m 钢卷尺。

测量方法和数据记录:

① 每一个功能房间作为 1 个实测区,累计实测实量 6 个实测区。

图 5-12　坐便器预留排水管
孔距偏差测量示意图

② 在所选套房的某一功能房间内,使用激光扫平仪在墙面打出一条水平线。以该水平线为基准,用钢卷尺测量该房间内同一标高位各开关、插座面板至水平基准线的距离。选取其与水平基准线之间实测值的极差,作为判断该实测指标合格率的 1 个计算点。

③ 所选 3 套房实测区不满足 6 个时,需增加实测套房数。

底盒标高测量示例见图 5-13。

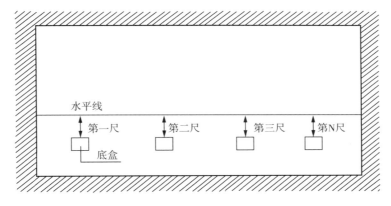

图 5-13　底盒标高测量示意图

4）同一室内开关、插座面板高度偏差（设备安装）

指标说明:该指标为同一房间内,各墙面相同标高位的电气面板与同一水平线距离的极差,主要反映观感质量。

评判标准:[0,5]mm。

测量工具:激光扫平仪、5m 钢卷尺。

测量方法和数据记录:

① 每一个功能房间作为 1 个实测区,累计实测实量 6 个实测区。

② 在所选套房的某一功能房间内,使用激光扫平仪在墙面打出一条水平线。以该水平线为基准,用钢卷尺测量该房间内同一标高位各开关、插座面板至水平基准线的距离。

选取其与水平基准线之间实测值的极差,作为判断该实测指标合格率的 1 个计算点。

③ 所选 3 套房实测区不满足 6 个时,需增加实测套房数。

备注:商业项目不进行此项设备安装实测实量。

3. 抹灰工程

1)基本原则

适用于住宅(毛坯、精装)项目和商业项目。

(1)住宅项目:现场抹灰完成 3 层以上,现场随机抽取 3 户进行实测。户数最多的房型为必选实测测区。

(2)商业项目:现场抹灰完成 3000m² 以上,随机抽取新工作面的 10% 作为实测测区。优先选择具有管理用房、设备用房、外墙的区域。

(3)住宅项目和商业项目在同一过程评估标段时,按不同业态工作量按比例进行实测实量。若不属于同一过程评估标段的,分别进行实测实量。

2)墙体表面平整度(抹灰工程)

指标说明:反映层高范围内抹灰墙体表面平整程度。

评判标准:[0,4]mm。

测量工具:2m 靠尺、楔形塞尺。

测量方法和数据记录:

① 每一面墙作为 1 个实测区,累计实测实量 15 个实测区、45 个实测点。

② 当墙面长度小于 3m,在同一墙面顶部和根部 4 个角中,选取左上、右下 2 个角按 45 度角斜放靠尺分别测量 1 次。2 次测量值作为判断该实测指标合格率的 2 个计算点。

③ 当墙面长度大于 3m,在同一墙面 4 个角任选两个方向各测量 1 次。同时在墙长度中间位置增加 1 次水平测量,这 3 次实测值作为判断该实测指标合格率的 3 个计算点。

④ 所选实测区墙面优先考虑有门、窗洞口的墙面,实测时在门、窗洞口 45 度斜交叉测 1 尺,该实测值作为新增实测指标合格率的 1 个计算点。

⑤ 所选 3 户/检查区中墙面表面平整度的实测区不满足 15 个测区时,需增加实测区域。

墙体表面平整度测量示例见图 5-14。

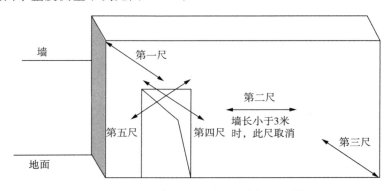

第四、五尺仅用于有门洞的墙体

图 5-14 墙体表面平整度测量示意图

3)墙面垂直度(抹灰工程)

指标说明:反映层高范围抹灰墙体垂直的程度。

评判标准:[0,4]mm。

测量工具:2m 靠尺。

测量方法和数据记录:

① 每一面墙作为 1 个实测区,累计实测实量 15 个实测区、45 个实测点,具备实测条件的门洞口墙体垂直度为必测点。

② 当墙长度小于 3m 时,同一面墙距两端头竖向阴阳角 30cm 位置,分别按以下原则实测 2 次:一是靠尺顶端接触到上部砼顶板位置时测 1 次垂直度;二是靠尺底端接触到下部地面位置时测 1 次垂直度,这 2 个实测值分别作为判断该实测指标合格率的 2 个计算点。

③ 当墙长度大于 3m 时,同一面墙距两端头竖向阴阳角 30cm 和墙体中间位置,分别按以下原则实测 3 次:一是靠尺顶端接触到上部砼顶板位置时测 1 次垂直度;二是靠尺底端接触到下部地面位置时测 1 次垂直度;三是在墙长度中间位置靠尺基本在高度方向居中时测 1 次垂直度。这 3 个测量值分别作为判断该实测指标合格率的 3 个计算点。

④ 所选 3 户/检查区中墙面表面平整度的实测区不满足 15 个测区时,需增加实测区域。

墙垂直度测量示例见图 5-15。

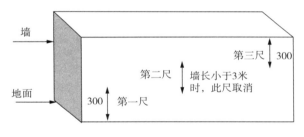

图 5-15　墙垂直度测量示意图

4)阴阳角方正(抹灰工程)

指标说明:反映层高范围内抹灰墙体阴阳角方正程度。

评判标准:[0,4]mm。

测量工具:阴阳角尺。

测量方法和数据记录:

① 每面墙的任意一个阴角或阳角均可以作为 1 个实测区,累计实测实量 15 个实测区、30 个实测点。

② 在同一个墙面阴角或阳角部位,从地面向上 300mm 和 1500mm 位置分别测量 1 次。2 次实测值作为判断该实测指标合格率的 2 个计算点。

③ 所选 3 户的所有房间的阴阳角的实测区不满足 15 个时,需增加实测套房数。

阴阳角测量示例见图 5-16。

5)顶棚水平度(仅适用住宅)

指标说明:综合反映同一房间顶棚的平整程度。

评判标准:[0,10]mm。

测量工具:激光扫平仪、塔尺。

测量方法和数据记录:

① 已完成腻子找平的同一功能房间内顶棚作为 1 个实测区,累计实测实量 8 个实测区、40 个实测点。

② 同一实测区距顶棚天花线 30cm 处位置选取 4 个角点,在板跨几何中心位选取 1 点。使用激光扫平仪,在实测板跨内打出一条水平基准线,分别测量顶棚与水平基准线之间的 5 个垂直距离。每层不少于 4 块板,每块板 5 个点,共 40 个检测点,以最低点为基准点,计算另外四点与最低点之间的偏差值。偏差值≤10mm 时,该实测点合格;最大偏差值≤15mm 时,5 个偏差值(基准点偏差值以 0 计)的实际值作为判断该实测指标合格率的 5 个计算点。最大偏差值>15mm 时,5 个偏差值均按最大偏差值计,作为判断该实测指标合格率的 5 个计算点。

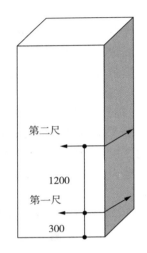

图 5-16 阴阳角测量示意图

③ 每间房间的 5 个检查数据作为 5 个样本点数,每超标一个点,记录为一个不合格点。

④ 所选实测区中顶棚水平度极差的实测区不满足 8 个时,需增加实测套房数。

顶棚水平度测量示例见图 5-17。

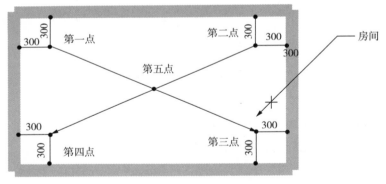

图 5-17 顶棚水平度测量示意图
注:商业项目抹灰阶段顶棚水平度不纳入实测实量范围

6)净高(仅适用于住宅)

指标说明:综合反映同一房间室内净高实测值与理论值的偏差程度。

评判标准:[-20,20]mm。

测量工具:5m 钢卷尺、激光测距仪。

测量方法和数据记录:

① 每一个功能房间作为 1 个实测区,累计实测实量 8 个实测区、40 个实测点。

② 实测前,所选套房必须完成地面找平层施工。同时还需了解所选套房的各房间结构楼板的设计厚度和建筑构造做法厚度等。

③ 各房间地面的 4 个角部区域,距地脚边线 30cm 附近各选取 1 点(避开吊顶位)。在地面几何中心位选取 1 点,测量出找平层地面与天花顶板间的 5 个垂直距离,即当前施工阶段 5 个室内净高实测值。

④ 用图纸设计层高值减去结构楼板和地面找平层施工设计厚度值,作为判断该房间当前施工阶段设计理论室内净高值。当实测值与设计值最大偏差值为[-20,20]mm 时,该实测点合格。最大偏差值为[-30,-20]或[20,30]mm 之间时,5 个偏差值的实际值作为判断该实测指标合格率的 5 个计算点。当最大偏差值>30mm 或<-30mm 时,5 个偏差值均按最大偏差值计。

⑤ 所选实测区中室内净高偏差的实测区不满足 8 个时,需增加实测套房数。

室内净高测量示例见图 5-18。

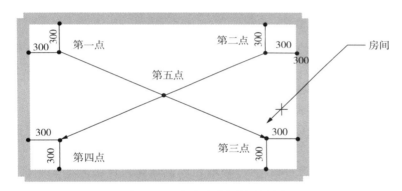

图 5-18　室内净高测量示意图

注:商业项目的抹灰阶段室内净高不纳入实测实量范围

7)房间开间/进深偏差(仅适用住宅)

指标说明:选用同一房间内开间、进深实际尺寸与设计尺寸之间的偏差。

评判标准:[-10,10]mm。

测量工具:5m 钢卷尺、激光测距仪。

测量方法和数据记录:

① 每一个功能房间的开间和进深分别作为 1 个实测区,累计实测实量 6 个功能房间的 12 个实测区,计 12 个测点;

② 同一实测区内按开间(进深)方向测量墙体两端的距离,各得到两个实测值。比较两个实测值与图纸设计尺寸,找出偏差的最大值,其≤10mm 时合格,>10mm 时不合格;

③ 3 户所有房间的开间/进深的实测区不满足 6 个时,需增加实测户数。

房间开间/进深测量示例见图 5-19。

8)外墙窗内侧墙体厚度极差(仅适用住宅)

指标说明:[0,4]mm。

测量工具:5m 钢卷尺。

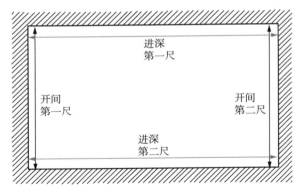

图 5-19 房间开间/进深测量示意图

注:商业项目抹灰阶段的开间/进深不纳入实测实量范围

测量方法和数据记录:

① 任一樘外门窗都作为一个实测区。瓷砖收口窗实测 10 个测区,非瓷砖收口窗实测 10 个测区,共 20 个测区。

② 实测时,外墙窗框等测量部位需完成抹灰或装饰收口。在外墙平窗框内侧墙体的侧面中部各测量 2 次墙体厚度,沿着竖向窗框尽量在顶端位置测量 1 次墙体厚度。这 3 次实测值之间极差值作为判断该实测指标合格率的 1 个计算点。

③ 外墙凸窗框内侧墙体,沿着与内墙面垂直方向,分别测量凸窗台面两端头部位窗框与内墙抹灰完成面之间的距离。2 个实测值之间极差值作为判断该实测指标合格率的 1 个计算点。

④ 所选 3 套房中的所有户内门洞/外墙窗内侧墙体厚度极差的实测区不满足 20 个时,需增加实测套房数。

备注:商业项目外墙窗内侧墙体厚度极差(抹灰工程)不纳入实测实量范围。

9)户内门洞尺寸偏差(仅适用于住宅)

指标说明:反映户内门洞尺寸实测值与设计值的偏差程度,避免出现"大小头"现象。

评判标准:高、宽[-10,10]mm。

测量工具:激光测距仪、5m 钢卷尺。

测量方法和数据记录:

① 每一个户内门洞都可以作为 1 个实测区,累计实测实量 10 个实测区。

② 实测前需了解所选套房各户内门洞口尺寸。实测前户内门洞口侧面需完成抹灰收口和地面找平层施工,以确保实测值的准确性。

③ 实测应在施工完地面找平层后,同一个户内门洞口尺寸沿宽度、高度各测 2 次。若地面找平层未做,只能检测户内门洞口宽度 2 次。宽度和高度的 2 个测量值与设计值之间偏差的最大值,作为该户内门洞口尺寸高、宽偏差的 2 个实测值。每一组实测值作为判断该实测指标合格率的 1 个计算点。

④ 所选房中户内门洞尺寸偏差的实测区不满足 10 个时,需增加实测套房数。

门窗洞口测量(高、宽)示例见图 5-20。

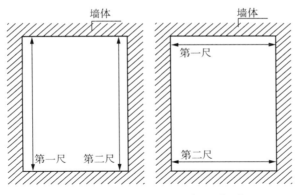

图 5 - 20　门窗洞口测量示意图(高、宽)

注:商业项目该项不纳入实测实量范围

10)方正性(仅适用住宅)

指标说明:考虑实际测量的可操作性,选用同一房间内同一垂直面的墙面与房间方正度控制线之间距离的偏差,作为实测指标,以综合反映同一房间方正程度。

评判标准:[0,10]mm。

测量工具:5m 钢卷尺、激光扫平仪。

测量方法和数据记录:

① 距墙体 30~60cm 范围内弹出方正度控制线,并做明显标识和保护。

② 同一面墙作为 1 个实测区,累计实测实量 10 个实测区,30 个实测点。

③ 在同一测区内,实测前需用 5m 钢卷尺或激光扫平仪对弹出的两条方正度控制线进行校核。无误后采用激光扫平仪打出十字线,采用等腰正三角形等边测量方式,沿墙一边方向分别测量 3 个位置(两端)与控制线之间的距离(如果现场找不到控制线,可以一面带窗墙面为基准,用仪器引出两条辅助方正控制线)。选取 2 个实测值之间的极差,作为判断该实测指标合格率的 1 个计算点。

④ 所选房中方正度极差的实测区不满足 10 个时,需增加实测套房数。

方正度测量示例见图 5 - 21。

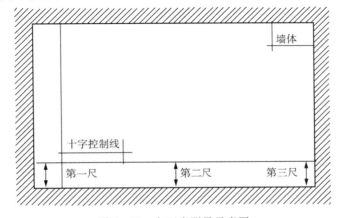

图 5 - 21　方正度测量示意图

注:商业项目该项不纳入实测实量范围

11) 墙面空鼓、裂缝（抹灰工程）

指标说明：反映户内墙体抹灰空鼓的程度及裂缝程度。

评判标准：户内墙体完成抹灰 30 天后，无空鼓，无裂缝。

测量工具：空鼓锤、目测。

测量方法和数据记录：

① 实测区与合格率计算点：所选户型内每一自然间作为 1 个实测区。每一自然间内所有墙体全检，1 个实测区取 1 个实测值。1 个实测值作为 1 个合格率计算点。所选房累计 15 个实测区。

② 测量方法：同一实测区通过空鼓锤敲击检查测区墙体抹灰层空鼓。

③ 数据记录：实测区无空鼓、无裂缝。

墙面空鼓裂缝测量示例见图 5-22。

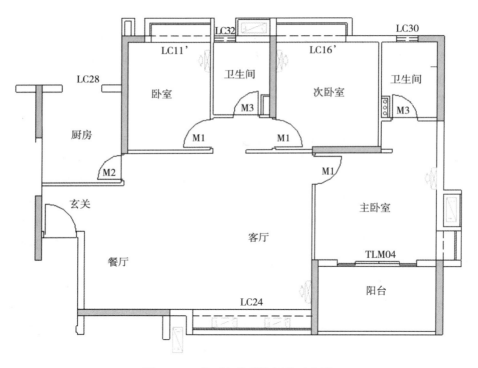

图 5-22　墙面空鼓裂缝测量示意图

12) 地面表面平整度（仅适用住宅）

指标说明：反映找平层地面表面平整程度。

评判标准：毛坯房交付地面、龙骨地板基层、瓷砖或石材地面基层：[0,4]mm，装修房直铺地板交付面基层：[0,3]mm。

测量工具：2m 靠尺、楔形塞尺。

测量方法和数据记录：

① 每一个功能房间地面都可以作为 1 个实测区，累计实测实量 6 个实测区，24 个实测点。

② 任选同一功能房间地面的 2 个对角区域,按与墙面夹角 45 度平放靠尺测量 2 次,加上房间中部区域测量一次,共测量 3 次。客/餐厅或较大房间地面的中部区域需加测 1 次。

③ 同一功能房间内的 3 或 4 个地面平整度实测值,作为判断该实测指标合格率的 3 或 4 个计算点。

④ 所选房地面表面平整度不满足 6 个实测区时,需增加实测套房数。

地面表面平整度测量示例见图 5 - 23。

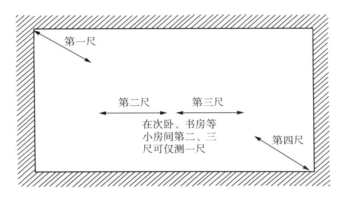

图 5 - 23　地面表面平整度测量示意图

注:商业项目该项不纳入实测实量范围

13)地面水平度(仅适用住宅)

指标说明:考虑实际测量的可操作性,选取同一房间找平层地面四个角点和一个中点与同一水平线距离之间差值作为实测指标,以综合反映同一房间找平层地面水平程度。

评判标准:[0,10]mm。

测量工具:激光扫平仪、塔尺。

测量方法和数据记录:

① 每一个功能房间地面都可以作为 1 个实测区,累计实测实量 8 个实测区、40 个实测点。

② 使用激光扫平仪,在实测板跨内打出一条水平基准线。同一实测区地面的 4 个角部区域,距地脚边线 30cm 以内各选取 1 点,在地面几何中心位选取 1 点,分别测量找平层地面与水平基准线之间的 5 个垂直距离。以最低点为基准点,计算另外四点与最低点之间的偏差。偏差值≤10mm 时,该实测点合格。最大偏差值≤15mm 时,5 个偏差值(基准点偏差值以 0 计)的实际值作为判断该实测指标合格率的 5 个计算点。最大偏差值>15mm 时,5 个偏差值均按最大偏差值计,作为判断该实测指标合格率的 5 个计算点。

③ 所选房中地面水平度极差不满足 8 个实测区时,需增加实测套房数。

地面水平度测量示例见图 5 - 24。

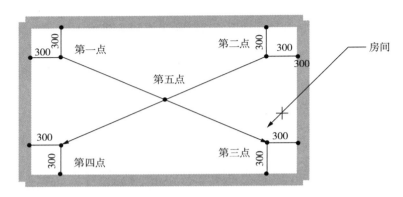

图 5-24　地面水平度测量示意图

注:商业项目的地面水平度不纳入实测实量范围

4. 门窗工程

1)基本原则

适用于住宅(毛坯、精装)项目铝合金门窗(或塑钢窗)工程。检查内容包括:型材拼缝宽度(不适用塑钢窗)、相同截面型材拼缝高低差、窗框正面垂直度、窗框固定、边框收口与塞缝。商业项目不涉及该项检查。

住宅需满足门窗安装塞缝施工完成3层以上,选取3户作为实测测区。

2)型材拼缝宽度(不适用塑钢窗)

指标说明:是指铝合金门框型材拼接缝隙大小,反映观感质量和渗漏风险。

评判标准:[0,0.3]mm。

测量工具:钢塞片。

测量方法和数据记录:

① 该指标宜在窗扇安装完、窗框保护膜拆除完的装修收尾阶段测量。

② 户内每一自然间的每一樘门或窗作为1个实测区,累计实测实量10个实测区。

③ 在同一铝合金门或窗的窗框、窗扇,目测选取1条疑似缝隙宽度最大的型材拼接缝。用0.3mm钢塞片插入型材拼接缝隙,如能插入,则该测量点不合格;反之则该测量点合格。1条型材拼缝宽度的实测值作为判断该实测指标合格率的1个计算点。

④ 为提高统计和实测效率,不合格点均按0.5mm记录,合格点均按0.2mm记录。

⑤ 所选3套房中拼缝宽度的实测区不能满足10个时,需增加实测套房数。

型材拼缝宽度测量示例见图 5-25。

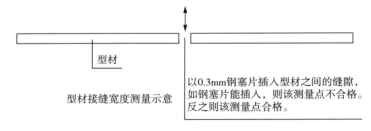

型材接缝宽度测量示意　　　　以0.3mm钢塞片插入型材之间的缝隙,如钢塞片能插入,则该测量点不合格。反之则该测量点合格。

图 5-25　型材拼缝宽度测量示意图

3）相同截面型材拼缝高低差

指标说明：指铝合金门框型材接缝处相对高低偏差的程度。主要反映观感质量。

评判标准：[0,0.3]mm。

测量工具：钢尺或其他辅助工具（平直且刚度大）、钢塞片。

测量方法和数据记录：

① 该指标宜在窗扇安装完、窗框保护膜拆除完的装修收尾阶段测量。

② 户内每一樘门或窗都可以作为 1 个实测区，累计实测实量 10 个实测区。

③ 同一铝合金门或窗，在其窗框、窗扇部位，目测选取 1 条疑似高低差最大的型材拼接缝，用钢尺或其他辅助工具紧靠相邻两个拼接型材并跨过接缝，以 0.3mm 钢塞片插入钢尺与型材之间的缝隙。如能插入，则该测量点不合格；反之则该测量点合格。1 条接缝高低差的实测值作为该实测指标合格率的 1 个计算点。

④ 为数据统计方便和提高实测效率，不合格点均按 0.5mm 记录，合格点均按 0.2mm 记录。

⑤ 所选 2 套房中拼缝高低差的实测区不能满足 20 个时，需增加实测套房数。

型材拼缝高低差示例见图 5-26。

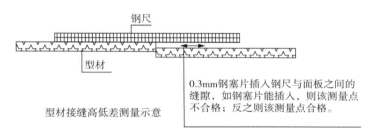

图 5-26　型材拼缝高低差示意图

4）窗框正面垂直度

指标说明：反映铝合金（或塑钢）门窗框垂直程度。

评判标准：[0,2.5]mm。

测量工具：1m/2m 靠尺。

测量方法和数据记录：

① 户内每一樘门或窗都可以作为 1 个实测区，累计实测实量 10 个实测区。

② 用 1m/2m 靠尺分别测量每一樘铝合金门或窗两边竖框垂直度，2 次实测值作为判断该实测指标合格率的 2 个计算点。

③ 所选 3 套房中窗框正面垂直度的实测区不能满足 10 个时，需增加实测套房数。

铝合金门或窗框正面垂直度测量示例见图5-27。

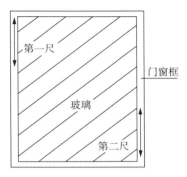

图 5-27　铝合金门或窗框正面垂直度测量示意图

5）窗框固定

指标说明：指窗框固定质量，反映窗框防渗漏水平。

评判标准：角部固定片距门窗洞口四个角≤150～200mm；中间各固定片中心距离≤600mm；以1.5mm厚的镀锌板裁制，采用金属膨胀螺栓或射钉固定，应根据预留混凝土块位置，按对称顺序安装。

测量工具：目测、钢卷尺。

测量方法和数据记录：

户内每一扇外门窗都可以作为1个实测区，累计实测实量15个实测区。1个实测区作为1个实测合格率计算点。

6）边框收口与塞缝

指标说明：是指窗框边框收口与塞缝质量，反映外窗防渗漏水平。

评判标准：

① 窗框与洞口间无缠绕保护膜，临时固定木楔需取出；

② 门窗框底边及两侧边上翻150mm高范围采用干硬性水泥砂浆塞缝，上边及两侧边可采用发泡胶或干硬性水泥砂浆塞缝；填缝须密实；

③ 超出门窗框外的发泡胶应在其固化前用手或专用工具压入缝隙中，严禁固化后用刀片切割。

测量工具：钢卷尺、目测。

测量方法和数据记录：

户内每一扇外门窗都可以作为1个实测区，累计实测实量15个实测区。1个实测区作为1个实测合格率计算点。

5. 防水工程

1）基本原则

实测前，根据同一标段内各楼栋进度随机选取处于防水工程施工完毕的功能区作为实测数据采集点。防水检测主要包括：防水反坎、卫生间防水层厚度、卫生间防水层高度。

（1）住宅项目：现场防水完成3层以上，现场随机抽取3户进行实测。户数最多的房型为必选实测区。

（2）商业项目：现场防水完成3层以上，随机抽取新工作面的10％作为实测测区。

（3）住宅项目和商业项目在同一过程评估标段时，按不同业态工作量按比例进行实测实量。若不属于同一过程评估标段的，分别进行实测实量。

2）防水反坎

指标说明：

① 空调板、雨篷板、凸窗上部、卫生间和厨房周边后砌墙根部等部位须设置砼反坎；厚度同墙厚，高度≥200mm。

② 沉箱式卫生间烟道和管井根部设置两道反坎，底部反坎宽200mm，高与装饰面层基层平，上部反坎宽≥50mm，高出装饰完成面≥100mm。

③ 非沉箱式卫生间烟道和管井根部设置一道砼反坎，宽≥50mm，高出楼地面完成

面≥100mm。

④ 如砼反坎未与主体结构砼一起浇注,则结合面须凿毛。

测量工具:卷尺。

测量方法和数据记录:

① 所选户型内各应设反坎部位分别为 1 个实测区,累计实测 10 个测区,如卫生间、厨房间、空调板或飘板等。所选房中实测点不满足 10 个时,需增加实测套房数。

② 测量方法:目测各实测区是否按要求设置防水反坎,采用钢卷尺测量有关反坎的尺寸是否符合要求。

备注:商业项目仅将公区卫生间纳入实测实量范围。

3)卫生间防水层高度

指标说明:反映卫生间墙面防水层高度(毛坯住宅项目为防水工程完成面,精装住宅项目防水高度为现场淋浴房门槛正在施工阶段,商业项目为公区卫生间墙地面铺装前)。

评判标准:淋浴间防水高度的标准以各地区公司合同规定为准,没有明确规定的,按以下标准执行:淋浴间防水高度≥1800mm(地面完成面以上);浴缸部位高度≥900mm(地面完成面以上);非淋浴间防水厚度≥300mm(地面完成面以上)。

测量工具:目测、钢卷尺。

测量方法:

① 实测区与合格率计算点:检测 3 户 10 个卫生间,每一个卫生间为 1 个实测区。所选实测点不满足 10 个时,需增加实测区。

② 测量方法:现场查看卫生间防水做法高度是否满足要求;

③ 数据记录:当实测区存在不符合防水做法时,该实测区不合格;反之,则合格。

4)卫生间防水层厚度

指标说明:反映卫生间防水层厚度是否满足要求,(毛坯住宅项目为防水工程完成后,精装住宅项目防水高度为现场淋浴房门槛正在施工阶段,商业项目为公区卫生间墙地面铺装前)。

评判标准:涂料/涂膜防水:平均厚度符合设计要求,最小厚度≥设计值的 80%。卷材防水:平均厚度符合设计要求,防水卷材厚度最小值≥设计厚度的 90%。

测量工具:游标卡尺、美工刀。

测量方法:

① 实测区与合格率计算点:检测 10 个卫生间,每一个卫生间为 1 个实测区。所选实测点不满足 10 个时,需增加实测区。

② 测量方法:现场对卫生间防水进行切片后用卡尺进行量测。

③ 数据记录:当实测区厚度不满足要求时,该实测区不合格;反之,则合格。

6. 装饰工程

1)涂饰工程(仅适用住宅)

(1)基本原则

适用于住宅(毛坯、精装)项目涂饰工程,商业项目不参与测量。

住宅项目:现场涂饰完成 3 层以上,现场随机抽取 3 户进行实测。户数最多的房型为必选测区。毛坯及精装住宅项目均参与实测,实测区腻子面若未打磨,则参照抹灰工程标准进行检查。

(2)墙体表面平整度(涂饰工程)

指标说明:反映层高范围内抹灰墙体表面平整程度。

评判标准:[0,3]mm。

测量工具:2m靠尺、楔形塞尺。

测量方法和数据记录:

① 每一面墙作为1个实测区,累计实测实量15个实测区、45个实测点。

② 当墙面长度小于3m时,在同一墙面顶部和根部4个角中,选取左上、右下2个角按45度角斜放靠尺分别测量1次。2次测量值作为判断该实测指标合格率的2个计算点。

③ 当墙面长度大于3m,在同一墙面4个角任选两个方向各测量1次。同时在墙长度中间位置增加1次水平测量,这3次实测值作为判断该实测指标合格率的3个计算点。

④ 所选实测区墙面优先考虑有门、窗洞口的墙面,实测时在门、窗洞口45度斜交叉测1尺,该实测值作为新增实测指标合格率的1个计算点。

⑤ 所选房中墙面表面平整度的实测区不满足15个时,需增加实测套房数。

平整度测量示例见图5-28。

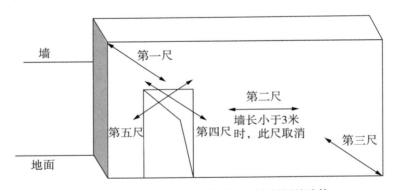

第四、五尺仅用于有门洞的墙体

图5-28 平整度测量示意图

(3)墙面垂直度(涂饰工程)

指标说明:反映层高范围抹灰墙体垂直的程度。

评判标准:[0,3]mm。

测量工具:2m靠尺。

测量方法和数据记录:

① 每一面墙作为1个实测区,累计实测实量15个实测区、45个实测点。具备实测条件的门洞口墙体垂直度为必测区。

② 当墙面长度小于3m时,同一面墙距两端头竖向阴阳角30cm位置,分别按以下原则实测2次:一是靠尺顶端接触到上部砼顶板位置时测1次垂直度;二是靠尺底端接触

到下部地面位置时测 1 次垂直度。这 2 个实测值分别作为判断该实测指标合格率的 2 个计算点。

③ 当墙面长度大于 3m 时,同一面墙距两端头竖向阴阳角 30cm 和墙体中间位置,分别按以下原则实测 3 次:一是靠尺顶端接触到上部砼顶板位置时测 1 次垂直度;二是靠尺底端接触到下部地面位置时测 1 次垂直度;三是在墙长度中间位置靠尺基本在高度方向居中时测 1 次垂直度。这 3 个测量值分别作为判断该实测指标合格率的 3 个计算点。

④ 所选房中墙面垂直度的实测区不满足 15 个时,需增加实测套房数。

墙垂直度测量示例见图 5 - 29。

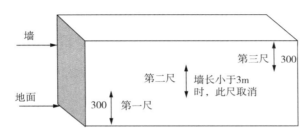

图 5 - 29　墙垂直度测量示意图

(4)阴阳角方正(涂饰工程)

指标说明:反映层高范围内抹灰墙体阴阳角方正程度。

评判标准:[0,3]mm。

测量工具:阴阳角尺。

测量方法和数据记录:

① 每面墙的任意一个阴角或阳角均可以作为 1 个实测区,累计实测实量 15 个实测区,30 个实测点。

② 在同一个墙面阴角或阳角部位,从地面向上 300mm 和 1500mm 位置分别测量 1 次。2 次实测值作为判断该实测指标合格率的 2 个计算点。

③ 所选房中的所有房间的阴阳角的实测区不满足 15 个时,需增加实测套房数。

阴阳角测量示例见图 5 - 30。

(5)顶棚(吊顶)水平度(涂饰工程)

指标说明:综合反映同一房间顶棚的平整程度。

评判标准:[0,10]mm。

测量工具:激光扫平仪、塔尺。

测量方法和数据记录:

① 已完成腻子找平的同一功能房间内顶棚作为 1 个实测区,累计实测实量 8 个实测区,客厅优先选择。

② 同一实测区距顶棚天花线 30cm 处位置选取 4 个角点,在板跨几何中心位选取 1 点,使用激光扫平仪,在实测板跨内打出

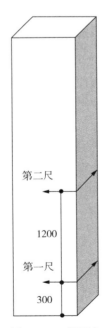

图 5 - 30　阴阳角测量示意图

一条水平基准线,分别测量顶棚与水平基准线之间的 5 个垂直距离。每层不少于 2 块板,每块板 5 个点,共 40 个检测点,计算另外五点之间的极差值。偏差值≤10mm 时,该实测点合格;最大偏差值≤15mm 时,5 个偏差值(基准点偏差值以 0 计)的实际值作为判断该实测指标合格率的 5 个计算点。最大偏差值>15mm 时,5 个偏差值均按最大偏差值计,作为判断该实测指标合格率的 5 个计算点。

③ 每间房间的 5 个检查数据作为 5 个样本点数,每超标一个点,记录为一个不合格点。

④ 所选房中顶棚水平度极差的实测区不满足 8 个时,需增加实测套房数。

顶棚水平度测量示例见图 5-31。

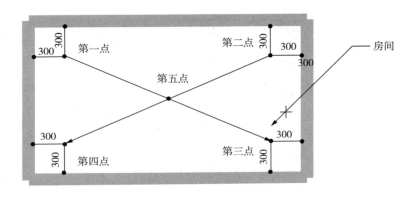

图 5-31 顶棚水平度测量示意图

(6)空鼓、裂缝(涂饰工程)

指标说明:反映户内墙体抹灰空鼓的程度及裂缝程度。

评判标准:无空鼓、开裂。

测量工具:空鼓锤、目测。

测量方法和数据记录:

① 实测区与合格率计算点:所选户型内每一自然间作为 1 个实测区,每一自然间内所有墙体全检。天花板则只检查裂缝指标。1 个实测区取 1 个实测值。1 个实测值作为 1 个合格率计算点。

② 测量方法:同一实测区通过空鼓锤敲击检查所有墙体空鼓,同一实测区通过目测检查所有墙体抹灰层裂缝。

③ 数据记录:无空鼓、开裂为合格。

空鼓、裂缝测量示例见图 5-32。

(7)室内门门框的正、侧面垂直度(涂饰工程)

指标说明:反映室内门门框正、侧面垂直程度。

评判标准:[0,4]mm。

测量工具:2m 靠尺。

测量方法和数据记录:

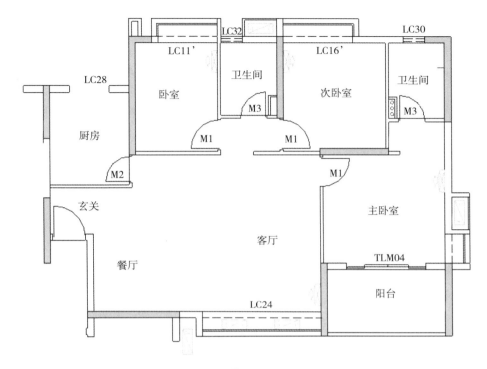

图 5 - 32　空鼓、裂缝测量示意图

① 每一樘门框都可以作为 1 个实测区,累计实测实量 10 个实测区。

② 分别测量一樘门门框的正面和侧面垂直度,共有 2 个实测值。选取其中数值较大的,作为判断该实测指标合格率的 1 个计算点。

③ 所选 3 套房中门框正、侧面垂直度(室内门)的实测区不能满足 10 个时,需增加实测套房数。

室内门框正侧面垂直度测量示例见图 5 - 33。

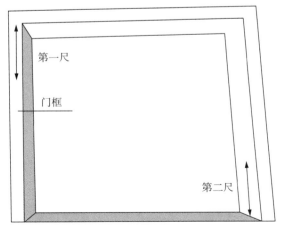

图 5 - 33　室内门框正侧面垂直度测量示意图

2)饰面砖粘贴(墙面)

(1)基本原则

适用于住宅(毛坯、精装)项目和商业项目饰面砖工程。

① 住宅需满足饰面砖施工完成3层以上,其中精装住宅选取两户户内及1层公区作为实测测区。毛坯住宅选取3层公区作为实测测区。

② 商业项目需满足饰面砖施工完成3层以上。根据选取楼层建筑平面图,按照不小于100m²为一检查区的原则选择3个检查区进行实测实量。优先选择室内走廊、电梯厅、客流进出通道区域(商家的商铺内装饰不属于实测范围)。

③ 过程评估标段中包含住宅项目和商业项目时,按照不同业态已完工作量的比例进行实测实量。若不属于同一过程评估标段的,分别进行实测实量。

(2)墙体表面平整度(饰面工程)

指标说明:反映层高范围内墙体表面平整程度。

评判标准:瓷砖/石材墙面:[0,3]mm。

测量工具:2m靠尺、楔形塞尺。

测量方法和数据记录:

① 每一面墙作为1个实测区,累计实测实量6个实测区、12个实测点。

② 当墙面长度小于3m,在同一墙面顶部和根部4个角中,选取左上、右下2个角按45度角斜放靠尺分别测量1次。2次测量值作为判断该实测指标合格率的2个计算点。

③ 当墙面长度大于3m,在同一墙面4个角任选两个方向各测量1次。同时在墙长度中间位置增加1次水平测量。3次实测值作为判断该实测指标合格率的3个计算点。

④ 所选实测区墙面优先考虑有门、窗洞口的墙面,实测时在门、窗洞口45度斜交叉测1尺,该实测值作为新增实测指标合格率的1个计算点。

⑤ 所选墙面表面平整度的实测区不满足6个时,需增加实测区域。

室内门框正侧面垂直度测量示例见图5-34。

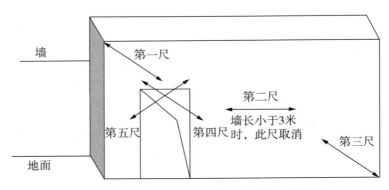

图5-34 室内门框正侧面垂直度测量示意图

(3)墙面垂直度(饰面工程)

指标说明:反映层高范围墙体垂直的程度。

评判标准:瓷砖墙面:[0,2]mm;光面石材墙面:[0,3]mm。

测量工具:2m 靠尺。

测量方法和数据记录:

① 每一面墙作为 1 个实测区,累计实测实量 6 个实测区、12 个实测点。具备实测条件的门洞口墙体垂直度为必测区。

② 当墙面长度小于 3m 时,同一面墙距两端头竖向阴阳角 30cm 位置,分别按以下原则实测 2 次:一是靠尺顶端接触到上部砼顶板位置时测 1 次垂直度;二是靠尺底端接触到下部地面位置时测 1 次垂直度。2 个实测值分别作为判断该实测指标合格率的 2 个计算点。

③ 当墙面长度大于 3m 时,同一面墙距两端头竖向阴阳角 30cm 和墙体中间位置,分别按以下原则实测 3 次:一是靠尺顶端接触到上部砼顶板位置时测 1 次垂直度;二是靠尺底端接触到下部地面位置时测 1 次垂直度;三是在墙长度中间位置靠尺基本在高度方向居中时测 1 次垂直度。3 个测量值分别作为判断该实测指标合格率的 3 个计算点。

④ 所选房中墙面垂直度的实测区不满足 6 个时,需增加实测测区。

墙垂直度测量示例见图 5 - 35。

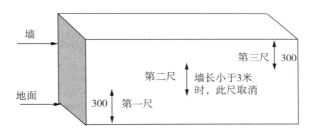

图 5 - 35　墙垂直度测量示意图

(4)阴阳角方正(饰面工程)

指标说明:反映层高范围内墙体阴阳角方正程度。

评判标准:[0,3]mm。

测量工具:阴阳角尺。

测量方法和数据记录:

① 每面墙的任意一个阴角或阳角均可以作为 1 个实测区,累计实测实量 6 个实测区、12 个实测点。

② 在同一个墙面阴角或阳角部位,从地面向上 300mm 和 1500mm 位置分别测量 1 次。2 次实测值作为判断该实测指标合格率的 2 个计算点。

阴阳角测量示例见图 5 - 36。

(5)空鼓、裂缝(饰面砖)

指标说明:反映墙、地砖空鼓的程度。

评判标准:无空鼓。

测量工具:空鼓锤。

测量方法和数据记录:

① 每面墙面或地面可以作为 1 个实测区,其中墙砖累计实测实量 10 个实测区、10 个实测点,地砖累计实测实量 10 个实测区、10 个实测点;

② 合格标准:无空鼓;

③ 测量方法:同一实测区通过空鼓锤敲击检查所有墙体、地面空鼓;

④ 数据记录:无空鼓记录合格。

(6)接缝高低差(饰面工程)

指标说明:反映两块饰面砖接缝处相对高低偏差的程度。

评判标准:墙砖[0,0.5]mm;地砖[0,0.5]mm。

测量工具:钢尺或其他辅助工具(平直且刚度大)、钢塞片。

测量方法和数据记录:

① 该指标宜在装修收尾阶段测量。每一墙面、地面都可以作为 1 个实测区,墙地砖分别累计实测实量 6 个实测区、12 个实测点。

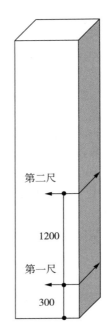

图 5-36　阴阳角测量示意图

② 在每一饰面砖墙地面,目测选取 2 条疑似高低差最大的饰面砖接缝。用钢尺或其他辅助工具紧靠相邻两饰面砖跨过接缝,用 0.5mm 钢塞片插入钢尺与饰面砖之间的缝隙。如能插入,则该测量点不合格;反之则该测量点合格。2 条接缝高低差的实测值,分别作为判断该实测指标合格率的 2 个计算点。

③ 为数据统计方便和提高实测效率,不合格点均按 0.7mm 记录,合格点均按 0.3mm 记录。

④ 所选测区不能满足接缝高低差的 6 个实测区时,需增加实测测区。

墙面砖接缝高低差测量示例见图 5-37。

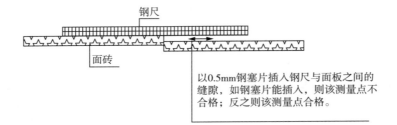

图 5-37　墙面砖接缝高低差测量示意图

3)饰面砖粘贴地面表面平整度

指标说明:反映饰面砖地面平整程度。

评判标准:[0,2]mm。

测量工具:2m 靠尺、楔形塞尺。

测量方法和数据记录:

① 地漏的汇水区域不测饰面砖地面表面平整度。

② 每一饰面砖地面都可以作为 1 个实测区,累计实测实量 6 个实测区、12 个实测点。

③ 每一功能房间地面(不包括厨卫间)的 4 个角部区域,任选两个角与墙面夹角 45 度平放靠尺共测量 2 次。客餐厅或较大房间地面的中部区域需加测 1 次。这 2 或 3 次实测值作为判断该实测指标合格率的 2 或 3 个计算点。

④ 每一个厨/卫间地面共测量 2 次,其实测值分别作为判断该实测指标合格率的 2 个计算点。

⑤ 所选测区不能满足地面饰面砖表面平整度的 6 个实测区时,需增加实测测区。

地面砖平整度测量示例见图 5 - 38。

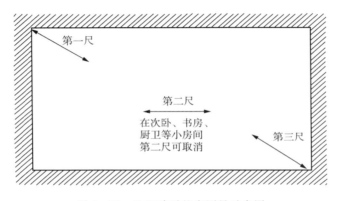

图 5 - 38　地面砖平整度测量示意图

4)地板(仅适用于住宅)

(1)基本原则

适用于住宅(精装)项目木地板工程。商业项目不涉及该项检查。住宅需满足木地板铺贴完成 3 层以上,选取 3 户作为实测测区。

(2)地板表面平整度(精装住宅户内)

指标说明:反映室内地板平整程度。

评判标准:[0,2]mm。

测量工具:2m 靠尺、楔形塞尺。

测量方法和数据记录:

① 每一功能房间木地板地面都可以作为 1 个实测区,累计实测实量 6 个实测区。

② 任选同一功能房间地面的 2 个对角区域,按与墙面夹角 45 度平放靠尺测量 2 次,加上房间中部区域测量一次,共测量 3 次。客厅、餐厅或较大房间地面的中部区域需加测 1 次。3 或 4 次实测值分别作为判断该实测指标合格率的 3 或 4 个计算点。

③ 所选 3 套房中表面平整度的实测区不能满足 6 个时,需增加实测套房数。

地面平整度测量示例见图 5 - 39。

(3)地板水平度(精装住宅户内)

指标说明:考虑实际测量的可操作性,选用同一房间地板四个角点和一个中点距离

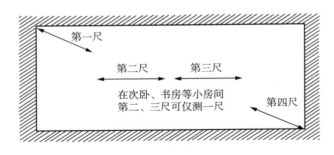

图 5-39 地面平整度测量示意图

同一水平线的极差,作为实测指标,以综合反映同一房间地板水平程度。

评判标准:[0,10]mm。

测量工具:激光扫平仪、塔尺。

测量方法和数据记录:

① 每一功能房间木地板作为 1 个实测区,累计实测实量 8 个实测区。

② 使用激光扫平仪,在实测板跨内打出一条水平基准线。同一实测区地面有踢脚线的两段长墙中间区域和 4 个角部区域,距地脚边线 30cm 以内各选取 1 点,在地面几何中心位选取 1 点,分别测量找平层地面与水平基准线之间的 7 个垂直距离。以最低点为基准点,计算另外 4 点与最低点之间的偏差。偏差值≤10mm 时,该实测点合格;最大偏差值≤15mm 时,5 个偏差值(基准点偏差值以 0 计)的实际值作为判断该实测指标合格率的 5 个计算点。最大偏差值>15mm 时,5 个偏差值均按最大偏差值计,作为判断该实测指标合格率的 5 个计算点。

③ 所选 2 套房中地板水平度极差的实测区不能满足 10 个时,需增加实测套房数。

地面水平度测量示例见图 5-40。

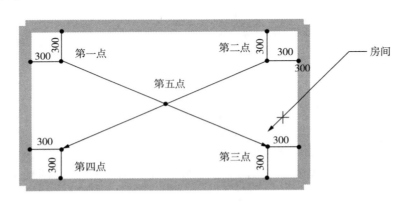

图 5-40 地面水平度测量示意图

(4)实木复合及实木地板接缝宽度(精装住宅户内)

指标说明:是指地板两个地板条之间拼接缝隙大小,反映观感质量。本指标适用于实木地板、实木复合地板。

评判标准:[0,0.5]mm。

测量工具:钢塞片

测量方法和数据记录:

① 该指标宜在装修收尾阶段测量。每一功能房间木地板地面都可以作为 1 个实测区,累计实测实量 6 个实测区。

② 在同一实测区的地板面,目测选取 2 条疑似接缝最大的地板条接缝,分别用钢塞片插入地板条之间的缝隙。如能插入,则该测量点不合格;反之则该测量点合格。同一功能房间内选取 2 个实测值均作为判断该实测指标合格率的 2 个计算点。

③ 为数据统计方便和提高实测效率,不合格点均按规范标准加 0.1mm 记录,合格点均按规范标准减 0.1mm 记录。

④ 所选 3 套房中地板接缝宽度的实测区不能满足 6 个时,需增加实测套房数。

木地板接缝宽度测量示例见图 5-41。

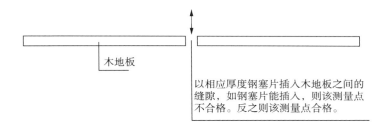

图 5-41　木地板接缝宽度测量示意图

(5)实木复合地板及实木地板接缝高低偏差(精装住宅户内)

指标说明:该指标反映两块地板条接缝处相对高低偏差的程度。主要反映观感质量。本指标适用于实木地板、实木复合地板。

评判标准:[0,0.5]mm。

测量工具:钢尺或其他辅助工具(平直且刚度大)、钢塞片。

测量方法和数据记录:

① 该指标宜在装修收尾阶段测量。每一功能房间木地板地面都可以作为 1 个实测区,累计实测实量 6 个实测区。

② 在同一实测区的地板面上,目测选取 2 条疑似高低差最大的地板条接缝,分别用钢尺或其他辅助工具紧靠相邻两地板条跨过接缝,以 0.5mm 厚度的钢塞片插入钢尺与地板条之间的缝隙。如能插入,则该测量点不合格;反之则该测量点合格。同一功能房间内选取 2 个实测值均作为判断该实测指标合格率的 2 个计算点。

③ 为数据统计方便和提高实测效率,不合格点均按 0.6mm 记录,合格点均按 0.4mm 记录。

④ 所选 2 套房中地板接缝高低差的实测区不能满足 6 个时,需增加实测套房数。

木地板接缝高低偏差测量示例见图 5-42。

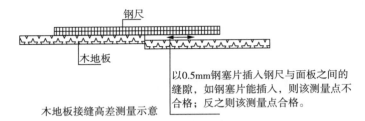

木地板接缝高差测量示意

图 5-42　木地板接缝高低偏差测量示意

7. 机电工程（商业）

1）通风与空调工程

（1）基本原则

仅适用于商业项目机电安装通风与空调工程检查。住宅项目不涉及。

（2）防火阀、排烟阀（口）以及其他风阀的安装

指标说明：反映防火阀、排烟阀（口）以及其他风阀的安装质量。

评判标准：

① 方向、位置应正确，防火分区隔墙两侧的防火阀，距墙表面不应大于 200mm；

② 各类风阀应安装在便于操作及检修的部位，安装后的手动或电动操作装置应灵活、可靠，阀板关闭应保持严密；

③ 防火阀直径或长边尺寸等于大于 630mm 时，宜设独立支架、吊架；

④ 为餐饮商铺预留的排油烟、补风管接口，其周边不能有阻碍用户接驳管道的梁、柱及其他机电管线等。

测量工具：目测、钢卷尺。

测量方法和数据记录：1 个风系统为 1 个测区，1 个测区 2～5 个测点，共 20 个测点，一个阀门为一个测点，只要不符合评判标准中一项，则定为该测点不合格。

（3）风管的防晃支吊架安装

指标说明：反映风管的防晃支吊架安装质量。

评判标准：

① 支、吊架不宜设置在风口、阀门、检查门及自控机构处，离风口或插接管的距离不宜小于 200mm；

② 当水平悬吊的主、干风管长度超过 20m 时，应设置防止摆动的固定点（防晃支架），每个系统不应少于 1 个。

测量工具：目测、钢卷尺。

测量方法和数据记录：一个风系统为一个测点，共 20 个测点，检查时应符合以上评判标准，如有一处不符合则定为一个不合格点。

（4）金属矩形风管加固

指标说明：反映金属矩形风管加固质量。

评判标准：

① 矩形风管边长大于 630mm、保温风管边长大于 800mm，管段长度大于 1250mm

或低压风管单边平面积大于 1.2m² 或中、高压风管大于 1.0m²，均应采取加固措施。

② 楞筋或楞线的加固，排列应规则，间隔应均匀，板面不应有明显的变形；角钢、加固筋的加固，应排列整齐、均匀对称，其高度应小于或等于风管的法兰宽度。

测量工具：目测、钢卷尺。

测量方法和数据记录：一个风系统为一个测区，一个测区共 2～5 个测点，共 20 个测点，只要不符合评判标准中一项，则定为该测点不合格。

（5）风管导流片

指标说明：反映风管导流片设置是否到位及设置质量。

评判标准：

① 边长大于或等于 500mm，且内弧半径与弯头端口边长比小于或等于 0.25 时，应设置导流叶片，导流叶片应采用单片式、月牙式两种类型。

② 导流叶片内弧应与弯管同心，导流叶片应与风管内弧等弧长。

③ 导流叶片间距可采用等距或渐变设置方式，最小叶片间距不宜小于 200mm，导流叶片的数量可采用平面边长除以 500 的倍数来确定，最多不宜超过 4 片。导流叶片应与风管固定牢固，固定方式可采用螺栓或铆钉。

测量工具：目测、钢卷尺。

测量方法和数据记录：1 个风系统为 1 个测区，1 个测区 2～5 个测点，共 10 个测点，一个弯头为一个测点，只要不符合评判标准中一项，则定为该测点不合格。

（6）不锈钢风管安装

指标说明：反映不锈钢风管安装质量。

评判标准：

① 当不锈钢板法兰采用碳素钢时，应根据设计要求做防腐处理；铆钉应采用与风管材质相同或不产生电化学腐蚀的材料。

② 不锈钢板与碳素钢支架的接触处，应有隔绝或防腐绝缘措施。

测量工具：目测、钢卷尺。

测量方法和数据记录：一个风系统为一个测区，一个测区共 2～10 个测点，共 20 个测点，只要不符合评判标准中一项，则定为该测点不合格。

（7）风管漏风观感检查

指标说明：反映风管漏风观感检查质量。

评判标准：

① 连接法兰的螺栓应均匀拧紧，其螺母宜在同侧。

② 风管接口的连接应严密、牢固。风管法兰的垫片材质应符合系统功能的要求。垫片不应凸入管内，亦不宜突出法兰外。

③ 金属风管，通风、空调系统风管法兰的螺栓及铆钉孔的孔距不得大于 150mm，防排烟系统不得大于 100mm；矩形风管法兰的四角部位应设有螺孔。

测量工具：目测、钢卷尺。

测量方法和数据记录：一个风系统为一个测区，一个测区共 2～5 个测点，共 20 个测点，只要不符合评判标准中一项，则定为该测点不合格。

(8)空调水系统管道与设备保温

指标说明:反映空调水系统管道与设备保温质量。

评判标准:

① 热材料厚度大于 80mm 时,应采用分层施工,同层的拼缝应错开,且层间拼缝应相压,搭接间距不应小于 130mm;

② 硬质或半硬质绝热管壳用于热水管道时拼接缝隙不应大于 5mm,用于冷水管道时不应大于 2mm,并用粘接材料勾缝填满;纵缝应错开,外层的水平接缝应设在侧下方;

③ 空调冷热水管道穿墙或穿楼板处的绝热层应连续不间断。

测量工具:目测、钢卷尺。

测量方法和数据记录:一个自然间为一个测点,共 20 个测点,只要不符合评判标准中一项,则定为该测点不合格。

(9)风系统保温

指标说明:反映风系统保温质量。

评判标准:

① 绝热层与风管、部件及设备应紧密贴合,无裂缝、空鼓等缺陷,且纵、横向的接缝应错开。绝热层材料厚度大于 80mm 时,应采用分层施工,同层的拼缝应错开,且层间拼缝应相压,搭接间距不应小于 130mm。

② 空调风管穿楼板和穿墙处套管内的绝热层应连续不间断,且空隙处应用不燃材料进行密封封堵。

测量工具:目测、钢卷尺。

测量方法和数据记录:一个风系统为一个测区,一个测区共 2~5 个测点,共 20 个测点,只要不符合评判标准中一项,则定为该测点不合格。

(10)风机房设备的减震降噪

指标说明:反映风机房设备的减震降噪质量。

评判标准:

① 设备安装的降噪措施(减震支架、软接头)是否按图施工;

② 在风管穿过需要封闭的防火、防爆的墙体或楼板时,应用不燃且对人体无危害的柔性材料封堵。

测量工具:目测、钢卷尺。

测量方法和数据记录:一层一个测区,共 2 层,共 20 个测点,机房必检,检查时应符合以上评判标准,如有一处不符合评判标准测定的为一个不合格点。

(11)空调机房设备安装

指标说明:反映空调机房设备安装质量。

评判标准:

① 型号、规格、方向和技术参数应符合设计要求;

② 机组应清扫干净,箱体内应无杂物、垃圾和积尘;

③ 设备安装的降噪措施(减震支架、软接头)是否按图施工。

测量工具:目测。

测量方法和数据记录:机房设备层,共 20 个测点,检查时应符合以上评判标准,如有一处不符合则定为一个不合格点。

(12)风机盘管安装

指标说明:反映风机盘管安装质量。

评判标准:

① 机组应设独立支架、吊架,安装的位置、高度及坡度应正确、固定牢固;

② 机组与风管、回风箱或风口的连接,应严密、可靠;

③ 风机盘管机组及其他空调设备与管道的连接,宜采用弹性接管或软接管(金属或非金属软管),软管的连接应牢固、不应有强扭和瘪管。

测量工具:目测。

测量方法和数据记录:一个风机盘管为一个测点,共 20 个测点,只要不符合评判标准中一项,则定为该测点不合格。

(13)空调水泵安装

指标说明:反映空调水泵安装质量。

评判标准:

① 垫铁组放置位置正确、平稳,接触紧密,每组不超过 3 块;

② 减震器与水泵基础连接牢固、平稳、接触紧密;

③ 水泵运行不得有异响。

测量工具:目测。

测量方法和数据记录:一个空调水泵房为一个测区,一个测区 2~5 个测点,一个水泵为一个测点,共 20 个测点,检查时应符合以上评判标准,如有一处不符合则定为一个不合格点。

(14)制冷机组安装

指标说明:反映制冷机组安装质量。

评判标准:

① 制冷设备、制冷附属设备的型号、规格和技术参数必须符合设计要求,并具有产品合格证书、产品性能检验报告。

② 设备的混凝土基础必须进行质量交接验收,合格后方可安装。

③ 设备安装的位置、标高和管口方向必须符合设计要求。用地脚螺栓固定的制冷设备或制冷附属设备,其垫铁的放置位置应正确、接触紧密;螺栓必须拧紧,并有防松动措施。

④ 采用隔振措施的制冷设备或制冷附属设备,其隔振器安装位置应正确;各个隔振器的压缩量,应均匀一致,偏差不应大于 2mm。

测量工具:目测。

测量方法和数据记录:机房设备层,共 20 个测点,检查时应符合以上评判标准,如有一处不符合则定为一个不合格点。

(15)冷却塔安装

指标说明:反映冷却塔安装质量。

评判标准：

① 冷却塔地脚螺栓与预埋件的连接或固定应牢固，各连接部件应采用热镀锌或不锈钢螺栓。

② 同一冷却水系统的多台冷却塔安装时，各台冷却塔的水面高度应一致，高差不应大于 30mm。

③ 冷却塔的出水口及喷嘴的方向和位置应正确，积水盘应严密无渗漏；分水器布水均匀。带转动布水器的冷却塔，其转动部分应灵活，喷水出口按设计或产品要求，方向应一致。

④ 冷却塔风机叶片端部与塔体四周的径向间隙应均匀。对于可高速角度的叶片，角度应一致。

测量工具：目测、钢卷尺。

测量方法和数据记录：一个冷却塔为一个测点，共 20 个测点，检查时应符合以上评判标准，如有一处不符合则定为一个不合格点。

(16)测量冷凝水管道坡度

指标说明：反映冷凝水管道坡度安装质量。

评判标准：不小于 8‰；冷凝水管道软管连接长度不大于 150mm。

测量工具：目测、钢卷尺。

测量方法和数据记录：所选户型内每一有空调的自然间作为 1 个实测区。1 个实测区取 1 个实测点，共 20 个测点，如有一处不符合则定为一个不合格点。

(17)空调冷热水及冷却水管穿墙或楼板的套管

指标说明：反映空调冷热水及冷却水管穿墙或楼板的套管质量。

评判标准：需符合设计要求，如无设计要求，则需符合规范要求：管道穿越墙体或楼板处应设钢制套管，管道接口不得置于套管内，钢制套管应与墙体饰面或楼板底部平齐，上部应高出楼层地面 20~50mm，并不得将套管作为管道支撑。

测量工具：目测、钢卷尺。

测量方法和数据记录：一层 1 个测区，共 2 层，共 20 个测点，一个套管为一个测点，如不符合评判标准，则该测点定为不合格。

(18)空调水系统管道与设备连接的柔性不锈钢、橡胶短管

指标说明：反映空调水系统管道与设备连接的柔性不锈钢、橡胶短管质量。评判标准：

① 管道与设备的连接，应在设备安装完毕后进行，与水泵、制冷机组的接管必须为柔性接口，柔性短管不得强行对口连接，与其连接的管道应设置独立支架；

② 柔性短管不得产生严重变形。

测量工具：目测。

测量方法和数据记录：设备房进行检查，共 20 个测点，一个柔性短管为一个测点，如柔性短管有不符合评判标准中的一项，则定为不合格。

(19)空调水系统阀门安装

指标说明：反映空调水系统阀门安装质量。

评判标准：

① 阀门(截止阀、止回阀)安装位置、高度、进出口方向必须符合设计要求,连接应牢固紧密;

② 装在保温管道上的各类手动阀门,手柄均不得向下。

测量工具:目测、钢卷尺。

测量方法和数据记录:一层 1 个测区,共 2 层,共 20 个测点,一个阀门定为一个测点,检查时应符合以上评判标准,如不符合则该测点定为不合格。

(20)空调水系统管道的支架、吊架安装

指标说明:反映空调水系统管道的支架、吊架安装质量。

评判标准：

① 支架、吊架的安装应平整牢固,不得变形,与管道接触紧密,管道与设备连接处,应设独立支架和吊架。

② 冷(热)媒水,冷却水系统管道机房内总、干管的支架、吊架,应采用承重防晃支架;与设备连接的管道管架宜有减震措施。当水平支管的管架采用单杆吊架时,应在管道起始点、阀门、三通、弯头及长度每隔 15m 设置承重防晃支架、吊架。

测量工具:目测。

测量方法和数据记录:一个系统为一个测点,共 20 个测点,检查时应符合以上评判标准,如有一处不符合则定为一个不合格点。

2)给排水及采暖工程

(1)基本原则

仅适用于商业项目给排水及采暖工程检查。住宅项目不涉及。

(2)排水管防臭

指标说明:反映排水管防臭质量。

评判标准：

① 地漏是否设有水封;

② 软管插入排水管的封堵是否处理到位。

测量工具:目测。

测量方法和数据记录:一个卫生间为 1 个测区,一个测区 1～2 个测点,共 20 个测点,检查时应符合以上评判标准,如不符合则该测点定为不合格。

(3)排水通气管安装

指标说明:反映排水通气管安装质量。

评判标准：

① 通气管应高出屋面 300mm,但必须大于最大积雪厚度;

② 在通气管出口 4m 以内有门、窗时,通气管应高出门、窗顶 600mm 或引向无门、无窗一侧;

③ 在经常有人停留的平屋顶上,通气管应高出屋面 2m,并应根据防雷要求设置防雷装置;

④ 屋顶有隔热层从隔热层板面算起。

测量工具:目测、钢卷尺。

测量方法和数据记录:一根通气管为一个测点,共 20 个测点,检查时应符合以上评判标准,如不符合则该测点定为不合格。

(4)管道立管管卡安装

指标说明:反映管道立管管卡安装质量。

评判标准:

① 楼层高度小于或等于 5m,每层必须安装 1 个;

② 楼层高度大于 5m,每层不得少于 2 个;

③ 管卡安装高度,距地面应 1.5~1.8m,2 个以上管卡应匀称安装,同一房间管卡应安装在同一高度上。

测量工具:目测、钢卷尺。

测量方法和数据记录:一层为一个测区,一个测区 1~2 个测点,共 20 个测点,检查时应符合以上评判标准,如不符合则该测点定为不合格。

(5)给排水管道套管

指标说明:反映给排水管道套管设置是否到位及设置质量。

评判标准:

① 管道穿过墙壁和楼板,应设置金属或塑料套管。安装在楼板内的套管,其顶部应高出装饰地面 20mm;安装在卫生间及厨房内的套管,其顶部应高出装饰地 50mm,底部应与楼板底面相平;安装在墙壁内的套管其两端与饰面相平。

② 穿过楼板的套管与管道之间缝隙应用阻燃密实材料和防水油膏填实,端面光滑。

③ 地下室外墙止水钢套管为带翼板的止水套管。

④ 管道的接口不得设在套管内。

测量工具:目测、钢卷尺。

测量方法和数据记录:一层为 1 个测区,共 3 层,一个套管为一个测点,一层取 3~4 个测点,共 20 个测点,如不符合评判标准,则该测点定为不合格。

(6)卫生洁具安装

指标说明:反映卫生洁具安装质量。

评判标准:与排水横管连接的各卫生器具的受水口和立管均应采取妥善可靠的固定措施;管道与楼板的接合部位应采取牢固可靠的防渗、防漏措施。

测量工具:目测。

测量方法和数据记录:一个卫生间为一个测点,共 20 个测点,检查时应符合以上评判标准,如不符合则该测点定为不合格。

(7)管道及设备保温

指标说明:反映管道及设备保温施工质量。

评判标准:管道及设备保温厚度用钢针刺入允许偏差[$+0.1, -0.05$]δ,δ 为保温层厚度。

测量工具:钢针、钢卷尺。

测量方法和数据记录:一层为一个测区,一个测区取 1~2 个测点,共 20 个测点,检查时应符合以上评判标准,如不符合则该测点定为不合格。

(8)室内箱式消火栓安装偏差

指标说明:反映室内箱式消火栓安装质量。

评判标准:

① 栓口中心距地面(装饰面)为 1.1m,允许偏差±20mm(同时适用于双口消火栓);

② 消火栓箱体安装的垂直度允许偏差为 3mm(同时适用于双口消火栓)。

测量工具:目测、钢卷尺。

测量方法和数据记录:一层为 1 个测区,一个测区取 1—3 个测点,共 20 个测点,一个消火栓箱定为一个测点,检查时应符合以上评判标准,如不符合其中一项则该测点定为不合格。

(9)污水管横管排水坡度

指标说明:反映污水管横管排水坡度是否到位。

评判标准:污水管的坡度应符设计要求,且不得小于规范要求生活污水铸铁管道的坡度管径(mm)为 50、75、100、125、150、200 时,最小坡度分别为 25、15、12、10、7、5。生活污水塑料管道的坡度管径(mm)为 50、75、110、125、160 时,最小坡度分别为 12、8、6、5、4。

测量工具:目测、钢卷尺。

测量方法和数据记录:一根排水横管为一个测点,共 20 个测点,检查时应符合以上评判标准,如不符合其中一项则该测点定为不合格。

(10)雨水管横管排水坡度

指标说明:反映雨水管横管排水坡度设置质量。

评判标准:雨水管的坡度应符合设计要求,不得小于设计坡度。

测量工具:目测、钢卷尺。

测量方法和数据记录:一根雨水横管为一个测点,共 20 个测点,检查时应符合以上评判标准,如不符合则该测点定为不合格。

(11)排水塑料管道支架、吊架间距

指标说明:反映排水塑料管道支架、吊架间距是否符合要求。

评判标准:排水塑料管道支架吊架最大间距(单位:m),对应管径(mm)50、75、110、125、160 时,立管支架和吊架最大间距为 1.2、1.5、2.0、2.0、2.0,横管支架和吊架最大间距为 0.5、0.75、1.10、1.30、1.6。

测量工具:目测、钢卷尺。

测量方法和数据记录:一层为一个测区,一个测区取 1~3 个测点,一根水管为一个测点,共 20 个测点,检查时应符合以上评判标准,如不符合则该测点定为不合格。

(12)排水塑料管管道伸缩节、阻火圈

指标说明:反映排水塑料管管道伸缩节、阻火圈安装质量。

评判标准:

① 排水塑料管道必须按设计要求及位置装设伸缩节。如设计无要求时,伸缩节间距不得大于 4m。

② 高层建筑中明设排水塑料管道应按设计要求设置阻火圈或防火套管。

测量工具:目测、钢卷尺。

测量方法和数据记录:一层为一个测区,一个测区取 1～3 个测点,一根管道为一个测点,共 20 个测点,检查时应符合以上评判标准,如不符合则该测点定为不合格。

(13)给水水泵安装

指标说明:反映给水水泵安装安装质量。

评判标准:

① 垫铁组放置位置正确、平稳,接触紧密,每组不超过 3 块;

② 减震器与水泵基础连接牢固、平稳、接触紧密;

③ 水泵运行不得有异响。

测量工具:目测、耳闻。

测量方法和数据记录:水泵房内,共 20 个测点,检查时应符合以上评判标准,如有一处不符合则定为一个不合格点。

(14)水机房设备的减震降噪

指标说明:反映水机房设备的减震降噪质量。

评判标准:

① 设备安装的降噪措施是否按图施工,主要检查进出口的软接头(包括橡胶软接头和不锈钢软接头等);

② 风管穿越墙体时的封堵措施是否到位。

测量工具:目测。

测量方法和数据记录:一个机房为一个测区,一个测区取 2～5 个测点,共 20 个测点,检查时应符合以上评判标准,如有一处不符合则定为一个不合格点。

3)电气工程

(1)基本原则

仅适用于商业项目机电安装工程检查。住宅项目不涉及。

(2)电缆桥架接地

指标说明:反映电缆桥架接地质量。

评判标准:

① 金属电缆桥架及其支架全长应不少于 2 处与接地(PE)或接零(PEN)干线相连接;

② 非镀锌电缆桥架间连接板的两端跨接铜芯接地线,接地线最小允许截面积不小于 4mm^2;

③ 镀锌电缆桥架间连接板的两端不跨接接地线的,则连接板两端不少于 2 个有防松螺帽或防松垫圈的连接固定螺栓。

测量工具:目测。

测量方法和数据记录:一层为 1 个测区,共取 2 层,共 20 个测点,检查时应符合以上评判标准,如有一处不符合则定为一个不合格点。

(3)钢制接地线的焊接连接

指标说明:反映钢制接地线的焊接连接质量。

评判标准:钢制接地线的焊接应采用搭接焊,搭接长度应符合下列规定:

① 扁钢与扁钢搭接为扁钢宽度的 2 倍,不少于三面施焊;

② 圆钢与圆钢搭接为圆钢直径的 6 倍,双面施焊;

③ 圆钢与扁钢搭接为圆钢直径的 6 倍,双面施焊;

④ 扁钢与钢管、扁钢与角钢焊接,紧贴角钢外侧两面,或紧贴 3/4 钢管表面,上下两侧施焊;

⑤ 除埋设在混凝土中的焊接接头外,有防腐措施。

测量工具:目测。

测量方法和数据记录:一个焊接点为一个测点,共 20 个测点,检查时应符合以上评判标准,如有一处不符合则定为一个不合格点。

(4)金属、非金属柔性导管敷设

指标说明:反映金属、非金属柔性导管敷设质量。

评判标准:

① 刚性导管经柔性导管与电气设备、器具连接,柔性导管的长度在动力工程中不大于 0.8m,在照明工程中不大于 1.2m。

② 可挠金属管或其他柔性导管与刚性导管或电气装置、器具间的连接采用专用接头;复合型可挠金属管或其他柔性导管的连接处密封良好,防液覆盖层完整无损。

③ 可挠性金属导管和金属柔性导管不能做接地(PE)或接零(PEN)的连续导体。

测量工具:目测、钢卷尺。

测量方法和数据记录:一层为一个测区,共 2 层,一个测区取 4~6 个测点,共 20 个测点,检查时应符合以上评判标准,如有一处不符合则定为一个不合格点。

(5)电缆桥架、线槽防火封堵、过变形缝及伸缩节做法

指标说明:反映电缆桥架、线槽防火封堵、过变形缝及伸缩节做法质量。

评判标准:

① 伸缩节的做法应符合设计要求,如无设计要求,则应符合规范要求:直线段钢制电缆桥架长度超过 30m,铝合金或玻璃钢制电缆桥架长度超过 15m 设有伸缩节;

② 电缆桥架跨越建筑物变形缝处设置补偿装置;

③ 敷设在电缆竖井内和穿越不同防火区的桥架,按设计要求位置,有防火隔阻措施。

测量工具:目测。

测量方法和数据记录:一层为 1 个测区,取 3 层,一个测区取 3~4 个测点,共 20 个测点,检查时应符合以上评判标准,如有一处不符合则定为一个不合格点。

(6)强电缆线敷设

指标说明:反映强电缆线敷设质量。

评判标准:

① 电缆上不得有电缆绞拧、护层折裂等未消除的机械损伤。

② 电缆敷设时应排列整齐,不宜交叉,加以固定,并及时装设标志牌,标志牌应按规范设置于电缆终端头、电缆接头处,标志牌上应注明线路编号,当无编号时,应写明电缆型号、规格及起讫地点;并联使用的电缆应有顺序号。标志牌的字迹应清晰不易脱落。

③ 电缆终端和接头应采取加强绝缘、密封防潮、机械保护等措施。

④ 电缆敷设时其弯曲半径不应小于 10 倍的电缆直径。

⑤ 剥切电缆时不应损伤线芯和保留的绝缘层。

⑥ 矿物绝缘电缆的接头须做防腐、防潮处理。

测量工具:目测、钢卷尺。

测量方法和数据记录:一层为一个测区,取 2 层,一个测区取 5 个测点,共 20 个测点,检查时应符合以上评判标准,如有一处不符合则定为一个不合格点。

(7)配电箱柜安装

指标说明:反映配电箱柜安装质量。

评判标准:

① 暗装箱体须与地面平行,水平误差不应超过 2mm;

② 箱内开关元器件应稳固、不松动;

③ 箱内每个开关回路应标明具体用途;

④ 箱内接线应整齐划一,在箱柜内接线距离过长,须做绑扎处理;

⑤ 箱柜内应干净整洁、无杂物;

⑥ 箱体与接地排的连接应做防腐处理、无锈蚀;

⑦ 缆线与开关的压接端应做涮锡防氧化处理。

测量工具:目测、钢卷尺。

测量方法和数据记录:

一个配电箱为一个测点,共 20 个测点,检查时应符合以上评判标准,如有一处不符合则定为一个不合格点。

(8)灯具安装

指标说明:反映灯具安装质量。

评判标准:

① 当灯具距地面高度小于 2.4m 时,灯具可靠近的裸露导体必须接地(PE)或接零(PEN)可靠,并应有专业接地螺栓,且有标示。

② 灯具固定可靠,不使用木楔,每个灯具固定使用螺钉或螺栓。

③ 灯具的固定应符合下列规定:重量大于 3kg 时,固定在螺栓或预埋吊钩上;当灯具重量在 0.5kg 及以下时,采用软电线自身吊装;重量大于 0.5kg 的灯具采用吊链,且软电线编叉在吊链内,使电线不受力;灯具固定牢固可靠,不使用木楔。每个灯具固定用螺钉或螺栓不少于 2 个;当绝缘台直径在 75mm 及以下时,采用 1 个螺钉或螺栓固定。

④ 当钢管做灯杆时,钢管内径不应小于 10mm,钢管厚度不应小于 1.5mm。

测量工具:目测、钢卷尺。

测量方法和数据记录:一个灯具为一个测点,共 20 个测点。

(9)插座接线相序

指标说明:反映插座接线相序是否到位。

评判标准:

① 单相两孔插座,面对插座的右孔或上孔与相线连接,左孔或下孔与零线连接;单相

三孔插座,面对插座的右孔与相线连接,左孔与零线连接。

② 单相三孔、三相四孔或三相五孔插座的接地(PE)或接零(PEN)线接在上孔。

测量工具:目测、相位检测仪。

测量方法和数据记录:一个自然间为一个测区,共 2 个测区,一个开关为一个测点,共 20 个测点。

(10)避雷针、避雷带安装

指标说明:反映避雷针、避雷带安装质量。

评判标准:

① 避雷针、避雷带应位置正确,焊接固定的焊缝饱满无遗漏,螺栓固定的应备帽等防松零件齐全,焊接部分补刷的防腐油漆完整。

② 避雷带应平正顺直,固定点支持件间距均匀、固定可靠,每个支持件应能承受大于 49N(5kg)的垂直拉力。明敷接地引下线及室内接地干线的支持件间距应均匀,水平直线部分 0.5～1.5m,垂直直线部分 1.5～3m,弯曲部分 0.3～0.5m。误差不大于 50mm。

测量工具:目测、钢卷尺。

测量方法和数据记录:楼顶避雷带和避雷针,共 20 个测点,应符合以上评判标准,如有一处不符合则定为一个不合格点。

(11)变配电室及配电间

指标说明:反映变配电室及配电间安装质量。

评判标准:

① 变配电柜、屏、台、箱、盘安装垂直度允许偏差为 1.5mm;

② 相互间接缝≤2mm;

③ 成列盘面偏差≤5mm。

测量工具:目测、钢卷尺。

测量方法和数据记录:一层为一个测区,一个测区取 1～3 个测点,一根水管为一个测点,共 20 个测点,检查时应符合以上评判标准,如不符合则该测点定为不合格。

(12)仪表安装

指标说明:反映仪表安装质量。

评判标准:仪表上的接线盒引入口不应朝上,当不可避免时,应采用密封措施。施工过程中应及时封闭接线盒盖及引入口。

测量工具:目测、钢卷尺。

测量方法和数据记录:一个仪表为一个测点,共 20 个测点。

(13)消防探测器

指标说明:反映消防探测器安装质量。

评判标准:

① 探测器至墙壁、梁边的水平距离值≥0.5m;

② 点型感温火灾探测器的安装间距,点型感烟火灾探测器的安装间距值≤10m。

③ 探测器至空调送风口最近边的水平距离,不应小于 1.5m。

测量工具:目测、钢卷尺。

测量方法和数据记录:一层为一个实测区,每一个消防探测器作为 1 个实测点,共 20 个实测点,实测 2～3 层,如发现一个消防探测器不符合以上评判标准,则定为一个不合格点。

(14)摄像机安装

指标说明:反映摄像机安装质量。

评判标准:

① 电梯轿厢内的摄像机应设置在电梯轿厢门侧顶部左或右上角,并能有效监视乘员的体貌特征。

② 设置的高度,室内距地面不宜低于 2.5m,室外距地面不宜低于 3.5m。

③ 信号线和电源线应分别引入,外露部分用软管保护。

测量工具:目测、钢卷尺。

测量方法和数据记录:一个摄像机为一个测点,共 20 个测点,检查时应符合以上评判标准,如有一处不符合则定为一个不合格点。

(15)弱电桥架、线管

指标说明:反映弱电桥架、线管安装质量。

评判标准:

① 弱电桥架连接镀锌电缆桥架间连接板的两端不跨接接地线的,则连接板两端不少于 2 个有防松螺帽或防松垫圈的连接固定螺栓;

② 弱电竖向桥架应每隔 2m,预留固定线缆支架;

③ 桥架、线管敷设应该横平竖直,水平弯头处应有吊架;

④ 线管在屋面露天及潮湿环境下均不得采用 JDG 管。

测量工具:目测。

测量方法和数据记录:一层为一个测区,取 2 层,一个测区取 2～3 个测点,共 20 个测点,检查时应符合以上评判标准,如有一处不符合则定为一个不合格点。

(16)弱电线缆敷设、设备安装

指标说明:反映弱电线缆敷设、设备安装质量。

评判标准:

① 线缆敷设应平整,并按照系统分类进行绑扎;

② 软线电缆在压接时必须涮锡;

③ 线缆的线标必须清楚,并有明确的线号,线标应是塑料材质;

④ 所有弱电类控制箱均应在箱体内设置盘图,以便查证。

测量工具:目测。

测量方法和数据记录:一层为一个测区,取 2 层,一个测区取 2～3 个测点,共 20 个测点,检查时应符合以上评判标准,如有一处不符合则定为一个不合格点。

(17)机电安装按图施工

指标说明:反映机电安装是否按图施工。

评判标准:根据项目上提供的机电综合图,检查房间排管是否按图施工,包括风、水管道。

测量工具:目测。

测量方法和数据记录:一层为一个测区,共 6 个测区,如有一处不符合设计图纸,则该测区定为不合格点。

8. 幕墙工程(商业)

1)基本原则

仅适用于商业项目幕墙工程检查。住宅项目不涉及。

2)钢结构

指标说明:反映钢结构埋件质量。

评判标准:

① 是否高强螺栓、螺栓规格型号、焊缝高度、焊缝宽度、焊缝长度、焊接质量;

② 核查已完工序是否自检报验;

③ 报验的数量时间是否符合规定。

测量工具:目测。

测量方法和数据记录:1 个实测区取 1 个实测值。1 个实测值作为 1 个合格率计算点。累计 20 个实测区,不满足 20 个时,需增加实测数。

3)埋件质量

指标说明:反映埋件质量是否到位。

评判标准:埋件的位置及数量,以幕墙连接龙骨焊缝覆盖范围为标准。

测量工具:目测、钢卷尺。

测量方法和数据记录:1 个实测区取 1 个实测值。1 个实测值作为 1 个合格率计算点。累计 20 个实测区,不满足 20 个时,需增加实测数。

4)立柱垂直度

指标说明:反映立柱安装质量,垂直度质量。

评判标准:0~2mm

测量工具:靠尺。

测量方法和数据记录:1 个实测区取 1 个实测值。1 个实测值作为 1 个合格率计算点。累计 20 个实测区,不满足 20 个时,需增加实测数。

5)缝宽度

指标说明:反映幕墙缝宽度,间接反映幕墙施工质量。

评判标准:±1mm(单元体)、±2mm(框架)。

测量工具:钢塞片。

测量方法和数据记录:1 个实测区取 1 个实测值。1 个实测值作为 1 个合格率计算点。累计 12 个实测区,不满足 12 个时,需增加实测数。

6)幕墙平整度

指标说明:反映相邻两块幕墙之间平整度情况,间接反映幕墙施工质量。

评判标准:≤1mm(单元体)、≤2mm(框架)。

测量工具:靠尺。

测量方法和数据记录:1 个实测区取 1 个实测值。1 个实测值作为 1 个合格率计算点。累计 12 个实测区,不满足 12 个时,需增加实测数。

7)幕墙横梁水平度

指标说明:反映幕墙横梁水平度是否到位,间接反映幕墙施工质量。

评判标准:单个横向构件水平度:长度≤2m 时,允许偏差≤2mm;长度>2m 时,允许偏差≤3mm。

测量工具:激光扫平仪、塔尺。

测量方法和数据记录:

① 单个横向构件水平度,使用激光扫平仪、塔尺进行测量,测量 3 个点(两端与中间),取 3 个值的极差值,如大于评判标准的要求,则定为不合格点。

② 1 个房间为 1 个测区,共 12 个测区。单个横向构件为一个测点,共 3 个测点。

8)层间封修,完整性、密实度

指标说明:反映层间封修质量。

评判标准:

① 幕墙保温应填充密实;

② 玻璃幕墙与各层楼板、隔墙外沿间的缝隙,当采用岩棉或矿棉封堵时,其厚度不应小于 100mm,并应填充密实;

③ 同一幕墙玻璃单元,不宜跨越建筑物的两个防火分区。

测量工具:目测、钢卷尺。

测量方法和数据记录:1 个实测区取 1 个实测值。1 个实测值作为 1 个合格率计算点。累计 20 个实测区,不满足 20 个时,需增加实测数。

9)幕墙与周边封修,完整性

指标说明:反映幕墙与周边封修是否到位、是否完整。

评判标准:

① 幕墙与周边封修做法应符合设计要求。

② 玻璃幕墙四周与主体结构之间的缝隙应采用防火保温材料严密填塞,水泥砂浆不得与铝型材直接接触,不得采用干硬性材料填塞。内外表面应采用密封胶连续封闭,接缝应严密不渗漏,密封胶不应污染周围相邻表面。

③ 幕墙转角、上下、侧边、封口及与周边墙体的连接构造应牢固并满足密封防水要求,外表应整齐美观。

④ 幕墙玻璃与室内装饰物之间的间隙不宜少于 10mm。

测量工具:目测、钢卷尺。

测量方法和数据记录:1 个房间为 1 个测区,共 10 个测区。观感质量应符合所有的评判标准项,如一项不符合,则该测区定为不合格。

10)开启扇(幕墙分格框)安装

指标说明:反映开启扇(幕墙分格框)安装质量。

评判标准:

① 对角线长度 L_d≤2m,两对角线偏差值≤3mm;对角线长度 L_d>2m,两对角线偏

差值≤3.5mm。

② 开启灵活。

测量工具:目测、对角尺。

测量方法和数据记录:

① 一个房间为一个测区,共 10 个测区,20 个测点;

② 用对角尺测量开启窗或幕墙分格框的对角偏差值,开启窗的开启是否灵活,如其中有一项不符合评判标准,则该测点定为不合格。

11)铝板拼缝

指标说明:反映铝板拼缝大小,间接反映幕墙安装质量。

评判标准:

① 规则分隔铝板,拼缝均匀,与设计值偏差不大于±2mm;

② 弧形铝板等不规则铝板拼缝均匀。

测量工具:钢塞片。

测量方法和数据记录:1 个实测区取 1 个实测值。1 个实测值作为 1 个合格率计算点。累计 20 个实测区,不满足 20 个时,需增加实测数。

12)胶缝观感

指标说明:反映幕墙打胶质量。

评判标准:采用目测法,产品应为细腻、均匀膏状或黏稠液体,不应有气泡、结皮和凝胶,颜色与样品无差异;注胶表面的检验,注胶表面应光滑、无裂缝现象,接口处厚度和颜色应一致。

测量工具:目测。

测量方法和数据记录:1 个实测区取 1 个实测值。1 个实测值作为 1 个合格率计算点。累计 20 个实测区,不满足 20 个时,需增加实测数。

5.2.2　质量风险识别

1. 地基基础工程

(1)基坑开挖分段分层控制,挖土后及时支护;边坡放坡到位,边坡应顺直及安全;深基坑应分层开挖,或开挖后应及时支护;边坡放坡系数达到设计要求;土质边坡顺直,岩质边坡没有孤石。

(2)基坑变形监测:基坑稳定,支护有效,不出现垮塌。

(3)基坑排水:基坑明排水设置排水沟及集水井。

(4)喷锚质量、锚杆及土钉墙应符合规范要求

喷锚面坡度应符合设计要求,混凝土喷射均匀,不存在漏喷、露筋、吐岩;锚杆土钉长度及间距应符合要求;土钉墙面厚度应符合要求。

(5)地基处理方式

采用换填法施工填料中垃圾较多,或为不合格土料、未分层铺填;采用 CFG 桩复合地基施工,褥垫层厚度与施工方案相比相差 50mm 以上、截桩不合格;采用强夯法施工时场地积水、点夯与满夯时间间隔不满足要求;采用水泥土搅拌法(湿法)施工时搅拌桩机

无水泥计量装置;采用真空预压法施工时,未采取措施切断加固区内外水气联系。

(6)预应力管桩施工期间,无重车、堆土等侧向荷载影响,预应力管桩出现不应侧压破坏。

(7)桩位偏差(轴线、垂直度)符合规范要求;截桩和桩头处理合规;桩基按规范要求进行检测。桩位偏差超过规范允许限值;截桩和桩头处理不合规;桩基未按规范要求进行检测。

2. 二次结构

(1)卫生间砼导墙(反坎)设置及高度

卫生间应设导墙处未设导墙,有水机房及井道、天井四周应设导墙处未设导墙;幕墙根部未设导墙且无截水措施;卫生间四周导墙高度不满足:门口除外,高于相邻结构板面 200mm。

(2)阳露台、空调机位砼导墙(反坎)设置及高度

阳露台、空调机位应设砼导墙(反坎)而未设置阳露台、空调机位砼导墙(反坎)高度不满足:阳台四周(门口除外)完成面与阳台建筑完成面高差不小于 50mm;露台四周(门口除外)高于结构板面 300mm,完成面高差不小于 100mm;外墙集中排水空调板及集中排水雨篷靠室内墙根部高于建筑完成面 100mm。

(3)其他导墙(反坎)设置及高度

其他部位应设砼导墙(反坎)而未设置(首层入户处;平台、雨篷与砌体墙相交处;外墙裸露外挑线条根部(宽度超过 200mm、长度超过 3m 的线条适用);室外楼梯侧墙根部;水管井根部。

具体高度要求如下:

① 外墙裸露外挑线条根部(宽度超过 200mm 且长度超过 3m 的线条适用):高于建筑完成面 100mm;

② 室外楼梯侧墙根部:高出踏步结构板面 200mm,须配筋;

③ 地库顶板烟风道出结构板 300mm 范围内与板一起浇筑;

④ 集中排水雨篷靠室内墙根部高于建筑完成面 100mm。

(4)砼导墙(反坎)结合面凿毛

已支模还未剔凿(特别注意竖向结合面)或剔凿不到位(扣分标准:剔凿面积小于接触面积 50%);透过导墙或反坎漏水。

(5)砼导墙(反坎)成型质量

出现下列情形之一:露筋;蜂窝、疏松、孔洞、夹渣、胀模、错台超过 15mm、大面修补 400cm²、拆模过早破坏、导墙偏位超过 15mm。

(6)砼窗台压顶

使用烧结类砌体,宽度大于等于 1.5m 的窗口或窗台外挑的窗口须设置砼压顶,窗台压顶后浇筑,并要求伸入两侧砌体墙不小于 250mm。其他砌体墙,不论窗口宽窄,都须设置砼压顶。压顶下禁止全为空心砌块且孔朝上(不含多孔砖)。应设压顶而未设;压顶伸入墙体长度不足;压顶成型质量差(如砼浇筑不实、开裂);压顶与墙体交接部位存在缝隙;压顶下全为空心砌块。

（7）过梁、砌体中砼现浇带,外墙构造柱

宽度超过 300mm 的洞口上部未设置过梁;高度超过 4m 的砌体未设砼现浇带;外墙构造柱支模时未设穿过柱身的对拉螺杆;支模时穿透砌体;未伸到顶;马牙槎不符合规范;钢筋设置不符合规范和设计要求;顶部不密实;成型质量差。

3. 钢筋工程

（1）受力主筋规格及数量:梁、柱受力主筋规格、数量、钢筋安装质量与设计要求不符。

（2）非受力主筋规格及数量:梁、板、墙、柱非受力主筋规格、数量、钢筋安装质量与设计要求不符。

（3）钢筋绑扎:钢筋绑扎率不足。

（4）钢筋连接与锚固:锚固长度不足;梁、板、墙、柱钢筋接头不合格。

（5）梁、柱、墙钢筋垫块:梁下筋、墙柱侧垫块数量明显不足,造成有钢筋（含梁箍筋）与模板（含水平模板和侧模）接触。

（6）预应力预埋:安装后封堵不密实。

（7）钢筋保护:板钢筋作业面未设置混凝土浇筑临时施工通道（或单块通道板单人不可搬动）,或设置不足;直螺纹接头无保护措施。

（8）竖向受力钢筋偏位:柱（或暗柱）钢筋根部保护层超出设计要求大于 5mm。

4. 模板工程

（1）支撑立杆间距:支撑立杆间距大于施工方案规定值 200mm 以上。

（2）支撑立杆落地:支撑立杆未落地;出现立杆搭接（每层允许一次搭接,搭接长度范围内不少于三个卡扣）,接头未错开。

（3）扫地杆、水平杆、剪刀撑:扫地杆、水平杆、剪刀撑布置与方案或规范要求不符。

（4）支撑立杆自由端及顶托:支撑立杆自由端长度超出规范要求;顶托伸出长度大于 300mm 或顶托歪斜;支撑立杆自由端晃动。

（5）墙、柱、梁、降板侧撑固定:墙、柱抱箍或对拉螺杆道数少于方案要求,或墙、柱、梁、降板侧撑不稳固。

（6）板底支撑:板底主、次楞间距超过施工方案要求 100mm 以上;主、次楞未伸到头,差 300mm 以上。

（7）后浇带、悬臂构件支撑:后浇带、悬臂构件支撑未独立搭设;后浇带梁板、悬臂构件梁支撑提前拆除;后浇带、悬臂构件支撑晃动（悬臂 1m 范围内的除外）。

（8）内外架混搭:存在内外架混搭、内外架刚性连接,造成传递外架竖向受力。

5. 地下室结构

（1）地下室外墙、覆土顶板、底板砼出现裂缝:砼不能出现贯通性裂缝。

（2）地下室外墙、覆土顶板、底板砼出现孔洞:不能出现孔洞（面积大于 10cm^2 且深度不小于 20mm）

（3）地下室外墙止水螺杆设置及端头处理:地下室外墙未设止水螺杆（一个穿墙螺杆算一处）;螺杆端头未凹进切割且抹平就施工防水层（每面外墙每层相邻轴线间算一处）。

（4）地下室外墙穿墙套管：外墙穿墙套管未预留或预留质量差（如周边孔洞、蜂窝、露筋）。

（5）后浇带和施工缝止水钢板：应设止水钢板而未设；规格尺寸不符合设计要求；止水钢板不交圈、未搭接焊接（搭接长度不得小于20mm，必须采用双面焊接）、露出宽度不符合施工规范要求（外露宽度100～150mm）。

（6）地下防水基层处理：露筋、错台、蜂窝、孔洞、裂缝等缺陷未处理就施工防水层。

（7）地下（含车库顶板）防水搭接、防水加强层：防水搭接宽度不足、卷材未上盖下、凸出套管未做防水加强层、平墙套管防水未卷进50mm。

（8）地下防水施工、成品保护、渗漏：防水层已被破坏；材料堆放于或钢管立于无保护层的防水层上；地下室外墙防水层回填土施工时无保护层；建筑垃圾与防水层接触；做防水后出现渗漏。

6. 混凝土工程

（1）梁、柱、墙露筋：除定位筋、防雷接地圆钢、洞口预留钢筋外，其他外露的钢筋一律算露筋。

（2）板露筋：除定位筋、防雷接地圆钢、洞口预留钢筋外，其他外露的钢筋一律算露筋。

（3）蜂窝、疏松、孔洞、小面积抹灰修补开裂：孔洞（面积大于10cm²且深度不小于20mm）；蜂窝、疏松面积不小于20cm²；除阳角外用抹灰修补砼缺陷面积小于400cm²且抹灰开裂。

（4）夹渣：如夹模板、垃圾、编织袋、润管砂浆、铁丝穿模等，且最长边大于15cm。

（5）裂缝：只要砼出现贯穿性裂缝，无论是否处理都扣分。

（6）胀模、错台、大面积抹灰修补：错台超过15mm厚；胀模面积超过400cm²；除阳角外用抹灰修补砼缺陷面积不小于400cm²（墙柱根剔除防漏浆砂浆除外）。

（7）楼板、屋面板脚印或收面不好：砼板收面不佳，如有脚印、高低不平（凹痕达到5处及以上且每个凹痕最大深度不小于10mm；或出现一处凹痕面积大于400cm²且深度不小于10mm）；楼板、屋面上表面显筋。

（8）屋面、露台泛水高度内，卫生间降板区域内采用带PVC套管的穿墙螺杆：屋面完成面上250mm、露台结构板面上200mm高度范围内，卫生间降板区域内采用带PVC套管的穿墙螺杆。

（9）砼水电预留预埋：预埋线盒破损；金属线盒或预埋套管未做内防腐。

（10）墙、柱、梁砼无结构设计变更开洞：墙开洞直径超过200mm，不包含悬挑架工字钢、塔吊附墙件开洞。

（11）无结构设计变更截断直径18mm及以上直径的钢筋：含胀模剔凿露出钢筋尺寸超过抹灰层厚度的情况。

（12）无结构设计变更截断其他钢筋：含胀模剔凿露出钢筋尺寸超过抹灰层厚度的情况。

（13）养护室管理不到位：养护室台账记录不齐全，现场未设置标养室、取样无记录，无影像资料。

7. 砌筑工程

(1)禁止断砖上墙:每面墙出现 2 处及以上断砖(断面不规则、非切割的砖为断砖),单块砖表面缺损总面积大于 4cm²;单块加气块破损长边长度不应大于 70mm,短边长度不应大于 30mm,且每单块加气块不应多于 2 处破损。

(2)脚手眼设置

在以下部位设置脚手眼:

① 120mm 厚墙、独立柱和附墙柱;

② 过梁上与过梁成 60 度角的三角形范围及过梁净跨度 1/2 的高度范围内;

③ 轻质墙体;

④ 门窗洞口两侧 200mm 范围内,转角处 450mm 范围内。

(3)多孔砖、空心砌块的孔洞应垂直于受压面砌筑:多孔砖、空心砌块的孔洞未垂直于受压面砌筑。

(4)竖向灰缝不应出现透明缝、瞎缝、假缝、通缝,砂浆不饱满:竖向灰缝出现透明缝、瞎缝、假缝、通缝("箱体预留洞背后补砌"和"不同砌块组砌"产生的通缝不算);填充墙砂浆饱满度小于 80%。

(5)外墙顶砌、顶塞:一次性砌到顶(砌体墙端头宽度不大于 500mm 时,一次性砌到顶不计扣分),或补砌、补塞质量差(如灰缝不饱满、顶塞不实、先码砖后抹缝、不符合节点大样图等)。

(6)砌体水暖空调预留:无放线切割直接人工开槽(洞);抹灰前未将管槽用细石砼灌实(单根管可用砂浆抹实)。

(7)砌体电气预留:无放线切割直接人工开槽(洞);抹灰前未将管槽用细石砼灌实(单根管可用砂浆抹实)。

8. 抹灰工程

(1)烟风道成品保护、层间卸载、烟风道挂网:烟风道成品保护不到位,破损(破损小于 5cm² 不计);烟风道未按地方标准卸载,且卸载层数超过 3 层;卸载做法不合理(正确做法:卸载钢筋与壁边平行,距壁边不超过 50mm,不得斜向放置);烟风道抹灰交付时,与墙体交接处未挂丝径不小于 0.4mm 的钢丝网或每平方米质量不小于 120g 的网格布。

(2)灰前墙面基层清理、结构缺陷处理:抹灰前未处理胀模、错台、露筋;未清理穿墙螺杆 PVC 套管。

(3)钢副框、窗主框缝隙处理行为:钢副框或主框与墙体间缝隙在窗边范围内抹灰前未封堵到位。

(4)钢副框、窗主框缝隙处理质量:钢副框或主框与结构墙体间缝隙处理存在开裂、脱落或渗漏隐患。

(5)外墙挂网、甩浆前应堵塞墙体孔洞:外墙挂网、甩浆后孔洞未封堵到位。

(6)不同墙体交接处应挂抗裂网,抹灰总厚度大于等于 35mm 时的加强措施如下:

① 外墙不同墙体交接处未挂丝径不小于 0.5mm 的钢丝网或每平方米质量不小于 160g 玻纤网,内墙不同墙体交接处未挂丝径不小于 0.4mm 的钢丝网或每平方米质量不小于 120g 玻纤网,或加强网与各基体的搭接宽度小于 100mm。

② 抹灰总厚度大于等于 35mm 时未设钢丝网或玻纤网。

(7)抹灰前墙面应润湿、甩浆,分层抹灰

① 砖砌体抹灰前未提前洒水湿润;

② 混凝土墙面抹灰前表面未凿毛或甩浆;

③ 加气混凝土未湿润后边刷界面剂边抹强度不大于 M5 的水泥混合砂浆;

④ 抹灰厚度超过 15mm 时未分层抹灰;

(8)抹灰层露钢丝网、抹灰后开槽,肉眼可见抹灰层表面露网面积不小于 10cm²。

(9)几类工序倒错:

出现下列工序倒错之一:露台防水未施工,周边墙面保温已施工到底(应留出防水上返高度);窗户主框未安装,瓷砖已粘贴至窗口内;防水施工前的结构裂缝未修补;墙面灰饼未使用已甩浆、管槽已封堵。

(10)窗眉滴水槽或滴水线:

涂料已施工,窗眉未做滴水槽或滴水线(保温材料为无机保温砂浆时,扣分标准为保温砂浆施工后未做滴水槽或滴水线)或滴水槽、滴水线失效。

9. 装饰装修工程

1)墙面顶棚装修工程(住宅)

(1)保温基层:

砼基层有模板皮、油污、脱模剂、铁丝等,孔洞、裂缝、蜂窝、露筋、错台、胀模等缺陷未处理到位,砌体基层未抹灰或抹灰平整度不符合规范要求(内保温基层可不抹灰)。

(2)保温板(含岩棉板)排版、收头及包封:

门窗洞口四角处拼接,或拼接缝离角部距离小于 200mm;阳角处未交错排布,形成通缝;门窗洞口未用耐碱玻纤网格布翻包。

(3)保温防渗漏:保温板朝天缝。

(4)外墙涂料分隔缝:已完成涂料分隔缝宽窄不一、分隔缝不交圈。

(5)外墙涂料质量:已完成涂料表面露筋、露网格布,已完成涂料表面存在污染、流坠、透底、开裂现象。

(6)外墙瓷砖、劈开砖、文化石、非幕墙石材:存在泛碱、污染;存在崩边掉角现象;存在朝天缝现象;存在开裂现象。

(7)楼内公区瓷砖、石材,户内墙面瓷砖、石材,户内腻子、面漆:

瓷砖或湿贴石材空鼓、崩边掉角、开裂;黏结不牢固;崩边掉角、开裂;存在泛碱、污染;单面墙多于两面非整砖;非整砖的宽度小于原砖的 1/3;腻子、面漆存在粉化、脱皮、剥落、开裂现象;因抹灰基层空鼓而切割;露底、漏网、污染。

(8)户内石膏板吊顶质量;公区石膏板吊顶;户内铝板吊顶质量;户内壁纸质量;入户门、室内门质量接缝处开裂;板面开裂;板面明显翘曲变形;发霉、污染、水痕;有锈迹;接缝处错台或露出金属断面白茬、板面翘曲;同种板材存在明显色差;板材存在明显大小头;存在污染现象;壁纸接缝明显;存在色差;收口不合理;存在局部空鼓和气泡现象;存在磕碰、划伤、掉漆、污染等成品保护破坏;门框或门框扣板与墙面间缝隙宽窄不一;金属材料存在生锈现象;成品保护不到位。

2）室内墙面装饰工程（商业）

（1）墙面瓷砖

瓷砖色差明显；崩边掉角、划伤；瓷砖干挂钢架焊缝漏刷防锈漆且钢架有生锈现象；不锈钢挂件存在生锈现象；钢架固定在非结构墙上没有采取安全加固措施；干挂胶非 AB 胶；接缝高低差大于 0.5mm；胶粘存在空鼓；勾缝不均匀。

（2）墙面石材

石材色差明显；崩边掉角、开裂；存在泛碱、污染；干挂钢架焊缝不饱满、漏刷防锈漆；不锈钢挂件存在生锈现象；钢架固定在非结构墙上没有采取安全加固措施；干挂胶非 AB 胶；接缝高低差大于 0.5mm；胶粘存在空鼓；勾缝不均匀。

（3）墙面铝板

铝板色差明显；存在划伤、磕碰、安装变形；固定不牢；钢架焊缝漏刷防锈漆；胶缝不顺直、宽窄不一；接缝高低差明显。

（4）墙面玻璃

钢化玻璃色差明显；存在划伤、磕碰；固定不牢；基层采用非阻燃夹板，防火涂料涂刷不均匀或漏刷；胶缝不顺直、宽窄不一；接缝高低差大于 0.5mm。

（5）墙面不锈钢

存在划伤、磕碰；固定不牢；钢材没有采用热镀锌材质；钢架焊缝漏刷防锈漆；胶缝不顺直、宽窄不一；接缝高低差大于 0.5mm。

（6）墙面涂料

存在污染；色差明显；涂刷不均匀、流坠、露底；分色线不清晰；存在裂缝。

（7）墙面壁纸

存在污染现象；壁纸接缝明显，色差明显；收口不合理；存在局部空鼓和气泡。

（8）墙面防火板基层

木基层防火涂料涂刷不均匀或漏刷。

（9）墙面木饰面

木饰面色差明显；存在划伤、磕碰、变形；钢架焊缝漏刷防锈漆；木基层防火涂料涂刷不均匀或漏刷；接缝高低差大于 0.5mm；拼缝不顺直；现场安装存在钉眼；油漆修补痕迹明显。

3）室内天花板装饰工程（商业）

（1）石膏板乳胶漆天花板

吊杆间距大于 1200mm；主龙骨悬挑超 300mm；没有采用主副龙骨专用接长件；吊杆高度超过 1500mm 没有采取反向支撑，反支撑间距大于 3600mm，反支撑距墙大于 1800mm；双层石膏板没有错层安装；造型采用非阻燃板，漏刷防火涂料或涂刷不均匀；非成品检修口处没有采取龙骨加强措施；接缝处开裂；涂料色差明显、露底；造型或灯槽不顺直严重；石膏线接缝错台严重；未设置伸缩缝。

（2）铝板天花板

铝板色差明显；存在划伤、磕碰、安装变形；固定不牢；钢材没有采用热镀锌材质；钢架焊缝漏刷防锈漆；胶缝不顺直、宽窄不一；接缝高低差明显；加工偏差过大。

（3）铝格栅天花板

吊杆间距大于1200mm；主龙骨悬挑超300mm；没有采用主副龙骨专用接长件；吊杆高度超过1500mm没有采取反向支撑，反支撑间距大于3600mm，反支撑距墙大于1800mm；铝格栅色差明显；存在划伤、磕碰、安装变形；固定不牢；钢架焊缝漏刷防锈漆；胶缝不顺直、宽窄不一；接缝明显。

（4）防火板饰面天花板

吊杆间距大于1200mm；主龙骨悬挑超300mm；没有采用主副龙骨专用接长件；吊杆高度超过1500mm没有采取反向支撑，反支撑间距大于3600mm，反支撑距墙大于1800mm；防火板饰面色差明显；存在划伤、磕碰、变形；钢架焊缝漏刷防锈漆；木基层防火涂料涂刷不均匀或漏刷；接缝高低差明显；拼缝不顺直。

（5）壁纸

存在污染现象；壁纸接缝明显；存在色差；收口不合理；存在局部空鼓和气泡现象；

（6）综合天花板布置

① 同类设备末端点位安装明显不在一条直线上；

② 灯具、温烟感和喷淋安装位置距离满足规范；

③ 检修口设置不足。

4）楼地面装修及细部工程（住宅）

（1）地采暖及地面

单个房间长度小于3m的裂缝不超过3条时；地暖管露出保护层；地暖管或分水器渗漏。

（2）非地暖地面找平层

地面找平层裂缝（分隔条侧裂缝不计）最长超过0.5m；起砂（大于2m²）。

（3）户内地砖、石材

存在明显色差；石材存在返碱；存在污染和划伤、崩边掉角、开裂。

（4）公区地砖

存在明显色差；石材存在返碱；存在污染（不方便清理且清理过程易造成材料二次破坏）和划伤、崩边掉角、开裂。

（5）木地板

木地板存在空鼓松动现象；与踢脚线结合不严密，有缝隙；踢脚线安装不牢固，有松动现象；存在污染和划伤、破损、变形现象。

（6）橱柜

柜体板存在色泽不一致，存在裂缝翘曲和损坏；裁口不顺直；接缝不严密；存在污染现象；五金件存在损坏、锈蚀现象；台面板存在污染、划伤、破损、磕碰现象。

（7）户内窗台板

存在污染、划伤、磕碰、断裂现象；存在返碱现象。

5）楼地面装修工程（商业）

（1）地采暖及地面

单个房间长度小于2m的裂缝不超过3条时；地暖管不能露出保护层；地暖管或分水

器不能渗漏。

（2）非地暖地面找平层

地面找平层裂缝最长超过 0.5m；起砂（大于 2m²）。

（3）水泥砂浆地面

存在空鼓、开裂现象；起砂；踏步未设置防滑措施。

（4）石材、人造石材、玻璃地面

存在空鼓；存在明显色差；石材存在返碱；存在污染和划伤、崩边掉角、开裂；伸缩缝漏设；拼花没有采用水刀切割，错位明显；石材地面接缝高低差明显。

（5）地砖地面

存在空鼓；存在明显色差；存在污染和划伤、崩边掉角、开裂；伸缩缝漏设；拼花没有采用水刀切割，错位明显；接缝高低差大于 0.5mm。

（6）木地板

木地板存在空鼓松动；存在污染和划伤、破损、变形；色差明显。

（7）地面与梯门

自动扶梯机舱盖板框架与地面接缝高低差明显；垂直梯门下口表面高于地面完成面 5mm 以上；门槛石无坡度。

（8）伸缩缝

地面伸缩缝安装牢固。

10. 机电工程

（1）机房内设备安装工程

配电房完成面标高未高于车库地坪完成面标高 150mm，或未设挡水坎（高于完成面 150mm）；低压配电柜布置不合理；机房内有积水或墙根渗水；发电机出线未独立工作接地；配电房内有水管穿越；已放电缆的电缆沟内有积水；配电柜落地安装时无高于地面 100mm 以上的混凝土或槽钢基础。

（2）强弱电井

风管水管穿越强弱电井；电井内母线槽与弱电桥架距离过近，竖向桥架内未设置固定支架，井道内竖向未通长敷设接地扁钢，井道内设备未接地。

（3）屋面防雷接地

屋面金属设备未接地，燃气管道及设备未接地，幕墙龙骨未做防雷接地，设备接地连接线未按规范实施。

（4）电气管线线盒预留预埋质量

焊接钢管、金属线盒未做内防腐；预埋群管管线间距小于 25mm（入配电箱口除外）；管线接头不合格。

（5）电气管线预留预埋成品保护

电气管线出地面部分未做有效保护措施或已破损。

（6）变压箱、配电箱接地与标识

金属箱式变压器及配电箱，箱体未接地（PE）或接零（PEN），或标识不清；接地装置引出的接地干线与变压器的低压侧中性点未直接连接；接地干线与箱式变电所的 N 母线和

PE 母线未直接连接;变压器箱体、干式变压器的支架或外壳未接地(PE);低压配电柜进出线相序未做标识。

(7)封闭式母线安装

支吊架安装不牢固;支吊架焊缝不合格;支吊架焊缝未做防腐处理;支吊架防锈漆脱落或漏做防锈处理;支吊架横担变形;母线中间头连接不紧密;直角转弯处未加吊杆;母线槽穿墙未设置套管。

(8)电线缆导管敷设

对口熔焊连接金属导管;镀锌和壁厚小于等于 2mm 的钢导管采用套管熔焊连接;导管安装不牢固;导管支吊架发生锈蚀;JDG 管连接处紧固螺丝未拧断;吊顶内出现裸线;导管连接接头松脱,末端电线保护软管长度过长或破损、脱落。

(9)配电箱安装

金属未做防腐防锈处理;箱内接线混乱,或接头不正确;箱内无元器件标识;落地安装配电箱无基础;配电箱箱门无法正常使用。

11. 幕墙工程

(1)窗框与钢副框间缝隙应采用保温、防潮且无腐蚀性的软质材料填塞

填塞的发泡聚氨酯靠外侧迎水面未在凝固前塞进、出现切割现象(靠室内侧背水面切割不扣分)或出现透光现象;透过与墙体间的缝隙渗漏。

(2)外窗边框与墙体间应做好密封防水处理,门窗体及钢副框安装质量及成品保护

打胶前基层未清理到位;外侧未采用耐候密封胶;打胶质量差,或打胶宽度不合格;钢副框或主框固定在空心砌体上或加气块上;在砌体墙上用射钉固定;成品保护不到位;或门窗体渗漏。

(3)金属和石材幕墙安装质量及成品保护

① 幕墙与主体结构连接的预埋件位置偏差不超过 20mm,预埋牢固或符合图纸要求;

② 金属板、石板空缝安装时防水措施或排水措施,幕墙不渗漏;

③ 钢构件施焊后,表面采取有效的防腐措施;

④ 横梁与立柱间不是通过角码、螺钉或螺栓连接;

⑤ 上下立柱间无间隙或间隙小于 15mm;立柱间采用芯柱连接,或芯柱与下柱间采用不锈钢螺栓固定。

⑥ 成品保护到位,构件无损坏。

(4)玻璃幕墙安装质量及成品保护

① 幕墙与主体结构连接的预埋件位置偏差不超过 20mm;

② 预埋牢固或符合图纸要求;

③ 采用现场焊接的构件采取防锈措施;

④ 幕墙无渗漏;

⑤ 防火材料与幕墙玻璃不直接接触;

⑥ 成品保护到位,构件无损坏。

(5)栏杆安装质量及成品保护

① 栏杆刚度符合要求,用手推晃动不超过10mm;

② 采用现场焊接的构件采取防锈措施;

③ 竖向构件净距小于110mm,蹬踏面以上高度符合强条要求;

④ 与墙体连接处无渗漏隐患;

⑤ 成品保护到位,构件无损坏。

12. 防水工程

(1)屋面板及女儿墙泛水高度范围内蜂窝、疏松、孔洞、露筋

孔洞(面积大于10cm²且深度不小于20mm);蜂窝、疏松面积不小于20cm²;露筋不含定位筋(防水收头凹槽处露筋不计)、固定保温板钢筋、防雷接地圆钢;用抹灰修补砼缺陷超过400cm²;孔洞未处理;裂缝未按审批后方案处理;女儿墙或侧墙泛水高度范围内穿墙螺栓使用PVC套管。

(2)出屋面井道、女儿墙反坎一次性浇筑

屋面烟风道、女儿墙出结构板300mm范围内未与板一起浇筑,或浇筑高度不足:①平屋面烟风道须高于建筑完成面250mm;出结构板300mm范围内与板一起浇筑;②平屋面出屋面门槛须高于建筑完成面150mm;③斜屋面烟风道(出结构板300mm范围内与板一起浇筑)和侧墙须高于建筑完成面250mm。

(3)屋面结构板砼裂缝

屋面结构板砼出现贯穿性裂缝(不含表面微小收缩裂纹),无论是否处理都扣分。

(4)屋面风管侧墙收口

屋面风管出管井侧墙收口工序滞后于保温涂料,或风管收口不密实,或未向外找坡有渗漏隐患。

(5)出屋面、地下室顶板和露台管道必须设刚性防水套管

设刚性防水套管;金属套管内侧做防腐处理;出屋面的透气管、立管与套管间封堵严密,无渗漏风险;金属套管随砼一次性浇筑。

(6)屋面、露台防水基层

屋面板上浮浆清理,蜂窝无麻面、疏松处理(单处面积小于20cm²);无露筋、孔洞处理;裂缝未按审批后方案处理;女儿墙或侧墙上穿墙螺栓PVC套管处理后做施工防水层。

(7)屋面、露台防水卷材搭接宽度

卷材搭接宽度足够(高聚物改性沥青防水卷材采用胶黏剂时搭接宽度不小于100mm,自黏时不小于80mm)。

(8)屋面、露台防水卷材收头

防水卷材做收头处理;收头处理符合规范或设计要求;屋面卷材防水不能收在基础平面上,且设备安装固定点不能破坏防水。

(9)屋面防水层成品保护

防水层成品保护措施不到位;防水层破坏。

(10)檐口、檐沟、天沟、水落口、泛水、变形缝和出屋面管道处的防水构造:上述细部

防水构造符合规范或设计要求（例如:檐口卷材收头用密封材料密封;檐沟、天沟、变形缝、出屋面管道做防水附加层;侧排水落口附近做集水簸箕口、涂膜防水卷入水落口50mm;卷材防水时阴角做 R 角）。

（11）屋面、露台防水层不得有渗漏:已做防水层不能存在渗漏现象。

（12）屋面设备基础设置:大型设备基础做在防水层上。

（13）屋面排水沟:屋面排水沟设置合理或按照设计的要求设置排水沟,排水畅通无积水、排水沟节点做法不存在渗漏隐患等。

（14）屋面、露台雨水口:屋面、露台等有地面排雨水需求处应设雨水口;侧排雨水口下口平结构面;阳露台、屋面雨水口高度低于完成面,地坪局部找坡,坡向雨水口;雨水口成品保护到位,不存在破损或堵塞;屋面、露台、空调板雨水口选型正确。

第6章　安全巡查

6.1　安全管理行为

6.1.1　安全管理痕迹

1. 组织保障

1）建设单位

（1）按规定办理施工安全监督手续，确定安全监督责任人；

（2）与参建各方签订的合同中应当明确安全责任，并加强履约管理。

2）施工单位。

（1）设立安全生产管理机构，按规定配备专职安全生产管理人员；

（2）项目负责人、专职安全生产管理人员与办理施工安全监督手续资料一致；

（3）建立健全安全生产责任制度，并按要求进行考核；

（4）实施施工总承包的，总承包单位应当与分包单位签订安全生产协议书，明确各自的安全生产职责并加强履约管理；

（5）按规定建立健全生产安全事故隐患排查治理制度；

（6）按规定执行建筑施工企业负责人及项目负责人施工现场带班制度；

（7）按规定制定生产安全事故应急救援预案，并定期组织演练；

（8）按规定及时、如实报告生产安全事故。

3）监理单位

（1）应按规定提供监理人员任命书；

（2）监理人员应与任命书保持一致。

2. 费用投入

1）建设单位在组织编制工程概算时，按规定单独列支安全生产措施费用，并按规定及时向施工单位支付。

2）施工单位按规定提取和使用安全生产费用。

3）施工单位制定费用投入计划、建立统计台账。

4)监理单位对施工单位已经落实的安全防护、文明施工措施,应及时审查并签认所发生费用。

3. 宣传教育培训

1)特种作业人员持证上岗。

2)按规定对从业人员进行安全生产教育和培训。

3)对新入场、转场、变换工种作业人员进行培训教育。

4)按要求开展班前班后安全讲话。

5)按要求开展体验式培训。

6)安全教育培训记录齐全。

4. 安全检查

1)月度安全检查情况。

2)项目负责人履行领导带班生产职责情况。

3)对检查情况进行总结分析。

4)在规定时间内完成隐患整改情况。

5)常态化安全检查资料完整情况。

6)隐患整改记录是否齐全。

5. 资料管理

1)危险性较大的分部分项工程资料

(1)工程清单及相应的安全管理措施;

(2)专项施工方案及审批手续;

(3)专项施工方案变更手续;

(4)工程方案交底及安全技术交底;

(5)施工作业人员登记记录,项目负责人现场履职记录;

(6)工程现场监督记录;

(7)工程施工监测和安全巡视记录;

(8)工程验收记录。

2)基坑工程资料

(1)相关的安全保护措施;

(2)监测方案及审核手续;

(3)第三方监测数据及相关的对比分析报告;

(4)日常检查及整改记录。

3)脚手架工程资料

(1)架体配件进场验收记录、合格证及扣件抽样复试报告;

(2)日常检查及整改记录。

4)起重机械资料

(1)起重机械特种设备制造许可证、产品合格证、备案证明、租赁合同及安装使用说明书。

(2)起重机械安装单位资质及安全生产许可证、安装与拆卸合同及安全管理协议书、生产安全事故应急救援预案、安装告知、安装与拆卸过程作业人员资格证书及安全技术交底。

（3）起重机械基础验收资料。安装（包括附着顶升）后安装单位自检合格证明、检测报告及验收记录。

（4）使用过程作业人员资格证书及安全技术交底、使用登记标志、生产安全事故应急救援预案、多塔作业防碰撞措施、日常检查（包括吊索具）与整改记录、维护和保养记录、交接班记录。

5）模板支撑体系资料

（1）架体配件进场验收记录、合格证及扣件抽样复试报告；

（2）拆除申请及批准手续；

（3）日常检查及整改记录。

6）临时用电资料

（1）临时用电施工组织设计及审核、验收手续；

（2）电工特种作业操作资格证书；

（3）总包单位与分包单位的临时用电管理协议；

（4）临时用电安全技术交底资料；

（5）配电设备、设施合格证书；

（6）接地电阻、绝缘电阻测试记录；

（7）日常安全检查、整改记录。

7）安全防护资料

（1）安全帽、安全带、安全网等安全防护用品的产品质量合格证；

（2）有限空间作业审批手续；

（3）日常安全检查、整改记录。

6. 设备管理

1）设置设备管理部门或配备设备管理专/兼职人员情况。

2）建立设备管理台账，台账条目包括生产许可证、产品合格证、维修保养、拆除、验收记录等资料。

7. 应急管理

1）编制现场各项应急预案。

2）制订演练计划。

3）配备应急救援物资。

4）落实培训演练。

8. 安全管理信息化

1）视频监控系统；

2）进出工地门禁系统；

3）噪声监测系统；

4）扬尘监测系统；

5）车辆冲刷系统；

6）访客登记系统；

7）食堂卫生监测。

9．安全会议

1）召开安全例会情况；

2）传达贯彻落实上级安全管理的规定、文件、会议精神；

3）会议记录情况；

4）会议精神落实情况。

10．防护用品

1）施工单位按规定为作业人员提供劳动防护用品；

2）重要劳动防护用品，应使用合格厂家生产的产品。

6.1.2 关键点与实效

1．日常、定期与专项安全检查

1）施工单位按规定对危大工程进行施工监测和安全巡视；

2）施工单位按规定开展日常、定期、季节性安全检查和安全专项整治并编制检查记录。

2．安全问题处理

1）建设单位按规定向施工单位提供地下管线资料；

2）施工单位及时按要求对监理通知单进行整改回复。

3．危险源识别

1）施工单位建立危险性较大的分部分项工程和安全管理措施清单；

2）监理单位按要求审查审批施工组织设计、危大工程专项施工方案。

6.2 现场巡查

6.2.1 临时用电巡查要点

1．一般规定

（1）按规定编制临时用电施工组织设计，并履行审核、验收手续；

（2）施工现场临时用电管理符合相关要求；

（3）施工现场配电系统符合规范要求；

（4）配电设备、线路防护设施设置符合规范要求；

（5）漏电保护器参数符合规范要求。

2．巡查要点

（1）保持变配电设施和输配电线路处于安全、可靠的可使用状态。

（2）临时用电工程专用的电源中性点直接接地的 220/380V 三相四线制低压电力系统，必须符合下列规定：①采用三级配电系统；②采用 TN－S 接零保护系统；③采用二级漏电保护系统。

(3)临时用电组织设计及变更时,必须履行"编制、审核、批准"程序,由电气工程技术人员组织编制,经相关部门审核及具有法人资格企业的技术负责人批准后实施。变更用电组织设计时应补充有关图纸资料。

(4)临时用电工程必须经编制、审核、批准部门和使用单位共同验收,合格后方可投入使用。

(5)临时用电工程定期检查应按分部、分项工程进行,对安全隐患必须及时处理,并应履行复查验收手续。

(6)TN 系统中的保护零线除必须在配电室或总配电箱处做重复接地外,还必须在配电系统的中间处和末端处做重复接地。

(7)在 TN 系统中,保护零线每一处重复接地装置的接地电阻值不应大于 10Ω。在工作接地电阻值允许达到 10Ω 的电力系统中,所有重复接地的等效电阻值不应大于 10Ω。

(8)做防雷接地机械上的电气设备,所连接的 PE 线必须同时做重复接地,同一台机械电气设备的重复接地和机械的防雷接地可共用同一接地体,但接地电阻应符合重复接地电阻值的要求。

(9)电缆中必须包含全部工作芯线和用作保护零线或保护线的芯线。需要三相四线制配电的电缆线路必须采用五芯电缆。五芯电缆必须包含淡蓝、绿/黄两种颜色绝缘芯线。蓝色芯线必须用作 N 线;绿/黄双色芯线必须用作 PE 线,严禁混用。

(10)电缆线路应采用埋地或架空敷设,严禁沿地面明设,并应避免机械损伤和介质腐蚀。埋地电缆路径应设方位标志。

(11)每台用电设备必须有各自专用的开关箱,严禁用同一个开关箱直接控制 2 台及 2 台以上用电设备(含插座)。

(12)配电箱的电器安装板上必须分设 N 线端子板和 PE 线端子板。N 线端子板必须与金属电器安装板绝缘;PE 线端子板必须与金属电器安装板做电气连接。进出线中的 N 线必须通过 N 线端子板连接;PE 线必须通过 PE 线端子板连接。

(13)开关箱中漏电保护器的额定漏电动作电流不应大于 30mA,额定漏电动作时间不应大于 0.1s。使用于潮湿或有腐蚀介质场所的漏电保护器应采用防溅型产品,其额定漏电动作电流不应大于 15mA,额定漏电动作时间不应大于 0.1s。

(14)下列特殊场所应使用安全特低电压照明器:①隧道、人防工程、高温、有导电灰尘、比较潮湿或灯具离地面高度低于 2.5m 等场所的照明,电源电压不应大于 36V;②潮湿和易触及带电体场所的照明,电源电压不得大于 24V;③特别潮湿场所、导电良好的地面、锅炉或金属容器内的照明,电源电压不得大于 12V。

3. 检查方法

检查施工单位施工现场临时用电管理制度、临时用电专项方案、日常检查记录、验收记录和用电设施设备的维修保养记录等资料,同时对照有关强制性标准和强制性条文抽查现场临时用电的配电设施和输配电线,确定施工单位是否按照规定保持变配电设施和输配电线路处于安全可靠状态。

6.2.2 脚手架巡查要点

1. 一般规定

(1)作业脚手架

① 作业脚手架底部立杆上设置的纵向、横向扫地杆符合规范及专项施工方案要求;

② 连墙件的设置符合规范及专项施工方案要求;

③ 步距、跨距搭设符合规范及专项施工方案要求;

④ 剪刀撑的设置符合规范及专项施工方案要求;

⑤ 架体基础符合规范及专项施工方案要求;

⑥ 架体材料和构配件符合规范及专项施工方案要求,扣件按规定进行抽样复试;

⑦ 脚手架上严禁集中荷载;

⑧ 架体的封闭符合规范及专项施工方案要求;

⑨ 脚手架上脚手板的设置符合规范及专项施工方案要求。

(2)附着式升降脚手架

① 附着支座设置符合规范及专项施工方案要求;

② 防坠落、防倾覆安全装置符合规范及专项施工方案要求;

③ 同步升降控制装置符合规范及专项施工方案要求;

④ 构造尺寸符合规范及专项施工方案要求。

(3)悬挑式脚手架

① 型钢锚固段长度及锚固型钢的主体结构混凝土强度符合规范及专项施工方案要求;

② 悬挑钢梁卸荷钢丝绳设置方式符合规范及专项施工方案要求;

③ 悬挑钢梁的固定方式符合规范及专项施工方案要求;

④ 底层封闭符合规范及专项施工方案要求;

⑤ 悬挑钢梁端立杆定位点符合规范及专项施工方案要求。

(4)高处作业吊篮

① 各限位装置齐全有效;

② 安全锁必须在有效的标定期限内;

③ 吊篮内作业人员不应超过 2 人;

④ 安全绳的设置和使用符合规范及专项施工方案要求;

⑤ 吊篮悬挂机构前支架设置符合规范及专项施工方案要求;

⑥ 吊篮配重件重量和数量符合说明书及专项施工方案要求。

(5)操作平台

① 移动式操作平台的设置符合规范及专项施工方案要求;

② 落地式操作平台的设置符合规范及专项施工方案要求;

③ 悬挑式操作平台的设置符合规范及专项施工方案要求。

2. 检查要点

(1)主节点处必须设置一根横向水平杆,用直角扣件扣接且严禁拆除。

(2)脚手架立杆基础不在同一高度上时,必须将高处的纵向扫地杆向低处延长两跨与立杆固定,高低差不应大于 1m。靠边坡上方的立杆轴线到边坡的距离不应小于 500mm。

(3)单排、双排与满堂脚手架立杆接长除顶层顶步外,其余各层各步接头必须采用对接扣件连接。

(4)开口型脚手架的两端必须设置连墙件,连墙件的垂直间距不应大于建筑物的层高,并且不应大于 4m。

(5)高度在 24m 及以上的双排脚手架应在外侧全立面连续设置剪刀撑;高度在 24m 以下的单、双排脚手架,均必须在外侧两端、转角及中间间隔不超过 15m 的立面上,各设置一道剪刀撑,并应由底至顶连续设置。

(6)开口型双排脚手架的两端均必须设置横向斜撑。

(7)单、双排脚手架拆除作业必须由上而下逐层进行,严禁上下同时作业;连墙件必须随脚手架逐层拆除,严禁先将连墙件整层或数层拆除后再拆脚手架;分段拆除高差大于两步时,应增设连墙件加固。

(8)卸料时各构配件严禁抛掷至地面。

(9)扣件进入施工现场应检查产品合格证,并应进行抽样复试,技术性能应符合现行国家标准《钢管脚手架扣件》(GB/T 15831—2023)的规定。扣件在使用前应逐个挑选,有裂缝、变形、螺栓出现滑丝的严禁使用。

(10)作业层上的施工荷载应符合设计要求,不得超载。不得将模板支架、缆风绳、泵送混凝土和砂浆的输送管等固定在架体上;严禁悬挂起重设备,严禁拆除或移动架体上安全防护设施。

(11)满堂脚手架顶部的实施荷载不得超过设计规定。

(12)在脚手架使用期间,严禁拆除下列杆件:①主节点处的纵、横向水平杆,纵、横向扫地杆;②连墙件。

(13)当在脚手架使用过程中开挖脚手架基础下的设备或管沟时,必须对脚手架采取加固措施。

3. 检查方法

检查钢管、扣件产品合格证、复试报告等资料是否完整且真实有效,是否符合强制性标准要求;检查施工现场脚手架搭设使用情况,脚手架与建筑结构拉结,脚手板铺设与防护,脚手架立面全封闭防护,脚手架人行通道搭设,卸料平台制作、安装,卸料平台限载标志,重点对架体主节点横向水平、纵横向扫地杆、剪刀撑、连墙件,立杆的接长形式,开口型双排脚手架的两端加固,以及开挖脚手架基础下的设备或管沟时脚手架的加固措施、作业层上的施工荷载是否有超载等内容进行抽查,同时检查专项施工方案和交底、验收记录,确定脚手架设施是否符合强制性标准。

6.2.3　模板工程巡查要点

1. 一般规定

(1)按规定对搭设模板支撑体系的材料、构配件进行现场检验,扣件抽样复试。

(2)模板支撑体系的搭设和使用符合规范及专项施工方案要求。

（3）混凝土浇筑时，必须按照专项施工方案规定的顺序进行，并指定专人对模板支撑体系进行监测。

（4）模板支撑体系的拆除符合规范及专项施工方案要求。

2. 检查要点

（1）支撑梁、板的支架立柱构造与安装应符合下列规定：

① 梁和板的立柱，其纵横向间距应相等或成倍数。

② 木立柱底部应设垫木，顶部应设支撑头。钢管立柱底部应设垫木和底座，顶部应设可调支托，U 形支托与楞梁两侧间如有间隙，必须揳紧，其螺杆伸出钢管顶部不得大于 200mm，螺杆外径与立柱钢管内径的间隙不得大于 3mm，安装时应保证上下同心。

③ 在立柱底距地面 200mm 高处，沿纵横水平方向应按纵下横上的程序设扫地杆。可调支托底部的立柱顶端应沿纵横向设置一道水平拉杆。扫地杆与顶部水平杆之间的间距，在满足模板设计所确定的水平拉杆步距要求条件下，进行平均分配确定步距后，在每一步距处纵横向应各设一道水平拉杆。当层高在 8～20m 时，在最顶步距两水平拉杆中间应分别增加一道水平拉杆。所有水平拉杆的端部均应与四周建筑物顶紧顶牢。无处可顶时，应在水平拉杆端部和中部沿竖向设置连续式剪刀撑。

④ 木立柱的扫地杆、水平拉杆、剪刀撑应采用 40mm×50mm 木条或 25mm×80mm 的木板条与木立柱钉牢。钢管立柱的扫地杆、水平拉杆、剪刀撑应采用 φ48mm×3.5mm 钢管，用扣件与钢管立柱扣牢。木扫地杆、水平拉杆、剪刀撑应采用搭接，并应采用铁钉钉牢。铜管扫地杆、水平拉杆应采用对接，剪刀撑应采用搭接，搭接长度不得小于 500mm，并应采用 2 个旋转扣件分别在离杆端不小于 100mm 处进行固定。

（2）当采用扣件式钢管作立柱支撑时，其构造与安装应符合下列规定：

① 钢管规格、间距、扣件应符合设计要求。每根立柱底部应设置底座及垫板，垫板厚度不得小于 50mm。

② 钢管支架立柱间距、扫地杆、水平拉杆、剪刀撑的设置应符合：当立柱底部不在同一高度时，高处的纵向扫地杆应向低处延长不少于 2 跨，高低差不得大于 1m，立杆距边坡上方边缘不得小于 0.5m。

③ 立杆接长严禁搭接，必须采用对接扣件连接，相邻两立柱的对接接头不得在同步内，且对接接头沿竖向错开的距离不宜小于 500mm，各接头中心距主节点不宜大于步距的 1/3。

④ 严禁将上段的钢管立柱与下段钢管立柱错开固定在水平拉杆上。

⑤ 满堂模板和共享空间模板支架立柱，在外侧周圈应设由下至上的竖向连续式剪刀撑；中间在纵横向应每隔 10m 左右设由下至上的竖向连续式剪刀撑，其宽度宜为 4～6m，并在剪刀撑部位的顶部、扫地杆处设置水平剪刀撑。剪刀撑杆件的底端应与地面顶紧，夹角宜为 45～60 度。当建筑层高在 8～20m 时，除应满足上述规定外，还应在纵横向相邻的两竖向连续式剪刀撑之间增加之字斜撑，在有水平剪刀撑的部位，应在每个剪刀撑中间处增加一道水平剪刀撑。当建筑层高超过 20m 时，在满足以上规定的基础上，应将所有之字斜撑全部改为连续式剪刀撑。

⑥ 当支架立柱高度超过 5m 时，应在立柱周圈外侧和中间有结构柱的部位，按水平

间距 6～9m、竖向间距 2～3m 与建筑结构设置一个固结点。

3. 检查方法

(1)检查钢管、扣件产品合格证、复试报告等资料;

(2)检查模板支撑系统搭设、安装和方案设计要求,混凝土浇筑时施工荷载在规定范围内,混凝土浇筑时搭设可靠作业平台,模板存放要求,模板拆除前拆模申请;

(3)确定其是否完整且真实有效,是否符合强制性标准要求;

(4)检查现场模板工程搭设使用情况,重点对模板工程基础的设置,立杆间距、纵横向水平拉杆等受力杆件的设置,纵横向扫地杆、竖向、水平、垂直剪刀撑等加强杆件的设置,固结点的设置等方面内容进行抽查,同时检查专项施工方案和交底、验收记录,确定施工模板及其支撑体系是否符合强制性标准。

6.2.4　起重机械巡查要点

1. 一般规定

(1)起重机械的备案、租赁符合要求。

(2)起重机械安装、拆卸符合要求。

(3)起重机械验收符合要求。

(4)按规定办理使用登记。

(5)起重机械的基础、附着符合使用说明书及专项施工方案要求。

(6)起重机械的安全装置灵敏、可靠;主要承载结构件完好;结构件的连接螺栓、销轴有效;机构、零部件、电气设备线路和元件符合相关要求。

(7)起重机械与架空线路安全距离符合规范要求。

(8)按规定在起重机械安装、拆卸、顶升和使用前向相关作业人员进行安全技术交底。施工起重机械和整体提升脚手架、模板等自升式架设设施安装完毕后,安装单位应当自检,出具自检合格证明,并向施工单位进行安全使用说明,办理验收手续并签字。安装单位应当按照建筑起重机械安装、拆卸工程专项施工方案及安全操作规程组织安装、拆卸作业。安装单位的专业技术人员、专职安全生产管理人员应当进行现场监督,技术负责人应当定期巡查。建筑起重机械安装完毕后,安装单位应当按照安全技术标准及安装使用说明书的有关要求对建筑起重机械进行自检、调试和试运转。自检合格的,应当出具自检合格证明,并向使用单位进行安全使用说明。

(9)定期检查和维护保养符合相关要求,起重机械设备生产、经营、使用单位对其生产、经营、使用的起重机械设备应当进行自行检测和维护保养,对国家规定实行检验的特种设备应当及时申报并接受检验。

2. 巡查要点

(1)塔式起重机

① 作业环境符合规范要求。多塔交叉作业防碰撞安全措施符合规范及专项方案要求。

② 塔式起重机的起重力矩限制器、起重量限制器、行程限位装置等安全装置符合规范要求。

③ 吊索具的使用及吊装方法符合规范要求。

④ 按规定在顶升(降节)作业前对相关机构、结构进行专项安全检查。

(2)施工升降机

① 防坠安全装置在标定期限内,安装符合规范要求;

② 按规定制定各种载荷情况下齿条和驱动齿轮、安全齿轮的正确啮合保证措施;

③ 附墙架的使用和安装符合使用说明书及专项施工方案要求;

④ 层门的设置符合规范要求;

⑤ 吊笼出入口、吊篮进料口搭设防护篷。

(3)物料提升机

① 安全停层装置齐全、有效;

② 钢丝绳的规格、使用符合规范要求;

③ 附墙符合要求。缆风绳、地锚的设置符合规范及专项施工方案要求。

3. 检查方法

通过听取施工单位项目负责人对现场使用的建筑起重机械介绍,确定现场使用的建筑起重机械种类。

抽查现场使用的建筑起重机械设备(宜采用购买服务聘请机构或专家的方式),重点检查其安装质量是否符合国家及行业强制性标准;同时对内业资料检查,检查安装单位的自检及定期巡查记录,查看检查项目是否完整,与现场实际情况是否相符,信息是否齐全,签章是否完备,落款人员是否具备相应资格,确定安装单位是否按照规定实施自检、巡查,内容是否真实有效。

6.2.5 基坑工程巡查要点

基坑周边安全防护设施,基坑周边排水,坑壁支护方案,基坑周边堆物,基坑人行上下通道搭设,基坑支护进行沉降变形监测及应对措施。

1. 一般规定

(1)基坑支护及开挖符合规范、设计及专项施工方案要求。

(2)基坑施工时对主要影响区范围内的建(构)筑物和地下管线保护措施符合规范及专项施工方案要求。

(3)基坑周围地面排水措施符合规范及专项施工方案要求。

(4)基坑地下水控制措施符合规范及专项施工方案要求。

(5)基坑周边荷载符合规范及专项施工方案要求。

(6)基坑监测项目、监测方法、测点布置、监测频率、监测报警及日常检查符合规范、设计及专项施工方案要求。

(7)基坑内作业人员上下专用梯道符合规范及专项施工方案要求。

(8)基坑坡顶地面无明显裂缝,基坑周边建筑物无明显变形。

2. 检查要点

(1)应调查基坑周边 2 倍开挖深度范围内建(构)筑物及设施的状况,包括建(构)筑物的层数、结构形式、基础形式与埋深等,管线的类型、直径、埋深等。当在 2～4 倍开挖深度范围内有优秀历史建筑、有精密仪器与设备的厂房、其他采用天然地基或短桩基础的重要建筑物、轨道交通设施、隧道、防汛墙、共同沟、原水管、自来水总管、煤气总管等重要建(构)筑物或设施时亦应调查这些被保护对象的状况。

(2)对环境保护等级为一级的基坑应进行专项环境调查工作并提供调查报告,调查报告应能满足环境影响分析与评价的需要。专项环境调查包括如下内容:①对于建筑物应查明其用途、平面位置、层数、结构形式、材料类型、基础形式与埋深、历史沿革及现状、荷载、沉降、倾斜、裂缝情况、有关竣工资料(如平面图、立面图和剖面图等)及保护要求等;对优秀历史建筑,应根据有关规定对其进行房屋结构质量检测与鉴定,以估计其抵抗变形的能力。②对于隧道、防汛墙、共同沟等构筑物应查明其平面位置、埋深、材料类型、断面尺寸、受力情况及保护要求等。③对于管线,应协同有关管线单位查明其平面位置、直径、材料类型、埋深、接头形式、压力、输送的物质(油、气、水等)、建造年代及保护要求等。

(3)基坑环境保护等级为二级(含二级)以上的,建设单位应在围护设计前委托有资质的房屋质量检测单位对影响范围内的房屋建筑的倾斜、差异沉降和结构开裂等进行检测,为设计单位确定基坑变形控制标准提供依据。核查施工单位编制的施工组织设计、保护道路地下管线方案、落实管线保护费用,并在开工前会同各管线权属单位组织召开该工程项目保护道路地下管线工作的专题会议,根据会议纪要及有关图档资料,向相关管线权属单位办理道路管线监护交底。向总包或分包的施工单位做好保护道路地下管线的(书面)交底工作。

3. 检查方法

检查基坑周边环境调查报告,检查环境保护等级为一级的基坑是否有专项环境调查报告;检查建设单位与房屋质量检测单位委托合同、检测单位资质、检测报告,确认是否按照规定对周边房屋进行检测;检查相关管线单位的交底资料,确认是否按时办理,是否过期。

6.2.6　临边防护巡查要点

1. 一般规定

(1)洞口防护符合规范要求;

(2)临边防护符合规范要求;

(3)有限空间防护符合规范要求;

(4)大模板作业防护符合规范要求;

(5)人工挖孔桩作业防护符合规范要求;

(6)楼梯口、电梯井口、预留洞口、通道口的安全防护要求;

(7)阳台、楼梯、楼层及屋面周边等临边防护要求。

2. 巡查要点

(1)坠落高度基准面 2m 及以上进行临边作业时,应在临空一侧设置防护栏杆,并应采用密目式安全立网或工具式栏板封闭。

(2)在洞口作业时,应采取防坠落措施,并应符合下列规定:

① 当垂直洞口短边边长小于 500mm 时,应采取封堵措施;当垂直洞口短边边长大于或等于 500mm 时,应在临空一侧设置高度不小于 1.2m 的防护栏杆,并应采用密目式安全立网或工具式栏板封闭,设置挡脚板。

② 当非垂直洞口短边尺寸为 250~500mm 时,应采用承载力满足使用要求的盖板覆盖,盖板四周搁置应均衡,且应防止盖板移位。

③ 当非垂直洞口短边边长为 500~1500mm 时,应采用专项设计盖板覆盖,并应采取固定措施。

④ 当非垂直洞口短边长大于或等于 1500mm 时,应在洞口作业侧设置高度不小于 1.2m 的防护栏杆,并应采用密目式安全立网或工具式栏板封闭;洞口应采用安全平网封闭。

3. 检查方法

听取项目总包单位项目负责人对工程概况及施工进度的介绍,抽查施工现场坠落高度基准面 2m 及以上临边作业防护及垂直洞口、非垂直洞口的设置。通过抽查,确定临边作业是否按照规范要求在临空一侧设置防护栏杆,并采用密目式安全立网或工具式栏板封闭。确定垂直洞口是否按照规范要求采取封堵措施,或者在临空一侧设置防护栏杆,采用密目式安全立网或工具式栏板封闭,并设置挡脚板;非垂直洞口是否采用承载力满足使用要求的盖板覆盖,或者采用专项设计盖板覆盖,或者在洞口作业侧设置防护栏杆,采用密目式安全立网或工具式栏板封闭,并采用安全平网封闭洞口。同时和施工组织设计中的安全防护技术措施比对,确认临边作业防护和垂直、非垂直洞口的设置是否按照施组实施,内容是否真实有效。

6.2.7 小型机械设备巡查要点

1. 一般规定

施工单位机械、机具、电气设备应当检测、试验、验收合格。

2. 检查要点

(1)设备生产、经营、使用单位对其生产、经营、使用的特种设备应当进行自行检测和维护保养,对国家规定实行检验的特种设备应当及时申报并接受检验。

(2)对进入施工现场的安全防护用具、机械设备、施工机具及配件,施工单位应当核验其生产(制造)许可证、产品合格证。

(3)施工单位安装、使用施工机械、机具和电气设备,应当符合下列规定:

① 在安装前,应当按照规定的安全技术标准进行检测,经检测合格后方可安装;

② 在使用前,应当按照规定的安全技术标准进行安全性能试验,经验收合格后方可使用。

(4)设备安全防护装置有效性检查。

(5)设备用电保护接零必须符合要求。

3. 检查方法

通过听取施工单位项目负责人对项目工程概况的介绍,了解现场施工机械、机具、电气设备使用情况。抽查其检测、试验、验收资料,并与现场实际情况进行比对,查看检查项目是否完整及符合现场情况。检测、试验及验收中的不合格项是否按规定进行整改。

信息是否齐全,各方签章是否完备,确定施工单位是否按规定对机械、机具、电气设备进行检测、试验、验收,相关资料是否真实有效。

6.2.8　安全风险控制巡查要点

1. 安全风险识别

(1)对原材料、备品、备件的质量进行风险评价,控制不合格的原材料、备品备件带来的风险。特别是对新材料、新设备的使用更要进行风险评价,禁止盲目使用。

(2)对施工作业点的周围环境和作业点所在工序的危险有害因素进行分析,找出危险有害因素,评价其危险性。同时要对作业过程中的环境因素进行分析,找出因作业引发的环境因素变化,产生新的危害因素,根据各种危害因素的危险性制定预防控制措施。

(3)对特种设备的安装、使用、维护、保养、检测、检验进行管理,加强特种设备的备品备件、使用材料质量的管理,定期或不定期对特种设备的危险有害因素进行分析评价,建立评价档案,提出控制预防措施。

(4)关键岗位安全风险分析,找出事故可能性较大、危害后果较严重的工序,对该工序人员的知识结构、能力、意识和岗位设备、设施进行重点的风险管理。加强工序危险有害因素的评价和控制,建立完善的风险保障制度。

(5)重大危险源辨识,评价其危害程度,然后分析其危险有害因素,找出危害可能性较大的因素,充分利用先进的技术装备和设施,采取合理的防范措施。制定重大危险源管理制度、制定应急预案、建立重大危险源评价档案。

2. 安全风险管理

(1)设置安全风险公告栏;

(2)存在重大风险的工作场所和岗位,应设置明显警示标志;

(3)针对识别出的安全风险制定相应的监控预防措施。

6.2.9　临建设施要点

1. 临建设施

(1)施工人员的临时宿舍、机具棚、材料室、化灰池、储水池,以及施工单位或附属企业在现场的临时办公室等;

(2)施工过程中应用的临时给水、排水、供电、供热和管道(不包括设备);

(3)临时铁路专用线、轻便铁道;

(4)现场施工和警卫安全用的小型临时设施;

(5)保管器材用的小型临时设施,如简易料棚、工具储藏室等;

(6)行政管理用的小型临时设施,如工地收发室等。

2. 巡查要点

(1)临建设施应远离工程风险点、在有害物的上风向;

(2)临建设施按消防要求,配置灭火器、消防站;

(3)宿舍照明不得乱拉接线,不得使用带开关的灯头,仓库食堂等场所不得擅自安装照明器具,若需要增加时,必须经现场电气技术人员同意并安排专业电工完成。

第三篇

物业质量安全巡查

第7章 质量巡查

7.1 综合巡查

7.1.1 通用要求

1. 检查物业服务企业是否确立服务宗旨,建立满足组织运营的组织管理架构,明确部门及人员职责。

2. 检查物业服务企业是否建立健全服务保障机制,并满足安全性、时间性、经济性、便捷性和文明性等要求。

3. 检查管理服务人员能力、数量是否满足服务需求;是否按规定持证上岗;从业人员是否经培训合格后上岗;工作人员是否恪守职业道德,遵守行业自律。

4. 检查物业服务企业有无固定的办公场所,是否配置满足要求的办公设备,是否保持设备、工具安全有效。

(1)办公设备类:如电脑、打印机、复印机、扫描仪、碎纸机、办公家具等;

(2)环境维护类:扫/洗地机、单擦机、割灌机、石材养护设备、尘推等;

(3)秩序维护类:对讲机、防恐器具、巡更设备、警戒物品等;

(4)工程维护类:升降机、焊接设备、测温测风设备、摇表、网络测线仪等。

5. 服务与被服务双方签订规范的物业服务合同,双方权利义务关系明确。

6. 承接项目时,对住宅小区共用部位、共用设施设备进行认真查验,验收手续齐全。

7. 管理人员、专业操作人员按照国家有关规定取得物业管理职业资格证书或者岗位证书。

8. 有完善的物业管理方案,质量管理、财务管理、档案管理等制度健全。

9. 管理服务人员统一着装、佩戴标志,行为规范,服务主动、热情。

10. 设有服务接待中心,公示 24 小时服务电话。急修在半小时内、其他报修按双方约定时间到达现场,有完整的报修、维修和回访记录。

11. 根据业主的需求,提供物业服务合同之外的特约服务和代办服务的,公示服务项目与收费价目。

12. 按有关规定和合同约定公布物业服务费用或者物业服务资金的收支情况。

13. 检查物业管理服务范围是否符合标准。

(1)治安管理:保障小区业主的人身安全以及财产安全,以及对房屋建筑及其设备设施的安全管理,制定出完善的安全制度并落实。

(2)公用设施管理:供水、供热、供气、供电、通信、邮电等市政设施的管理也在物业公司的管理范围之内,物业人员需保证这些设施的正常运作,并对这些设施进行维护。

14. 检查物业管理服务收费标准是否符合实际要求。

(1)环境绿化方面:如绿化休闲广场,配有喷泉、艺术花池、雕塑等;绿化带内种有银杏树、白玉兰等。

(2)配套设施方面:如设有儿童娱乐设施、老年休闲中心、双语艺术幼儿园、游泳池、商场、超市;业主休闲娱乐会所设有书吧、棋牌室、健身中心、美容美发中心、医疗保健中心、商务中心等。

(3)智能化方面:如周界及重要部位布置红外线探头监控和报警系统,住宅有门禁系统和楼宇可视对讲系统,单元入口和电梯轿厢内均设置电视监控系统,户内设有煤气泄漏报警、门磁报警及紧急求助报警系统,并直接与广场控制中心联网,水、电、气三表远程计量计费系统。

15. 检查物业服务管理是否符合《物业管理条例》内容。

(1)第八条:物业管理区域内全体业主组成业主大会。业主大会应当代表和维护物业管理区域内全体业主在物业管理活动中的合法权益。

(2)第三十四条:业主委员会应当与业主大会选聘的物业服务企业订立书面的物业服务合同。物业服务合同应当对物业管理事项、服务质量、服务费用、双方的权利义务、专项维修资金的管理与使用、物业管理用房、合同期限、违约责任等内容进行约定。

(3)第三十五条:物业服务企业应当按照物业服务合同的约定,提供相应的服务。物业服务企业未能履行物业服务合同的约定,导致业主人身、财产安全受到损害的,应当依法承担相应的法律责任。

(4)第四十九条:物业管理区域内按照规划建设的公共建筑和共用设施,不得改变用途。

(5)第五十一条:供水、供电、供气、供热、通信、有线电视等单位,应当依法承担物业管理区域内相关管线和设施设备维修、养护的责任。前款规定的单位因维修、养护等需要,临时占用、挖掘道路、场地的,应当及时恢复原状。

(6)第五十二条:业主需要装饰装修房屋的,应当事先告知物业服务企业。物业服务企业应当将房屋装饰装修中的禁止行为和注意事项告知业主。

(7)第五十七条:违反本条例的规定,建设单位擅自处置属于业主的物业共用部位、共用设施设备的所有权或者使用权的,由县级以上地方人民政府房地产行政主管部门处5万元以上20万元以下的罚款;给业主造成损失的,依法承担赔偿责任。

7.1.2 客户服务

1. 检查是否设置客户服务机构,如客户接待、回访、满意度测评及投诉处理等,是否保障各机构有效运行。

2. 检查是否接待来访、接听来电、收发邮件并处置,并公布 24 小时服务电话。

3. 检查是否对客户信息予以识别、归类并妥善保存,未经授权不得外泄,开展包括但不限于服务信息收集和传达。

4. 检查是否对客户服务标准、体验、反馈处理等服务满意度测评,每年至少开展两次。

5. 服务质量投诉处理,应参照 GB/T 17242 的要求:

(1)检查是否设置投诉处理服务的机构或最高管理者直接负责或指派专人负责投诉处理工作。

(2)检查是否对投诉资料进行收集、整理和分析。

(3)检查是否对投诉资料进行分析、评价,及时发现服务中存在的问题,并及时改进。

(4)检查是否及时将投诉处理进度及结果汇报给有关部门或负责人,反馈给客户。

6. 检查客户信息登记是否清晰、准确、完整,及时存档。

7. 检查客户服务流程是否规范,严格按照服务质量管理体系标准为业主提供专业化、规范化、精细化的物业服务。

(1)服务动作标准化:加强公司质量体系文件的贯彻执行,全面贯彻实施公司标准化规定,规范员工的服务行为。

(2)服务流程便捷化:不断优化服务流程,使业主在享受服务时真正实现便利、快捷、高效。

(3)服务过程透明化:公开服务承诺、公示收费标准、开放物业业务,推行物业开放周活动。

(4)服务成本最优化:积极推行节约化、精细化管理,加强设备设施日常维护保养,节能降耗,降低业主居住成本和物业管理成本。

8. 检查是否进行物业管理费收费通知单的发放和费用的催缴工作。

9. 检查辖区内用户资料的详略及准确情况,做好用户档案的管理。

(1)房屋信息管理:包括房屋的基本信息、承接查验记录、工程保修记录、房屋维修记录、装饰装修记录、房屋使用记录等。

(2)业主信息管理:包括业主的基本信息、公共事务处理记录、业主沟通记录、特约服务记录等。

10. 检查公司服务热线电话的值守,并收集掌握热线电话的所有记录,记录报修情况和服务质量,与业主、住户联络情况。

11. 检查业主、住户来信、来访、投诉等处理工作,及时做好回复、跟踪、检查工作。

12. 检查业主、住户满意度调查工作,做好关于业主、住户满意度调查的各种数据的统计分析工作。

13. 检查对辖区内业主、住户的宣传工作,调查工作情况。

14. 检查是否对辖区内举行的各种活动进行现场管理。

15. 检查是否对辖区内外的公共设施、消防设施、环境卫生、广告宣传海报进行监督管理。

16. 检查公共事务处理情况。

（1）入住：入住手续办理、物品资料发放、工程维保问题协助跟进等。

（2）装修：装修登记手续、装修巡查及监管、动火作业申请、消防报建手续等。

（3）搬迁：物品搬出入的验证、放行。

（4）停车：停车位分配、车位租赁登记、停车协议的签订。

（5）费用：各项费用的计算和收取、费用查询、费用催缴。

（6）投诉管理：投诉受理、投诉处理、投诉跟踪、投诉回访。

17. 检查与业主的沟通情况。

（1）通知/公告：服务提示、紧急事件的通知、重大事项公告等。

（2）业主大会：协助召开业主大会、定期公布管理工作报告、财务收支报表等。

（3）业主委员会：协助成立业主委员会、定期例会、工作函件沟通等。

（4）社区互动活动：社区互动活动的策划、组织实施、活动记录等。

（5）特约服务：服务接报、服务派工、服务执行、服务跟踪、满意度调查。

18. 检查是否负责用户进出货物的监督管理。

19. 执行公司的各项管理规章制度。

20. 监督做好客户细分工作。

（1）根据客户的外在属性分类：例如按物业项目的类型（住宅、写字楼、商业等）、按客户的地域分布、按客户的组织归属（如企业用户、个人用户、政府用户）等划分。这种划分方法简单、直观，数据也很容易得到，但这种分类相对比较粗放。

（2）根据客户的内在属性分类：例如性别、年龄、籍贯、信仰、爱好、收入水平、家庭成员数、价值取向等。

（3）根据客户的消费行为分类：例如客户的消费场所、消费时间、消费频率、消费金额等。

7.2 现场巡查

7.2.1 环境巡查

1. 日常保洁

1）一般规定

日常保洁是指在保洁服务中，每日需要清洁的项目内容。日常保洁工作由扫、擦、洗等各种作业组成，通过日常保洁可以减少物业装饰材料的自然损坏和人为磨损，延长物业的使用年限，保持物业美观。

2）巡查要点

（1）检查工业区、办公区、生活区，园区主干道、辅运道，中心广场、休闲广场，园区出入口、停车场（库），大厅、楼梯等共用场地，是否保持清洁卫生，无明显垃圾杂物。

① 地面：

A. 需打蜡的地面光亮、显本色。

B. 大理石地面目视无明显脚印、污迹、一米之内有明显轮廓。

C. 瓷砖地面目视无明显污迹、灰尘、脚印。

D. 胶质地面无明显灰尘、污迹,办公场所蜡地光亮且无明显蜡印。

E. 水磨石地面目视无灰尘、污渍、胶迹。

F. 水泥地面目视无杂物,明显油迹、污迹。

G. 广场砖地面目视无杂物,无明显油迹、污迹、大面积乌龟纹及青苔。

H. 车道线、斑马线清晰,无明显油迹、污迹。

② 办公区:

除满足其他设施清洁要求外,还应满足:

A. 地面无污迹、无水迹并符合相应材质地面清洁要求;

B. 墙面、天花板无污迹、灰尘、蜘蛛网。

C. 门窗、开关、电脑、打印机、复印机、灯具、风扇、空调、百叶窗等目视无尘无污。

D. 桌椅、文件柜、电话无尘无污,用白色纸巾擦拭 50cm 无污迹,棉麻布材料目视无污迹,拍打无飞尘。

E. 垃圾篓不过满、无异味。

F. 饮水设施无污迹、无积水。

G. 会议室、培训室、电脑教室等及时清扫、归位。

H. 洗手间内洗手液、纸巾、花瓣香料等补充及时。

③ 停车场:

停车场、立体车库、架空层、车行道、走道,无污迹、无杂物、无积水、无明显油迹、无明显灰尘、无异味、无蜘蛛网。

④ 电梯:

电梯门无明显污迹、手印、灰尘,轿厢无砂粒、杂物、污迹;用白色纸巾擦拭 50cm 无污迹。轿厢内无异味,通风性能良好。

⑤ 生活区:

A. 家具保持本色,无明显灰尘、污迹,常接触面用白色纸巾擦拭 50cm 无污迹,棉麻布材料的家具目视无污迹,拍打无飞尘。

B. 室内空气保持清新,温度、湿度、通风保持良好舒适状态。

C. 地面、地毯保持"四无"即无沙粒、无灰尘、无脚印、无污渍。

D. 电器运作正常,物品、设备标识按要求摆放整齐,保持清洁、完好。

⑥ 园区:

A. 小区内环卫设施完备,设有垃圾箱、果皮箱、垃圾中转站等,且设置合理。

B. 清洁卫生实行责任制,有专职的清洁人员和明确的责任范围,实行标准化清扫保洁,垃圾日产日清,收倒过程不干扰用户正常工作、生活。

C. 垃圾车停放于指定点,车辆干净、摆放整齐,场地干净无强异味。

D. 垃圾中转站、垃圾桶(箱)附近,垃圾不得散装,无超载、无强异味、无蚊蝇滋生、无污水横流、无有碍观瞻,外表无污迹、油迹。

E. 喷泉水景水质不浑浊、无青苔、无明显沉淀物和漂浮物;沟渠河等无异味、无杂物、无污水横流、无大量泡沫、无漂浮异物,孑孓(蚊的幼虫)不超过 1 只/100ml。

(2)检查住宅、公寓、宾馆、浴室、洗衣房等场所公共设施,是否保持清洁卫生,有无明显垃圾杂物、脏污。

① 公共楼梯、走道、天台、地下室等公共部位保持清洁,无乱贴、乱画,无擅自占用和堆放杂物现象。

② 房屋雨篷、消防楼梯等公共设施保持清洁、畅通,地面无积水、无纸屑烟头等,无蜘蛛网、无异味、无积尘,不得堆放杂物和占用。

③ 门,目视表面无尘、无油迹、无污物、无明显手印、无水迹、无蜘蛛网,呈本色。手接触处要求用白色纸巾擦拭 50cm 无明显污迹。

④ 人体不常接触到的设施位置处,目视无明显灰尘、无油迹、无污迹、无杂物、无蜘蛛网;能常接触到的设施位置处,手摸无污迹感;所有设施表面基本呈本色。这里的设施包括灭火器、消防栓、开关、灯罩、管道、扶梯栏、室外休闲娱乐设施、座椅、雕塑、装饰物、倒车架、电话亭、宣传栏、标识牌等。

⑤ 公共会所:

A. 健身房、乒乓球室、桌球室、壁球室、儿童娱乐室等要求室内空气清新;设备、设施完好无破损,无利角(针);物品分类摆放、整齐洁净;组合类器材各活动连接部位结实、安全、牢固、无松脱,转动部位有防护罩;有使用说明或提示性标识,标识安装位置适当、醒目,清晰、完整;各类器材、设备等呈本色,无明显灰尘、污迹。

B. 棋牌室、音像室、阅览室等娱乐场所要求空气清新,物品摆放整齐有序,标识清晰。

C. 酒(水)吧:酒吧台内开档所需材料充足,酒吧器具摆放整齐,干净卫生,配备消毒柜,符合国家卫生标准。

(3)检查公共卫生间是否保持干净、无异味,垃圾无溢出。

洗手间:地面、台面、镜面无积水、无水迹、无污迹、无纸屑烟头等杂物;便池无污垢、无异味,纸篓不过满,洗手液、纸巾用品充足,各项设施完好。

(4)检查作业工具是否合理规划、摆放整齐。

保洁、除雪、绿化工具、设备管理责任落实到人,统一存放于指定的干燥场地,摆放整齐、保持清洁,标识清楚,存放不能有碍观瞻。机械性工具应做到定期维护保养,确保连接部位无异常、机油不发黑且无明显浑浊现象、动作无异音、操作灵敏,机身清洁;对长时间不使用的机械性工具要定期试动作,以保持其工作灵敏性。

(5)检查作业现场是否摆放安全标志。

① 标识牌、指示牌无污迹、无积尘。

② 公共设施或场所标识应按照物业企业形象策划手册设置,标识无损坏、无明显灰尘、无锈迹,字迹清晰,位置妥当。

③ 对清洁过程中有安全隐患或造成使用不便的活动,设有明显标识或采取有效防范措施。

④ 投放消杀药品的场所必须设置醒目、符合消杀工作要求的警示牌,必要时采取有效措施防范。

⑤ 停车场的限速、限高等标识标牌及道路标线应清晰完整。

（6）检查遇雨雪等特殊天气，公共场地是否及时清扫。

① 有明确的除雪要求和除雪工具。

② 确保下雪及雪后业主出行方便，清理积雪要及时，并在相应场所悬挂路滑提示标识，在单元入口设置防滑垫。

③ 除雪时间：

A. 大门出入口及停车场坡道等重要部位的雪要求随时清理，使车道不存有积雪，随下随清，保证出入车辆的安全。

B. 其余部位要求雪停后立即清扫。业主出行的必经道路应在 4 小时内清理干净；园区妨碍生活的积雪保证在 36 小时内清理干净。

C. 屋面积雪的清理，以保证屋面不渗漏为原则，要求雪停后立即清扫，如果雨夹雪，边下边化，则应随下随扫，确保屋面不积水，排气排水管处无积雪。

④ 除雪完成标准：

A. 雪后 4 小时，业主出行必经通道清出 1 米宽路面，单元门前无雪覆盖。

B. 大门、停车场通道及停车场坡道无雪覆盖。

C. 全面清扫后标准：人行通道露出边石；草坪灯露出；露天广场无雪覆盖；娱乐及休息设施无积雪；各处积雪成型见方堆放；能运出小区的积雪不在园区停留，最长不超过 72 小时。

⑤ 停车场有必要的消防设施以及防雨水措施，并定期检查保养，使其处于完好状态。

（7）检查是否根据合同约定进行外墙清洗以及石材类、木质类、地毯类、金属类等特殊材质的清洁工作。

① 玻璃

A. 距地面 2m 范围内，洁净光亮无积尘，用白色纸巾擦拭 50cm 无明显污迹。

B. 距地面 2m 以外玻璃目视无积尘。

C. 通风窗侧视无明显灰尘，呈本色。

② 墙面

A. 涂料墙面无明显污迹、脚印。

B. 大理石贴瓷内墙面无污渍、胶迹，白色纸巾擦拭 50cm 无灰迹，外墙面无明显积尘。

C. 水泥墙面目视无蛛网，呈本色。

D. 不锈钢内墙面目视无指印、无油迹、光亮，用白色纸巾擦拭 50cm 无污迹。不锈钢外墙面无积尘，呈本色。

E. 排放油烟、噪声等符合国家环保标准，外墙无污染。

③ 地毯

地毯目视无变色、霉变，不潮湿，无明显污迹，无沙、无泥、无虫。

④ 天花板

天花板无蜘蛛网、无污迹、无变形、无损缺、无明显灰尘。

2. 垃圾管理

1）一般规定

垃圾是失去使用价值、无法利用的废弃物品，是不被需要或无用的固体、流体物质。

根据垃圾的成分构成、产生量、利用和处理方式,一般将垃圾分为四种:

(1)可回收垃圾:即可以再生循环的垃圾,包括本身或材质可再利用的纸类、硬纸板、玻璃、塑料、金属、人造合成材料包装,与这些材质有关的如:报纸、杂志、广告单及其他干净的纸类等皆可回收。这些垃圾通过综合处理回收利用,可以减少污染,节省资源。

(2)厨房垃圾:根据中国住房和城乡建设部制定的《餐厨垃圾处理技术规范》,餐厨垃圾是指"饭店、宾馆、企事业单位食堂、食品加工厂、家庭等加工、消费食物过程中形成的残羹剩饭、过期食品、下脚料、废料等废弃物。包括家庭厨余垃圾、市场丢弃的食品和蔬菜垃圾、食品厂丢弃的过期食品和餐饮垃圾等"。在通常的观念及论述里面,餐厨垃圾则基本上专指家庭厨房、公共食堂及餐饮行业的食物废料和食物残余。

(3)其他垃圾:主要是医疗垃圾和干垃圾。医疗垃圾包括带血的棉签、手术刀等含病毒垃圾。这种垃圾需要特殊处理,消毒后才可以进行填埋处理。干垃圾包括盛放厨余果皮的垃圾袋、废弃餐巾纸、尿不湿、清洁灰土、污染较严重的纸、塑料袋等。

(4)有毒有害垃圾:是指含有对人体健康有害的重金属、有毒的物质或者对环境造成现实危害或者潜在危害的废弃物。包括电池、荧光灯管、灯泡、水银温度计、油漆桶、家电类、过期药品、过期化妆品等。这些垃圾一般进行单独回收或填埋处理。

2)巡查要点

(1)根据国家及当地垃圾分类要求,结合管理区域特点,设置生活垃圾、装修垃圾、有害垃圾、工业垃圾、可回收垃圾等分类收集站,并定时清运、清洁、消杀。

(2)生活垃圾、装修垃圾、有害垃圾、工业垃圾、可回收垃圾等按所属区域要求进行分类处置。

(3)根据垃圾分类要求,设置生活垃圾分类标志,并符合现行国家现行标准《生活垃圾分类标志》的有关规定。

(4)垃圾桶日产日清,保持清洁无异味,周边无散积垃圾、无满溢、无蚊蝇虫等。

(5)建筑垃圾就是建筑物在建造、拆除或修建过程中所产生的废弃物。其所含成分复杂,但基本组成大致相同,都是由砂土、混凝土等组成。

① 装修垃圾在处理、处置和再利用之前,对泥土、石块、混凝土块、碎砖、废木材、废管道、电器废料、家具废料等进行分类,以分离有用的成分进行回收利用,并分离有害的成分;

② 对筛选出的渣土等装修垃圾采用回填方式处理;

③ 对磁选出的废旧金属,筛选出的废旧纸张、塑料、玻璃等可回收垃圾,进行回收再利用处理;

④ 对其他硬化装修垃圾,有条件的宜进行撕碎再分拣处理,没有条件的宜清运到装修垃圾处理厂进行处理;

⑤ 对最后分拣出来的有害垃圾,按照有关规定进行回收处理。

(6)有害垃圾处理

① 根据有害垃圾不同分类及相应处理要求,宜选用合适的处理方法进行无害化处理,如填埋、焚烧等;

② 对本单位不能处理的垃圾,如干电池、日光灯管、温度计等各种化学和生物危险

品,易燃易爆物品及含放射性物质的废物,禁止混入普通垃圾中,应分类投放到指定处理厂进行特殊处理;

③ 对重金属类、废气类,宜进行化学处理;

④ 对废渣类垃圾,宜采用物理方法进行处理,能掩埋的不露天丢弃,需要化学处理的不入河流。

(7)生活垃圾处理

生活垃圾主要是指居民们在日常生活中产生的或为日常生活提供服务而产生的固体废物,以及法律、行政法规规定的被视为生活垃圾的固体废弃物。生活垃圾主要有两个重要含义:首先是产生于居民日常生活中;其次,这种垃圾一般以固体形式存在。

① 对生活垃圾处理,宜根据不同生活垃圾特点,有针对性地采用填埋、焚烧、堆肥、热解和综合处理等方式进行处理;

② 对分类回收的生活垃圾,宜进行二次分拣处理,分离出厨余、有害、可回收及其他垃圾;

③ 对二次分拣出来的生活垃圾,宜有针对性地采用对土地、水资源、空气等污染较少的方式进行处理;

④ 宜采用资源回收率最高的处理方法。

(8)其他废物管理:

① 结合区域特点及需求,协助客户做好生产废料、废品的管理,其中包括临时堆放、集中清运等。

② 应密切关注客户有害废物(含废气、废水、废液、固态废物等)管理,配合主管部门对企业废物排放的监管。

③ 发现危险废物暂存应符合国家现行标准《危险废物贮存污染控制标准》GB 18597 的有关规定,若不符合要求应及时提示生产单位,必要时应向主管部门报告。

3. 有害生物防治

1)一般规定

有害生物是指在一定条件下,对人类的生活、生产甚至生存产生危害的生物;是由数量多而导致圈养动物和栽培作物、花卉、苗木受到重大损害的生物。狭义上仅指动物,广义上包括动物、植物、微生物乃至病毒。在全球范围内,虫害和鼠害在种植、养殖、加工、储存和运输过程中仍然是严重的威胁,尤其是在工业加工中,除化学和物理污染外,与虫害相关的影响会造成庞大的经济损失和巨大的权利要求。有害生物根据其危害可以大致分为以下几类:

(1)可以传播疾病的有害生物,也称病媒生物,如蚊、蝇、蚤、鼠、蜚蠊(蟑螂)、蜱、螨、蠓等。

(2)由境外传入的非本地(或一定自然区域内)的原有生物,可能对我国生态环境造成破坏的动物、植物、微生物及病毒等,如红火蚁、松材线虫、豚草、水葫芦等。

(3)危害建筑和建筑材料的有害生物,如白蚁、木材甲虫等。

(4)仓储有害生物,如面粉甲虫、谷物蛀虫等。

(5)纺织品害虫,如地毯甲虫、衣鱼等。

（6）还有些生物，偶尔进入人类居住场所，引起居民不安，也可列入有害生物，如蜈蚣、蝎子等。

（7）危害农林作物，并能造成显著损失的生物，如蝗虫、蚜虫等。

2）巡查要点

（1）检查是否根据实际情况，制订有害生物防治计划，宜委托有相关资质单位开展专项消杀工作。

（2）检查药品及工具是否安全管理，避免外露，对人员造成伤害。其具体要求如下：

① 药物使用安全

A. 消杀药剂根据不同的杀灭对象做好分类存放，严禁药物流失到无关人员手中。

B. 消杀药物必须由专人进行保管并建立完善的进、出、存、销登记制度。

C. 药物存放处必须做好防火、防爆、防腐蚀、防中毒的相应工作，确保安全。

D. 使用药物时，须戴好相应的防护装置，进行消杀投放前应对客户进行告知。

E. 毒鼠药类必须使用慢性低毒性药物，严禁使用剧毒急性药物，鼠药投放时药物上面必须加掩盖装置，并做好有毒标志，避免鸟类误食。

F. 使用完的药物容器须回收，按环保要求进行处理，不可随便丢弃。

② 机械、工具使用安全

A. 所有操作机械人员须经专门培训，合格后方可上岗。

B. 使用前须检查机械、电线、插头等有无损坏，电线与转动部分是否保持适当距离，用电场所有无水湿等情况，确保用电安全。

C. 所有带转动装置的机械必须确保转动部位有完善的保护装置，避免将物品、人员等卷入。

D. 机械高温部位应做好防护及警示，避免烫伤操作人员。

E. 进行机械操作时，应戴好相应的防护装置，避免机械及药物对操作人员造成伤害。

（3）检查消杀现场是否设置相应警示牌，防止人员误入中毒或误食。

（4）检查办公区消杀活动是否在企业规定的非办公时间进行，如有特殊情况须先征得客户同意后方可进行。其具体要求如下：

（5）在使用药剂进行喷洒或喷雾消杀时，一定要做好安全防护措施，而且施药时户内不应有人停留，户外喷药时应关闭门窗。

（6）检查是否使用国家明令禁止的药品。其具体要求如下：

（7）在选择药品时，必须使用经国家药监部门登记注册，经卫生部门许可的药剂，同时符合国际通行惯例，并根据不同的环境和虫情，选用不同的药剂和施药方法，用速效和长效药剂相结合，以达到优良的防治效果。

（8）检查是否做好消杀记录，记录是否清晰、完整。其具体要求如下：

① 企业应针对作业人员进行培训，使其了解作业中的安全要求以及紧急情况处理要求，应保留培训记录。

② 消杀工作应在尽量不影响物业使用人工作的前提下进行，如上班前、下班后或者利用节假日等。消杀使用的药剂应是有关部门发放或者是低毒高效的药剂，在消杀过程中注意做好个人防护。应保留购买药剂的票据并做好药剂的领用登记手续。

4. 绿化养护

1)巡查要点

(1)检查是否建立绿化管理制度,是否根据地域、季节特点制定绿化养护实施方案,其具体养护要求如下:

① 小区公共绿地、庭院绿地及道路两侧绿地合理分布,花坛、树木、建筑小品配置得当、层次分明。

② 新建小区,公共绿地人均 1 平方米以上;旧区改造的小区,公共绿地人均不低于 0.5 平方米。

③ 花草树木长势良好,修剪整齐美观,无明显病虫害,无折损现象,无斑秃,无灼伤。枝干无机械损伤,叶片大小、薄厚正常,不卷、不黄、无异常落叶现象。

④ 小区植物干体和叶片上无明显积尘、无泥土,绿地无纸屑、烟头、石块等杂物,无积水。

⑤ 小区无枯死乔木,枯死灌木、枯萎地被植物每块不超过 0.5 平方米,且枯死灌木、枯萎地被植物每 1000 平方米范围内累计面积不超过 2 平方米。枯死挽救乔木可只保留树干但须能见青皮,新移植乔木需保留部分树叶,要达到景观效果。

⑥ 乔木类树干正常生长挺直,骨架均匀,树冠完整。

⑦ 乔灌木应保持美观的形状,造型植物必须形态明显、枝条无杂乱现象。

⑧ 草坪长势良好,目视平整,生长季节浓绿,茎叶高度在 4 厘米左右,立春前可修剪为 2 厘米左右。其他地区草坪茎叶高度可在 6~8 厘米左右。

⑨ 绿地和花坛无杂草(人不常经过区域无明显杂草)、无破坏、无积水、无杂物、无枯枝、无践踏、无鼠洞及随意占用、无直面向天裸露黄土现象。

⑩ 主要部位设置有与植物相符的绿化标识牌,并且安装位置妥当、醒目,标识清晰、完整、干净。

(2)检查是否使用国家明令禁止的药品,是否保持记录完整。

(3)企业应对保洁绿化外委单位相关方的作业人员进行安全教育培训。对相关方作业人员进行有针对性的安全教育培训,培训合格后方可入场作业。其主要内容包括:

① 企业针对作业人员进行培训,使其了解作业中的安全要求以及紧急情况处理要求,应保留培训记录。

② 使用的工具设备应满足安全要求,无明显安全事故隐患。

③ 使用的农药等应为低毒高效产品,并按使用说明书操作,不得使用国家禁止使用的药品。使用完毕的农药包装物应作为有害废弃物质处理,严禁随意丢弃。应保留购买药剂的票据并做好药剂的领用登记手续。

(4)应建立园艺、绿化设备清单以及设备安装操作规程,并在每月对设备进行点检,保留点检记录,确保设备运行正常,电源线路、安全防护措施完好。

7.2.3　设备设施巡查

1. 承接查验

1)一般规定

承接查验是在条件具备或物业管理企业早期介入充分、准备充足时,物业的承接查验也可以和建筑工程竣工验收同步进行。物业管理企业对物业进行查验之后将发现的问题提交建设单位处理,然后同建设单位进行物业移交并办理移交手续。承接查验准备工作有四个步骤:

(1)人员准备:物业的承接查验是一项技术难度高、专业性强、对日后的管理有较大影响的专业技术性工作。物业管理企业在承接查验前就应明确物业的类型、特点,与建设单位组成联合小组,各自确定相关专业的技术人员参加。

(2)计划准备:物业管理企业制订承接查验实施方案,能够让承接查验工作按步骤有计划地实施。

① 与建设单位确定承接查验的日期、进度安排;

② 要求建设单位在承接查验之前提供移交物业详细清单、建筑图纸、相关单项或综合验收证明材料;

③ 派出技术人员到物业现场了解情况,为承接查验做好准备工作。

(3)资料准备:在物业的承接查验中,应做必要的查验记录,在正式开展承接查验工作之前,应根据实际情况做好资料准备工作,制定查验工作流程和记录表格。

① 工作流程一般有《物业承接查验工作流程》《物业查验的内容及方法》《承接查验所发现问题的处理流程》等;

② 承接查验的常用记录表格有《工作联络登记表》《物业承接查验记录表》《物业工程质量问题统计表》等。

(4)设备、工具准备:在物业承接查验中要采取一些必要的检验方法来查验承接物业的质量情况,应根据具体情况提前准备好所需要的检验设备和工具。

2)巡查要点

(1)企业应与建设单位、使用人、业主或业主委员会订立书面的物业服务合同或专项安全管理协议,在合同或专项管理协议中应明确需要管理的设备设施的安全管理要求。

(2)企业在承接物业管理服务时,应当对管理区域内的物业共用部位、共用设备设施等进行查验。在办理物业管理服务承接查验手续时,应要求建设单位、使用人、业主或业主委员会移交下列资料:

① 物业的报建、批准文件,竣工总平面图、单体建筑、结构、设备竣工图。配套设施、地下管网工程竣工图等竣工验收资料;

② 设备设施买卖合同复印件及安装、使用和维护保养等技术资料;

③ 物业质量保修文件和物业使用说明文件;

④ 物业管理区域内各类建筑物、场地、设备设施的清单;

⑤ 物业及配套设施的产权清单;

⑥ 物业服务用房的清单;

⑦ 物业的使用、维护、管理必需的其他资料。

(3)移交的物业资料记录清楚,签订《承接查验协议》,在协议中应对遗留问题的处理进行约定。承接查验应按规定到相关部门备案。

(4)企业应按规定采购合格的设备设施,对采购的设备设施进行开箱验收和调试验收,确保使用设计符合要求、质量合格的设备设施。

2. 装饰装修管理

1）一般规定

装饰装修是从专业的设计和可实现性的角度上，为客户营造更温馨和舒适的家园。装饰装修材料分为以下四种：

（1）外墙装潢材料

① 装饰石材：包括天然饰面石材（大理石、花岗石）和人造石材。

② 碎屑饰面：包含水刷石、做粘石、剁斧石等。

（2）内墙装饰材料

① 镜糊类：指壁纸、墙布类装饰材料。

② 饰里石材：大理石、预造水磨石板。

③ 釉面砖：红色、彩色、印花彩色、彩色拼图及彩色壁绘等多种。

④ 刷浆类材料：石灰浆、大白浆、色粉浆、可赛银浆等。

⑤ 墙饰面板：有塑料饰面板、纤维板、金属饰面板、胶合板饰面板等。

（3）地面装饰材料

① 木地板：复合木地板、实木地板、实木复合地板。

② 石材：室内地板砖有玻化砖、抛光砖、亚光砖、釉面砖、印花砖、防滑砖、特种防酸地砖（用于化验室等腐蚀较大的地面）；室外地板砖有广场砖、草坪砖。

③ 塑料地板。

④ 塑胶地板。

⑤ 地毯：地毯常用绒纱分为化学纤维、羊毛以及混纺材料等。

（4）吊顶饰面材料

① 家用吊顶饰面材料：纸面石膏板、铝扣板、PVC 扣板、装饰石膏板等。

② 商业吊顶饰面材料：软膜天花、铝塑板、矿棉板等。

建筑共用部位是指住宅主体承重结构部位（包括基础、内外承重墙体、柱、梁、楼板、屋顶等）、户外墙面、门厅、楼梯间、走廊通道等。

建筑物是用建筑材料构筑的空间和实体，供人们居住和进行各种活动的场所。它往往都具备人能居住和活动的稳定空间，是人造自然的主体。一般情况下，建筑的建造目的既侧重于得到人可以活动的空间——建筑物内部的空间（现代主义建筑非常强调这点）或建筑物之间围合而成的空间（比如城市中的市民广场）；也侧重于获得建筑形象——建筑物的外部形象（如纪念碑）或建筑物的内部形象（如教堂）。

2）巡查要点

（1）对房屋共用部位进行日常管理和维修养护，检查房屋使用情况，根据房屋实际使用情况和使用年限，定期检查房屋的安全状况，建立建筑使用、维修档案。

（2）墙表面无明显剥落开裂；外部构建无破损脱落；玻璃幕墙无开裂；屋面防水层发现有气鼓、碎裂或隔热板有断裂、缺损的，应在规定时间内安排专项修理。

（3）企业发现问题及时向业主委员会或业主报告，属于小修范围的，及时组织修复；属于大、中修范围的，及时提出方案或建议，并按法定程序组织实施。遇紧急情况时，应采取必要的应急措施。

（4）建筑物符合国家相关规定，其建筑质量、消防、防雷设施、公用工程等应按照国家有关规定经有关部门验收合格。

（5）建筑构件、建筑材料和室内装修、装饰材料的防火性能必须符合国家标准；没有国家标准的，必须符合行业标准。人员密集场所的室内装修、装饰，应当按照消防技术标准的要求，使用不燃、难燃材料。

（6）不得在设有营运场所或仓库的建筑内设宿舍或饭堂。

（7）普通仓库与营运场所应分楼层设置，确因需要而同层时，应用实体砖墙砌至梁板底部，且不留缝隙。

（8）仓库、营运场所、办公室、员工宿舍不得用可燃材料装修、分隔。

（9）燃油或燃气锅炉、油浸变压器、充有可燃油的高压电容器和多油开关等，宜设置在建筑外的专用房间内，确需布置在民用建筑内时，不应布置在人员密集场所的上一层、下一层或贴邻，并应符合 GB 50016 的其他规定。

3. 供配电系统管理

1）一般规定

电气装置是电气设备的一种，电气设备是在电力系统中对发电机，变压器，电力线路、断路器等设备的统称。电气设备由电源和用电设备两部分组成。电源包括蓄电池、发电机及其调节器。用电设备包括发动机的起动系以及汽车的照明、信号、仪表等，在强制点火发动机中还包括发动机的点火系。

（1）发电机：是指将其他形式的能源转换成电能的机械设备，一般的发电机是通过原动机将各类一次能源蕴藏的能量转换为机械能，再由发电机转换为电能，经输电、配电网络送往各种用电场所。发电机分为直流发电机和交流发电机，工作原理都基于电磁感应定律和电磁力定律，广泛用于工农业生产、国防、科技及日常生活中。

（2）变压器：是指利用电磁感应的原理来改变交流电压的装置，其主要构件是初级线圈、次级线圈和铁芯（磁芯）。变压器的主要功能有：电压变换、电流变换、阻抗变换、隔离、稳压（磁饱和变压器）等，按用途可以分为电力变压器和特殊变压器。

（3）电力线路：主要分为输电线路和配电线路。输电线路一般电压等级较高，磁场强度大，击穿空气（电弧）距离长。35kV 以及 110kV、220kV、330kV（少数地区）、660kV（少数地区）、DC/AC500kV、DC800kV 以及新建的上海 100kV 都是属于输电线路。它是由电厂发出的电经过升压站升压之后，输送到各个变电站，再将各个变电站统一串并联起来就形成了一个输电线路网，连接这个"网"上各个节点之间的"线"就是输电线路。

（4）断路器：是指能够关合、承载和开断正常或异常回路条件下的电流的开关装置。断路器可用来分配电能，不频繁地启动异步电动机，对电源线路及电动机等实行保护。断路器按其使用范围分为高压断路器与低压断路器，高低压界限划分比较模糊，一般将 3kV 以上的称为高压电器。

（5）配电箱（柜）：是数据上的海量参数，一般是构成低压林按电气接线，要求将开关设备、测量仪表、保护电器和辅助设备组装在封闭或半封闭金属柜中或屏幅上，构成低压配电箱。正常运行时可借助手动或自动开关接通或分断电路。

配电箱具有体积小、安装简便，技术性能特殊、位置固定，配置功能独特、不受场地限制,应用比较普遍,操作稳定可靠,空间利用率高,占地少且具有环保效应等特点。它可以合理地分配电能,方便对电路的开合操作,有较高的安全防护等级,能直观地显示电路的导通状态。

配电箱按结构特征和用途分类为以下四种:

① 固定面板式开关柜,常称开关板或配电屏。它是一种有面板遮拦的开启式开关柜,正面有防护作用,背面和侧面仍能触及带电部分,防护等级低,只能用于对供电连续性和可靠性要求较低的工矿企业,作变电室集中供电用。

② 防护式(即封闭式)开关柜,是指除安装面外,其他所有侧面都被封闭起来的一种低压开关柜。这种柜子的开关、保护和监测控制等电气元件,均安装在一个用钢或绝缘材料制成的封闭外壳内,可靠墙或离墙安装。柜内每条回路之间可以不加隔离措施,也可以采用接地的金属板或绝缘板进行隔离。通常门与主开关操作有机械联锁。另外还有防护式台型开关柜(即控制台),面板上装有控制、测量、信号等电器。防护式开关柜主要用作工艺现场的配电装置。

③ 抽屉式开关柜。这类开关柜采用钢板制成封闭外壳,进出线回路的电器元件都安装在可抽出的抽屉中,构成能完成某一类供电任务的功能单元。功能单元与母线或电缆之间,用接地的金属板或塑料制成的功能板隔开,形成母线、功能单元和电缆三个区域。每个功能单元之间也有隔离措施。抽屉式开关柜有较高的可靠性、安全性和互换性,是比较先进的开关柜,开关柜多数是指抽屉式开关柜。它们适用于要求供电可靠性较高的工矿企业、高层建筑,作为集中控制的配电中心。

④ 动力、照明配电控制箱。多为封闭式垂直安装。因使用场合不同,外壳防护等级也不同。它们主要作为工矿企业生产现场的配电装置。

手持电动工具是便携式的电动工具,可直接用手操作无需其他辅助装置。

2)巡查要点

(1)企业应保证公共区域及企业自有的交流额定电压 1000V 及以下、直流 1500V 以下的各类电气装置满足:

① 任何电气装置都不应超负荷运行或带故障使用。

② 用电设备和电气线路的周围应留有足够的安全通道和工作空间。电气装置附近不应堆放易燃、易爆和腐蚀性物品。禁止在架空线上放置或悬挂物品。

③ 当电气装置的绝缘或外壳损坏,可能导致人体触及带电体时,应立即停止使用,并及时修复或更换。

④ 电气装置应有专人负责管理、定期进行安全检验或试验,禁止安全性能不合格的电气装置投入使用。

⑤ 电气装置在使用中的维护必须由具有相应资格的电工按规定进行。

⑥ 电气装置如果不能修复或修复后达不到规定的安全技术性能时应予以报废。

⑦ 当电气装置拆除时,应对其电源连接部位作妥善处理,不应留有任何可能带电的外露可导电部分。

⑧ 电气设备及线路安装必须符合安全要求,绝缘良好,绝缘电阻符合规定,并按规定安装剩余电流动作保护器。

⑨ 凡有可能被人接触造成电击或烧伤的电气裸露点或有触电危险的区域,应设置符合安全要求的屏护设施和明显警告标志。

⑩ 各种用电设备外壳、金属构架以及配线钢管、金属开关、电缆的金属外皮等应按规定进行保护接零(地)。

⑪ 充电设施应配备监控系统,对充电设备的充电过程进行监视和控制。

⑫ 电气竖井内应设置电气照明,楼板处的洞口应采用防火材料封堵。

(2)电网接地系统

① 电气系统连接符合设计的系统接地制式要求;

② 电网接地装置的接地电阻值小于 4Ω,应保存定期检测记录;

③ 接地装置应有编号和识别标记。

(3)配电箱

① 配电箱(柜)的设置应通风、防尘、防飞溅、防雨水、防油污、防小动物;

② 各种电气元件、仪表、开关、线路无明显损坏或老化、线路排列整齐,无"一钉多线"现象,无严重发热、烧损或裸露带电体现象;

③ 配电箱(柜)上应无飞线,无积尘、无油污、无烧损、箱(柜)内无杂物,配电箱(柜)下无可燃物堆放;

④ 配电箱(柜)应有编号、警示标志;

⑤ 配电箱(柜)内电气元件控制名称标识齐全、醒目,箱内设有电气控制线路图;

⑥ 配电箱(柜)体保护接地(零)线连接可靠;

⑦ 配电箱(柜)内插座回路,应设置剩余电流动作保护器。

(4)发电机房

① 机房内设置储油间时,其总储存量不应大于 $1m^2$ 的储油量。储油间应采用耐火极限不低于 3.00h 的防火墙与发电机间分隔,确需在防火墙上开门时,应设置甲级防火门;

② 储油间的油箱应密闭且应设置通向室外的通气管,通气管应设置带阻火器的呼吸阀,油箱下部设置防止油品流散设施,储油间内电气设备设施应满足 GB 50058 的规定;

③ 应每月进行一次发电机组保养运行,并保存运行记录;

④ 发电机接地电阻应不大于 4Ω,应定期检测且检测频次不低于每季度一次;

⑤ 机房通风良好,排气筒出口应设置在室外。

(5)变配电室

① 变配电室不应设在可能积水的场所,地下配电房正上方不应设置卫生间、水箱、水池等易积水设施;

② 变配电室应满足防火、防水、防潮、防尘、防小动物、通风降噪等各项要求;

③ 变配电室的门应向外开,相邻配电室的门应双向开;

④ 电缆沟应保持干燥,不得积水;

⑤ 变配电房内不应有与电气设备无关的管道和线路通过;

⑥ 高、低压配电柜的母线相序标志正确,应设置接地母排和接地端子,且与接地系统连接,并有接地标志;

⑦ 电工安全用具及防护用品完好可靠,有定期检测记录和标志。

(6)手持电动工具

① 一般场所应使用Ⅱ类工具;狭窄场所或有限空间、潮湿环境应使用配置剩余电流动作保护装置的Ⅱ类工具或Ⅰ类工具;当使用Ⅰ类工具时,应配置剩余电流动作保护装置,保护接地(零)应连接规范。

② 每年至少进行一次绝缘电阻值检测,应保存检测记录。

③ 电源线应采用橡胶护套线,敷设长度不得超过 6m,中间无接头且无破损。

④ 外壳、手柄、防护罩、盖板等应完好,无裂缝、破损、变形等现象。

(7)移动电气设备

① 使用前及在用期间每半年应检测绝缘电阻值,并保存检测记录;

② 电源线应采用橡胶护套线,敷设长度不得超过 6m,中间无接头且无破损,易受机械损伤的地方应穿管保护且不得跨越通道;

③ 保护接零(地)连接可靠,防护罩等完好,无松动,开关可靠、灵敏,与负载匹配。

(8)其他机械或电动设备

① 应按规定进行经常性维护、保养,并定期检测,保证正常运转,做好记录;

② 设备的传动装置防护罩完好;

③ 电源线路必须符合安全要求,绝缘良好,不存在明显破损、老化等情况,应安装剩余电流动作保护装置。

4. 给排水系统管理

1)一般规定

给排水系统是为人们的生活、生产、市政和消防提供用水和废水排除设施的总称。向各种不同类别的用户供应满足不同需求的水量和水质,同时承担用户排除废水的收集、输送和处理,达到消除废水中污染物质对于人体健康和保护环境的目的。给排水系统一般分为以下三类:

(1)生活给水系统:用于生产辅助设施内的生活用水、化验室用水、生产单元的安全淋浴洗眼器用水等的给水系统。

(2)生活排水系统:接纳并排除生活污、废水的排水系统。

(3)消防系统:消防联动控制,是指火灾探测器探测到火灾信号后,能自动切除报警区域内有关的空调器,关闭管道上的防火阀,停止有关换风机,开启有关管道的排烟阀,自动关闭有关部位的电动防火门、防火卷帘门,按顺序切断非消防用电源,接通事故照明及疏散标志灯,停运除消防电梯外的全部电梯,并通过控制中心的控制器,立即启动灭火系统,进行自动灭火。

2)巡查要点

(1)检查生活泵、气压罐、排污泵、水池水箱、管道阀门,公共卫生间、开水房、管道井内的上下水管道、阀门、减压阀,集水坑、污水坑、室内外排水沟渠(井)。设备运行正常,压力符合要求,仪表指示准确,无跑、冒、滴、漏现象。

(2)检查生活水泵、管道、阀门的定期维护保养记录;集水坑、污水坑、化粪池、室内外排水沟渠(井)定期疏通清掏;排水畅通无堵塞。

(3)物业管理区域内的生活水箱(池)检修口锁闭,溢水口需设隔离网。

(4)应制定停水、爆管等应急处理程序,计划停水按规定提前通知。

(5)排污泵

① 传感器和控制箱手动、自动工作状态显示等功能正常;

② 箱体和指示灯无破损、无锈蚀,控制箱内线路规整、清洁,污水坑清洁无杂物;

③ 污水泵工作正常,管道无锈蚀、无堵塞现象,止回阀完好且功能正常;

④ 阀门、管道表面做过防腐油漆处理,无锈蚀现象;

⑤ 止回阀腔内无堵塞现象,弹簧、瓣膜启闭正常;阀门闭合良好,阀瓣处于开启状态;

⑥ 管道无滴水、跑冒现象,必须有流向指示;

⑦ 集水坑进水口必须设有防护网;

⑧ 集水坑内无淤泥、杂物、积水,并且无渗漏现象;

⑨ 集水坑连接沟槽处无杂物、淤泥,水篦子无破损、缺失现象;

⑩ 高低液位开关固定在泵体整个高度的下 1/3 处,且启闭正常;

⑪ 井盖坚固,标志明显,所刷防锈漆色泽明亮。

(6)工频泵,变频泵

① 控制柜内线路规整、整洁;

② 电缆线路无破损;

③ 箱体无锈蚀,面板电压表、电流表、指示灯完好且工作正常;

④ 传感器压力表指示在正常的工作压力范围内;

⑤ 无渗漏、无异响,运行正常;

⑥ 水泵泵体、电动机外壳、水泵电源箱的保护油漆光亮,无锈蚀、凹凸、掉漆现象;

⑦ 变频泵通常采用"用一备二"方式,规定一至两周交替使用。基座周围的 8~12 厘米黄色油漆区为警戒区。

(7)电子除垢仪:指示灯完好,系统运行正常,水质符合规定要求。

(8)蓄水池、高位水箱

① 无渗漏,检修口锁闭,在出气口处设有防护网等;

② 运行正常,管道保温良好,无破损现象。

(9)管道、管件、阀门、水箱

① 管道、管件、阀门无锈蚀,无跑冒滴漏现象。

② 管道无锈蚀、油漆脱落,水流方向指示标示完整、清晰。

③ 对室外、临近室外的管道,在冬季来临前检查保温措施,要求保温措施完整、表面整洁。

④ 阀门控制有效,保温层无破损现象。

⑤ 管道井清洁,无安全隐患。

⑥ 对供水泵房内的管道应做油漆防腐处理,颜色通常为绿色或蓝色,应有箭头标注水流方向及高、中、低区。阀门上悬挂醒目标志牌,标志牌的内容标明阀门正常工作时的状态。

⑦ 生活用水水箱应干净整洁,无漏水、渗水、锈蚀现象。浮球阀控制准确,水不外溢。

应有水位仪(刻度清晰准确),并附带最低、最高水位的警示标注,水箱盖板应上锁。溢水管道口应有防止小动物窜入的钢制纱窗。

5. 电梯与升降系统管理

1)一般规定

电梯、自动扶梯、自动人行道

电梯是一种垂直运送行人或货物的运输设备。电梯服务于规定楼层建筑,垂直升降电梯具有一个轿厢,运行在至少两列垂直的或倾斜角小于 15°的刚性导轨之间,便于乘客出入或装卸货物,按速度可分低速电梯(4 米每秒以下)、快速电梯(4 到 12 米每秒)和高速电梯(12 米每秒以上)。根据建筑的高度、用途及客流量(或物流量)的不同,而设置不同类型的电梯。

2)巡查要点

(1)应由有资质的维修保养单位进行维护保养,有维保合同;

(2)在电梯轿厢内或者出入口的显著位置张贴有效的登记标志、安全检验合格标志、维保标志,标明应急救援电话;

(3)将电梯使用的安全注意事项、警示标志置于乘客易于注意的显著位置;

(4)电梯报警装置 5 方对讲通畅,有 24 小时值班电话,且联系畅通;

(5)应对电梯运行进行管理,并按技术要求做好日常运行巡检及记录;

(6)电梯机房实行封闭管理,通风良好,配备应急照明、灭火器,盘车工具齐全,并置于醒目方便处;

(7)电梯底坑清洁,无渗水、积水,照明正常;

(8)自动扶梯急停开关工作正常;

(9)按照维修保养合同约定履行维修保养的监管职责。

6. 空调通风系统管理

1)一般规定

中央空调系统有主机和末端系统。负担室内热湿负荷所用的介质可分为全空气系统、全水系统、空气-水系统、制冷剂系统。按空气处理设备的集中程度可分为集中式和半集中式。按被处理空气的来源可分为封闭式、直流式、混合式(一次回风、二次回风)。主要组成设备有空调主机(冷热源)、组合式空调机组(风柜)、风机盘管等等。

2)巡查要点

(1)定期对物业管理区域内空调器支架进行安全检查;

(2)设备工作正常,安全装置有效;

(3)定期巡查设备运行状态并记录运行参数;

(4)每月检查空调主机,测试运行控制和安全控制功能;

(5)定期检查冷却塔电机、变速箱、布水器及其他附属设备,每年至少清洗、维护保养一次;

(6)定期对空气处理单元、新风处理单元、风机盘管、滤网、加(除)湿器、风阀、积水盘、冷凝水管、膨胀水箱、集水器分水器、风机表冷器进行检查、清洗和保养;

(7)定期对空调系统电源柜、控制柜进行检查,紧固螺栓、测试绝缘,保证系统的用电安全;

(8)管道、阀门无锈蚀,保温层完好无破损,无跑、冒、滴、漏现象;

(9)应根据实际情况进行风管系统清洗和空气质量测定,保证空气质量符合标准要求;

(10)强制校验的压力表、真空仪、传感器等测量装置按规定周期送相关部门校验。

(11)主机

① 电气控制工作状态显示正常,冷冻(却)水压力达到使用要求;

② 蒸发器、冷凝器出(回)水压差为1千克/平方厘米,主机油箱中的油位在上镜的半镜位置;

③ 出(回)水温度在设定范围内,无渗水、无锈蚀、无油泥、无灰尘。

(12)循环泵、冷却泵、补水泵

① 所有设备功能正常,控制箱内线路整齐,有线路标志,内、外部整洁;

② 开启运行正常,无噪声、无溢水、没有过热现象;进出水压力正常;

③ 管道上应标注相应字样,并用箭头标注其介质流向,如"冷却供水"等。

(13)二次热交换站

① 板式交换器无渗漏、无堵塞,热交换效率满足要求;

② 无锈蚀、无灰尘,保养良好。

(14)储水箱

① 无渗漏,出气口有防护网;

② 管道保温层良好,无破损现象。

(15)管道、管件、阀门

① 无锈蚀、无跑冒滴漏现象;

② 阀门控制有限,保温层无破损现象;

③ 管道井清洁,无安全隐患。

(16)新风机、风管、风口

① 隔音效果良好,风箱、风口清洁无灰尘,风量正常;

② 电动机、电磁阀门运行正常。

(17)软水处理器、盐罐、软水箱、管道

① 无渗漏、无锈蚀,热熔环氧树脂涂层有效;

② 其中流通水的水质符合要求;

③ 外观完好,无损坏,工作正常。

(18)室外冷却机组、冷却塔、过滤器、出(回)水井

① 无溢水、缺水现象;

② 管道、室外机、阀门外表无锈蚀、漏水现象;

③ 风机运行时无噪声,开启正常,补水正常;

④ 填料充足完好,地源热泵出(回)水井封闭良好,工作压力正常;

⑤ 多级泵运行状态良好,水质、水量满足要求。

(19)机房排污泵、防水阀门

① 传感器和控制箱手动、自动工作状态显示等功能正常;

② 箱体和指示灯无破损、无锈蚀,工作正常;

③ 控制箱内线路规整、清洁,污水坑清洁无杂物;

④ 污水泵工作正常；

⑤ 管道无锈蚀、无堵塞现象，阀门、止回阀完好且功能正常。

(20)末端风机盘管

① 滤网清洁；

② 控制开关挡位正确，阀门开启灵活；

③ 工作状态满足要求。

(21)安全保护

风机盘管机组的进水冷水温度不应低于5℃，进水热水温度不应高于80℃（通常为60℃）。

空调主机：

① 调主机压力、温度传感器故障报警保护；

② 压缩机过载保护；

③ 水泵过载保护；

④ 各种阀故障报警保护；

⑤ 机组缺水保护。

7.2.4　空调系统安全管理

1. 上岗证

1)一般规定：空调操作、维修保养人员应持证上岗（制冷与空调操作证）。

2)检查要点：空调操作、维修保养人员应持证上岗（制冷与空调操作证）。

2. 制度

检查要点：空调系统安全管理制度完善（空调系统检查、运行、维护保养制度及应急预案）。

3. 计划

1)检查要点：空调系统年度维保工作计划及月度工作计划完善。

2)常见问题

(1)空调系统无年度维保计划；

(2)空调系统无月度工作计划；

(3)空调系统年度维保工作计划及月度工作计划不完善。

4. 巡检、运行、维修保养

1)检查要点：空调系统巡检，运行，保养及维修记录完整

2)常见问题

(1)空调系统无巡检、运行、保养及维修记录；

(2)空调运行、保养、维修记录缺失或漏项。

5. 空调主机

1)检查要点

(1)空调系统运行正常，制冷剂无泄漏；

(2)压缩机的绝缘测试符合要求，主机转轴传动正常无卡阻或异响；

(3)冷媒工作压力正常,进出水仪表指示正常,温度指示正常,温度传感、压力传感、过滤、过压等保护监测系统正常,外部清洁、无油污。

2)常见问题

(1)空调系统运行异常,有喘振现象;

(2)制冷剂有泄漏;

(3)压缩机的绝缘测试不符合要求;

(4)主机转轴传动卡阻、有异响;

(5)冷媒工作压力异常;

(6)进出水仪表指示异常,温度指示异常,温度传感、压力传感、过滤、过压等保护监测系统异常;

(7)外部灰尘、油污多。

6. 冷冻、冷却水泵、电机

1)检查要点:转动灵活、无卡阻,水泵无漏水现象,电机接地完好、接地电阻及绝缘电阻符合 GB/T 13869 安全用电标准。

2)常见问题

(1)冷冻、冷却水泵、电机转动卡阻,水泵有漏水现象;

(2)电机接地松动、接地电阻及绝缘电阻不符合 GB/T 13869 安全用电导则。

7. 管网及阀门

1)检查要点

(1)管网及阀门各处无损坏、滴漏水现象,阀门转动灵活完好;

(2)膨胀水箱、浮球阀功能正常,电磁阀开启正常,无卡住或异响现象,冷却水自动补水系统正常。空调系统年度维保工作计划及月度工作计划完善。

2)常见问题

(1)管网及阀门生锈严重、损坏,有滴漏水现象;

(2)阀门不能转动、有卡阻;

(3)膨胀水箱、浮球阀功能失常,电磁阀不能开启,有卡住或异响,冷却水自动补水系统不能异常。

8. 冷却塔

1)检查要点:冷却塔风扇转动正常,无异常声响,塔内水位正常,冷却塔无破损、无跑水及漏水现象,噪声应符合 GB 3096 的要求。

2)常见问题

(1)冷却塔风扇转动有异常声响,有烧焦味;

(2)塔内水位异常,冷却塔破损,有跑水及漏水现象;

(3)噪声不符合 GB 3096 的要求。

9. 蓄冰槽

1)检查要点:蓄冰槽功能正常、无渗漏。

2)常见问题

(1)蓄冰槽有渗漏现象;

(2)当液体需要灌充到其他贮槽或汽化器使用时,需要对内筒增加压力,增加压力的大小视用户使用情况而定。

10. 补水箱、乙二醇箱

1)检查要点:补水箱,乙二醇箱功能正常,无渗漏。

2)常见问题:补水箱,乙二醇箱有渗漏现象。

11. 新风柜

1)一般规定

新风柜是非常有效的空气净化设备,使用新风柜及新风系统,保证室内新风量,呼吸新鲜、干净的空气。

2)检查要点:风机运行正常,无异常声响,皮带松紧度合适、无破损,电磁阀及温控开关功能正常,噪声应符合 GB 3096 的要求。

3)常见问题

(1)风机运行有异常声响,皮带松紧度不合适、损坏;

(2)电磁阀及温控开关功能异常,有烧焦味;

(3)噪声不符合 GB 3096 的要求。

12. 强电系统巡查

1)一般规定

在电力系统中,36V 以下的电压称为安全电压,1kV 以下的电压称为低压,1kV 以上的电压称为高压,直接供电给用户的线路称为配电线路,如用户电压为 380/220V,则称为低压配电线路,也就是家庭装修中所说的强电。强电一般是指交流电电压在 24V 以上。如家庭中的电灯、插座等,电压在 110~220V。家用电器中的照明灯具、电热水器、取暖器、冰箱、电视机、空调、音响设备等用电器均为强电电气设备。

2)巡查要点

(1)固定线路应满足:

① 线路架设位置、间距符合 GB 50054 等标准的规定;

② 线路的保护装置齐全可靠;

③ 线槽或桥架在电气不连贯处应装设电气跨接线,接地端子的连接导线与接地系统连接,并有接地标志;

④ 线路绝缘层完好;

⑤ 线路相序、相色正确、标志齐全、清晰,线路排列整齐;

⑥ 电缆沟、线槽、电缆井等电缆布线构筑物无积水、无杂物,盖板严实。

(2)临时线路应满足:

① 应履行审批手续,不得超期使用,并保存记录。

② 线路导线型号、规格符合标准的规定。

③ 临时线路配电柜应设有电源隔离开关及剩余电流动作保护装置,应按要求安装空气开关。

④ 临时线路架空敷设时,其高度在室内应大于 2.5m,室外应大于 4.5m,跨越通道应大于 6m,其长度在室内不大于 5m,室外不大于 10m;与其他设备、门、窗、管道等距离应

大于 0.3m;不得成束架空敷设,不得直接捆绑在设备、脚手架、树木、金属构架等物品上;埋地敷设时应穿管,管内无接头,管口应密封。

⑤ 线路路径应避开易撞、易碰,以及地面通道、热力管道、浸水场所等易造成绝缘损坏的危险地方,当不能避免时,应采取保护措施。

13. 弱电系统巡查

1)一般规定

智能建筑中的弱电主要有两类,一类是国家规定的安全电压等级及控制电压等低电压电能,有交流与直流之分,交流 36V 以下,直流 24V 以下,如 24V 直流控制电源,或应急照明灯备用电源。另一类是载有语音、图像、数据等信息的信息源,如电话、电视、计算机的信息。弱电系统包括:

(1)楼宇设备自控系统。

(2)安全防范系统:闭路电视监控系统、保安报警系统、周界防范系统、门禁系统、访客对讲系统、电子巡更系统。

(3)智能物业管理系统:停车场管理系统、智能一卡通系统、广播及背景音乐系统、三表远传系统。

(4)网络信息服务系统:卫星接收及有线电视系统、综合布线系统、宽带网络信息服务系统。

(5)消防报警系统。

(6)音视频会议系统:会议讨论、表决系统、同声传译系统、大屏幕投影系统、远程视频会议系统。

2)巡查要点

(1)安防设备选用及安装符合国家标准和有关规定;

(2)应建立安防设备档案,并保持档案完整,资料数据保密;

(3)设备各项操控及显示等功能状态良好;

(4)设备、设施、工具、配件等完整无缺陷;

(5)设备的防护、保险、信号联动等安全装置无缺陷;

(6)应安装录像机和摄像头等监控设备,对公共安全部位进行监控,闭路电视监控区域应覆盖物业主要出入口、小区内主要道路、营业场所的主要通道、电梯间、贵重物资集中场所、商场、地下车库及其他区域。

(7)工作站、服务端通信联络功能正常;

(8)道闸系统工作正常,壳体外观良好,无锈蚀、无破损;

(9)电动机运行正常,无异常噪声;

(10)电气元件固定牢固,无脱落;

(11)闸机与前台电脑联网正常;

(12)门禁开启、关闭工作正常;

(13)门禁刷卡正常;

(14)设备外观良好,无锈蚀、无损坏;

(15)关键位置无盲点;

（16）电脑查询记录正常；

（17）设备及附属设施无锈蚀、损坏；

（18）巡更点固定牢固，设备功能正常。

（19）电视墙、视频分配器矩阵键盘、硬盘录像机、不间断电源

① 电视墙屏幕工作正常；

② 图像清晰，无干扰；亮度、对比度显示正常；图像显示位置与标志相对照时钟显示无误；

③ 显示墙金属框架完好、无锈蚀，线路整齐，框架内无杂物、固定牢固，监视器通风散热良好；

④ 视频分配器、矩阵键盘、硬盘录像机等工作正常，信号切换自如；

⑤ 接地线无松动，监控信息能够保留 30 天以上；

⑥ 监控中心需配备不间断电源，供电续航时间不低于 2 小时。

（20）监控摄像头

① 安装牢固，无锈蚀、无损坏，镜头表面干净；

② 转动部分几支架无锈蚀，转动灵活；

③ 接地良好，图像清晰、无干扰；

④ 室外电源应具有防水保护措施。

（21）设备操作台：表面干净整洁，不放置与工作无关的物品。

（22）电梯对讲主机

① 五方对讲主机完好、工作正常、话音清晰；

② 壳体、面板无破损，面板按键无缺失。

（23）防静电地板

① 表面应清洁，无灰尘、杂物，无划痕，无涂层脱落，边条无破损；

② 地板整体应稳定牢固，人员在上面行走时不应有摇晃感，不应有声响；

③ 地面的边条应保证在一条直线上，相邻地板错位及高度差不大于 1 毫米。

14. 照明系统巡查

1）一般规定

照明系统是以提供照明为基础的系统，包括自然光照明系统、人工照明系统及二者结合构成的系统，是利用计算机、无线通信数据传输、计算机智能化信息处理、扩频电力载波通信技术及节能型电器控制等技术组成的分布式无线遥测、遥控、遥迅控制系统，实现照明应用的安全性、节能性、便利性、舒适性、艺术性。基本内容如下：

（1）断路器：低压断路器又称自动开关，它是一种既有手动开关作用，又能自动进行失压、欠压、过载和短路保护的电器。它可用来分配电能，不频繁地启动异步电动机，对电源线路及电动机等实行保护，当它们发生严重的过载或者短路及欠压等故障时能自动切断电路，其功能相当于熔断器式开关与过欠热继电器等的组合。

（2）隔离开关：即在分位置时，触头间有符合规定要求的绝缘距离和明显的断开标志；在合位置时，能承载正常回路条件下的电流以及在规定时间内异常条件（例如短路）下的电流的开关设备。

(3)接触器:是指工业电中利用电流流过线圈产生磁场,使触头闭合,以达到控制负载的电器。接触器由电磁系统(铁心、静铁心、电磁线圈)触头系统(常开触头和常闭触头)和灭弧装置组成。其原理是当接触器的电磁线圈通电后,会产生很强的磁场,使静铁心产生电磁吸力吸引衔铁,并带动触头动作:常闭触头断开;常开触头闭合,两者是联动的。当线圈断电时,电磁吸力消失,衔铁在释放弹簧的作用下释放,使触头复原:常闭触头闭合,常开触头断开。

2)巡查要点

(1)制定公共照明节能管理制度,照度符合有关要求;

(2)管理区域的路灯、公共区域以及商业大厦的大堂、电梯间、停车场、通道、光彩照明、景观照明、霓虹灯等公共部位照明设施完好;

(3)每周一次巡检公共照明电源柜,保证设备正常运行和安全用电。

第8章　安全巡查

8.1　综合管理

8.1.1　目标责任与组织

1. 制定目标

1) 一般规定

物业服务企业应依据安全生产相关法律法规要求,制定文件化的总体和年度安全生产目标,并且根据自身安全生产实际,制订文件化的年度安全生产工作计划,并定期对安全生产的完成效果进行评估和考核。

2) 巡查要点

(1) 结合上级单位要求及物业管理实际,制订年度安全管理目标及年度安全生产工作计划,并有实施方案。

(2) 组织机构健全,岗位职责明确,管理制度完善。

(3) 人员数量符合要求,出勤良好。

(4) 人员资质满足工作要求,持证上岗。

2. 分解责任

1) 一般规定

企业应建立安全生产责任制,落实全员安全生产职责,并定期对安全生产责任制的落实情况进行考核。

2) 巡查要点

根据上级安全管理要求及安全管理目标,逐级签订安全生产责任书,责任书内容与工作职责相适应。

3. 建立组织

1) 一般规定

物业服务企业应落实安全生产组织领导机构,成立安全生产委员会,建立健全从管理机构到基层班组的管理网络;企业应按照有关规定设置安全生产管理机构,或配备相应的专(兼)职安全生产管理人员,按照有关规定配备注册安全工程师;企业应建立健全安全生产责任制,落实全员安全生产职责,并定期对安全生产责任制的落实情况进行考核。

2)巡查要点

(1)物业服务企业建立物业单位安全生产组织并明确工作职责;

(2)物业服务企业设置安全监督管理部门并落实职责;

(3)物业服务企业指定专兼职安全管理人员;

(4)物业服务企业做到每三个月到项目现场签到检查一次,督促、检查本单位的安全生产工作,及时消除生产安全事故隐患;

(5)物业服务企业应保障相关工作人员的合法权益。

8.1.3 风险控制

1. 危险源

1)一般规定

企业应选择合适的安全风险评估方法,定期组织全员对本单位存在的安全风险进行全面、系统的识别、分析和评价。在进行安全风险评估时,至少应从影响人、财产和环境三个方面的可能性和严重程度进行分析,并按照有关规定对风险源进行评估、分级,确定重大风险源。

2)巡查要点

(1)每年开展两次(重大)危险源识别。

(2)建立(重大)危险源清单台账。

(3)针对(重大)危险源制定相应控制措施。

(4)对重大危险源和重大事故隐患登记建档,并跟踪督促落实相关安全管理和整治措施。

(5)对重大危险源、重大事故隐患的评估、整改、监控支出。

(6)在有重大危险源、重大事故隐患的工作场所,设置明显的告示牌。

(7)涉及危险化学品储存的企业应按照 GB 18218 的规定,进行重大危险源评估和管理。其他企业应按照本企业风险评估管理制度等规定对风险源进行评估、分级,确定重大风险源。

2. 员工保险

1)一般规定

企业应建立安全生产投入保障制度,按照有关规定提取和使用安全生产费用,并建立使用台账。若给公司员工上保险,物业公司需要缴纳社保;除此之外,物业公司还可以再购买一份商业团体意外险,来为员工提供保障。若给公司上保险,物业公司可以上企业财产一切险、办公司综合险等。

2)巡查要点

(1)购买第三方责任险和员工意外伤害险。

(2)企业应按照有关规定,为从业人员缴纳相关保险费用,企业宜投保安全生产责任保险。

(3)企业应按照提取标准足额提取安全生产费用,且专款专用,不得挪用。制订包含以下方面的安全生产费用的使用计划：

① 完善、改造和维护安全设施、设备以及职业病防护设施、设备支出；

② 配备、更换必要的应急救援器材、设备和有关职业健康防护用品支出；

③ 安全生产检查、评价和职业健康、检测、监测、公告等支出；

④ 重大危险源、重大事故隐患的评估、整改、监控支出；

⑤ 安全生产和职业健康宣传、教育、培训及应急救援演练支出；

⑥ 企业安全生产标准化、安全文化建设支出；

⑦ 执行安全生产和职业健康保险政策、工作奖励和岗位津贴制度等支出；

⑧ 购买安全生产和职业健康管理服务支出；

⑨ 从业人员职业病体检、诊断、鉴定和职业病病人的医疗、生活保障费用支出；

⑩ 安全生产和职业健康工作预备金以及其他与安全生产和职业健康相关的支出。

（4）保证安全生产费用投入，专款专用，并建立安全生产费用使用台账。

（5）全员足额缴纳工伤保险费，并按规定投保安全生产责任险。

（6）保障死亡、受伤员工获取相应的保险与赔付。

3. 安全事件、事故

1）一般规定

物业安全事件、事故即物业容易引起的伤害事故隐患事项。物业安全事件、事故可分为消防方面的事故、人身安全方面的事故以及基本设施维修管理方面的事故。

（1）消防方面的事故：日常楼道堆放的杂物，有不少是易燃易爆物品。在不少小区，道路两旁都停满了车，堵塞了消防通道，导致发生火灾后消防车进不来，火不能及时被扑灭。多数小区虽然有消防栓，楼道内也配备灭火器材，但并不完备，如缺乏火灾自动报警系统、自动灭火系统、防烟排烟系统以及应急广播和应急照明等配套的安全设施。此外，随着电动车的普及，有不少住户喜欢拉长线给楼下停放的电动车充电，乱拉乱扯、露天摆放插座，这些都会造成消防方面的事故。

（2）人身安全方面的隐患。首先，小区门禁形同虚设。很多小区都设置了门禁管理系统，进入小区的人需刷门禁卡方能入内，但多数小区的门禁大开，形同虚设；即使有小区要求登记，也只是保安在门卫室象征性地登记姓名、电话。其次，大多数低层住户的防盗窗往往成为小偷趁夜偷摸攀爬的阶梯。再次，虽然小区内一般设有限速标志，但即便车辆超速，也无人制止。有些小区机动车道和人行道并不区分，车辆和行人挤在同一条道上，家有老人和孩子的尤其担心。

（3）基本设施维修管理方面的事故。许多小区都有水景景观，也会在水景景观旁边设置告示牌，或加装护栏，但有些水景景观的水面几乎与地面持平，存在安全隐患。此外，现在的小区大多配有健身器材，这些场所的健身器械，有的老旧需要更换，有的被人为损坏，却得不到及时维修，因为没有贴警示告示，导致器械伤人也是隐患之一。上述现象都会导致安全事故的发生。

2）巡查要点

（1）建立安全事件、事故档案。

（2）安全事件、事故按规定报告。

（3）安全事件、事故按四不放过原则进行调查、分析、处理。

（4）企业制订排查方案，编制各种安全检查表。

（5）定期开展事故隐患排查工作，对排查出的事故隐患，建立事故隐患信息档案，并按照职责分工实施监控治理。

（6）企业根据事故隐患排查的结果，制订事故隐患治理方案，按照责任分工立即组织整改一般事故隐患，并按照有关规定及时向县级以上人民政府应急管理部门和负有安全生产监督管理职责的有关部门报告重大事故隐患。

（7）重大事故隐患治理完成后，企业按相关规定组织评估或验收。

（8）企业如实记录事故隐患排查治理情况，至少每月进行统计分析，及时将事故隐患排查治理情况进行通报。

（9）运用事故隐患自查、自改、自报信息系统，通过信息系统对事故隐患排查、报告、治理、销账等过程进行电子化管理和统计分析，并按照当地安全监管部门和有关部门的要求，定期或实时报送事故隐患排查治理情况。

8.1.4 安全管理检查

物业安全管理指物业服务公司采取各种措施、手段，保证业主和业主使用人的人身、财产安全，维护正常生活和工作秩序的一种管理行为，这也是物业管理工作最基础的工作之一。

1. 检查制度

1）一般规定

物业安全检查制度是安全规章制度的一个组成部分，安全检查应明确目的，要求和具体计划，建立由各级领导负责、有关人员参与安全检查制度。旨在通过物业安全检查制度，及时发现综合性安全检查问题，排除安全隐患，进行有效安全管理。物业服务企业安全检查制度细分领域包括：

（1）定期安全检查；

（2）经常性安全检查；

（3）季节性及节假日前安全检查；

（4）专项安全检查；

（5）不定期的职工代表巡视安全检查。

2）巡查要点

① 制定物业安全检查制度，应包括经常性检查、专业性检查、节假日前的例行检查和安全月的大检查。

② 按要求开展检查，检查专业、记录完整，包括检查计划、检查表格等。

③ 物业服务组织和业主应维护消防安全，遵守用火、用电等消防安全管理规定，消防通道无堵塞情况。

④ 物业服务组织应对高空抛（坠）物管理进行宣传，业主应自觉遵守相关制度，相互监督。

⑤ 物业服务组织对租房户进行登记、管理。

⑥ 物业服务组织和业主应按照物业使用性质和规定用途使用房屋。业主装修时不得破坏房屋外观和承重结构。

⑦ 对重大安全隐患整改通知书所列项目应如期完成,同时检查出安全隐患后整改要做到定人、定时间、定措施。检查是否制定物业安全检查制度,应包括经常性检查、专业性检查、节假日前的例行检查和安全月的大检查。

安全管理检查制度应包括的重点措施:

(1)建立详细的业主和租户信息;

(2)严格小区出入人员的管理工作;

(3)突出重点安全防范部位;

(4)坚持固定巡逻和流动巡逻制度;

(5)严密监控跟踪措施;

(6)及时解除安全隐患;

(7)明确岗位责任制。

2. 检查实施活动

1)一般规定

检查实施活动是指对物业工作人员落实物业安全管理检查制度的实际情况的监督与反馈。

2)巡查要点

(1)检查是否按要求开展检查

检查开展工作的情况主要是从对物业公司的安全管理责任制度的具体落实情况,以及物业小区的现场环境来进行评价。

开展安全检查的记录应包括:检查人员具体工作、计划时间表、工作日志、台账、应急预案、巡逻检修制度、考勤绩效制度等。

(2)检查检查记录是否完整

检查记录应该明确时间、地点、工作内容、部位、检修状况与维修跟进信息等多个方面。

① 物业安全检查表

物业公司安全检查表应包括以下内容:检查日期、检查人员、检查项目、规定标准、检查结果、备注五大部分。检查项目应至少涵盖小区卫生状况、公共设施与水电系统运转状况、小区秩序状况几部分。

② 物业服务行业安全管理检查规范的相关要求

物业管理公司应落实三级检查制度,监督物业一线工作人员积极落实已有政策,确保物业安全监督制度落实到位,预防潜在安全隐患。安全检查工作应贯彻"安全第一,预防为主,综合治理"的方针。检查人员应贯彻"敬业诚信、准确公正"的方针,检查人员无违法违规行为。

3. 整理闭环

1)一般规定

整理闭环是指安全检查制度可以正常运行并且解决问题,做到检查安全隐患,解决安全隐患的结果,这是对安全检查制度的具体落实。

2）巡查要点

（1）检查检查出安全隐患后整改是否做到定人、定时间、定措施

"三定"就是定人员、定措施、定期限，即对查出来的事故隐患和不安全因素要确定责任单位或责任人，在规定的时间内，制定具体的措施并整改完成。

（2）检查对重大安全隐患整改通知书所列项目是否如期完成

各级检查组织和人员，对查出隐患和不安全因素，要逐项分析研究并落实整改措施，下达《隐患整改通知书》，做到"四定"（定措施、定负责人、定资金来源、定完成期限），或者"三定"（定措施、定负责人、定完成期限）。帮助与督促物业工作人员发现与整改隐患，并定期对重大安全隐患整改情况进行调查和总结，切实保证安全隐患整改成功。

8.1.5　安全培训

1. 安全培训制度及计划

1）一般规定

物业服务企业制订安全培训制度及计划，可以提高员工的安全意识和技能，提高应急处置能力，提升企业的安全管理水平，减少安全事故的发生。

2）巡查要点

（1）检查物业服务企业是否编制安全培训制度；

（2）检查是否编制年度安全教育培训计划并组织实施；

（3）检查年度安全培训计划有无具体安全教育内容。

2. 实施培训

1）一般规定

实施培训是指物业服务企业进行安全教育实践活动，将安全教育实践计划转化为行动，并切实提升员工安全意识的行为。

2）巡查要点

（1）检查物业公司是否建立了安全教育培训大纲，规定了主要的工作内容，培训要求，对个别人的培训详细计划，以及最后的课堂反馈和课堂实施相关记录；

（2）检查是否对相关人员进行防爆、防火、防触电安全知识培训教育及特种人员安全技能培训，检查有无培训和考核记录；

（3）检查是否对管理人员、专（兼）职安全生产管理人员开展专题培训；

（4）检查新员工转正前是否接受安全教育，有无培训和考核记录。

8.1.6　安全宣传教育

安全宣传教育培训按照受众分为两种：

（1）对员工的培训教育；

（2）对业户的宣传教育。

1. 安全宣传方式

1）一般规定

安全宣传方式比较常见的有：公共区域标语，报刊栏安全宣传，编写分发安全手册，

自媒体线上宣传,公众号朋友圈文案等。另外对员工可以进行定期培训与政策法规宣讲。最终目的是使业主与工作人员明白社区内都有哪些不安全的行为,如有违反又会承担什么后果甚至于承担法律责任。

2)巡查要点

检查是否通过张贴安全警示、标语宣传,开展安全宣传活动等形式构建安全文化;检查物业是否在重要位置,如主要航道、转弯处、停车场、变压器附近易攀爬地区张贴相关安全警示、安全宣传标语,为业主提供基本的自愿安全宣传教育,帮助构建和谐社区建设。

(1)开展安全宣传活动,应明确以下内容:

① 明确组织领导负责人;

② 明确活动对象;

③ 确定时间、地点、场合等基本要素;

④ 确定宣传目标与宣传手段;

⑤ 明确宣传内容。

(2)检查国家安全生产月和消防日期间是否对企业全体员工进行安全生产宣传教育。

国家安全生产月应涉及基础安全生产相关知识,应对安全事故的处理能力,安全生产意识与预防安全生产事故的相关知识。以下是安全生产宣传教育的相关要求:

① 收集有关法律、法规、条例、案例,找出辖区安全防范弱点和存在的问题;

② 结合辖区安全防范实际,编拟宣传材料;

③ 每季度组织一次全面的消防安全检查;

④ 如有具体针对性的材料,应及时分发到甲方;

⑤ 具有典型意义的案件材料,应及时分发到甲方;

⑥ 关于辖区安全防范管理的规章制度、管理规定,应及时分发到甲方。

2. 安全宣传内容

1)一般规定

安全宣传内容是指物业管理公司通过各种各样的安全宣传方式,向业主所进行的安全宣传的具体内容与期望相关人员所掌握的安全技能。

2)巡查要点

(1)检查企业是否宣传贯彻安全管理相关法律法规、规章制度等知识。安全管理相关法律法规与规章制度要涉及各省市所颁布的物业规章制度以及安全生产法,符合安全生产检查管理条例。

(2)检查企业安全管理宣传是否包括以下内容:

① 防火、防盗安全知识;

② 用水、用电、用气安全知识;

③ 电梯安全注意事项;

④ 充电桩安全注意事项;

⑤ 车辆通行与停放安全知识;

⑥ 装修施工禁止行为和注意事项;

⑦ 意外伤害(高空坠物等)预防知识;

⑧ 恶劣天气等自然灾害注意事项和防护措施;

⑨ 各类突发事件的应急和自救、互救措施;

⑩ 侵害事故。

8.1.7 绩效评价

绩效考核评价制度,是检验员工工作质量、激发员工工作动力的重要措施,物业安全质量检查中,绩效评价制度也是需要检查的重要部分。

1. 安全管理资料档案

1)一般规定

绩效评价的安全管理资料档案是指工作人员根据安全管理的日常工作与检查情况绘制相关绩效评价表格与工作日志,这些资料档案作为相关人员的业绩考核标准,且与物业管理检查相挂钩。

2)巡查要点

(1)检查是否建立规范的安全信息管理制度,填报是否及时、准确。

检查是否建立安全信息管理制度,是否将安全信息管理制度分配到各岗位中去查阅安全检查信息,填报是否及时,准确,有无遗漏,是否及时更新。

(2)检查是否建立完整的安全管理资料档案。

① 档案实行集中与分散管理相结合的原则,各物业服务中心应建立业主和工程、设施设备、人事等方面的资料档案。归档档案分为公文档案、人事档案、会计档案和工程验收档案、公共设备档案等。

② 凡在安全管理活动中形成的,具有查考价值的文字、图表、声像资料与实物,均列入归档范围。声像资料包括记录相关活动的录像带、录音带、照片及底片(含电子文件),资料移交档案时,应做好档案交接登记手续,交接双方核验签字。

③ 管理人员对接收资料分类、立卷、编制档号和目录,录入电脑检索系统,以便查询。

④ 档案建目后应存放在专用档案盒内,盒脊和盒面应有清晰牢固的标识。

(3)各部门对收到的文件须进行登记,登记的内容为:顺序号、收文日期、来文单位、标题、备注等。文件处理的基本原则是“及时”“准确”,并明确文件处理的责任者。

(4)安全管理部门将每年度的重要文件进行汇总,分编装订成册,存入档案,将文件分类别确定保存期限。在相当长时间内需要查考的,列入长期保存;在较短时间内本公司需要查考的各种资料,列入短期保存。保存期满或在保存期内没有必要继续保存的文件,应及时予以废除或销毁。废除必须经有关部门合议,报主管领导认可,由行政部执行。如对废除没有异议,应立即予以销毁。

(5)文件的归档:归档的文件必须按年度立卷,分类管理,公司承办部门或人员应保证经办文件的系统完整,工作变动或因故离职后应将经办的安全检查文件材料向接办人员交代清楚,不得擅自带走或销毁。

2. 实施考核

1)一般规定

安全管理档案的实施考核是指对安全管理档案制度的具体实施效用的考察。

2）巡查要点

（1）检查是否定期对安全生产工作完成情况进行考核

① 安全生产工作完成情况记入日志，相关具体绩效检查应以表格形式具体展现。

② 安全生产工作记录是否按时更新，不断跟进。

③ 全部考核实行量化指标优先原则，难以量化的指标通过民主评议，即考核小组综合考的方式进行考核。

（2）检查考核结果是否实际运用，是否与绩效挂钩

① 作为激励员工的手段，与调薪、发放奖金/奖励津贴等工作挂钩，年终考核结果体现于 12 月份工资中。

② 为人事晋升、调派等员工职业生涯规划提供参考依据，为年终评优提供参考依据。

（3）检查考核有无记录，是否覆盖安全管理关键岗位

① 考核记录应从工作日志及工作评价中总结得出，每年于 12 月底员工举行总考核一次。年终考核参考月度考核记录。

② 安全管理关键岗位包括总经理，物业服务中心相关工作人员，公共秩序维护组全体组员，维修工岗位，巡逻岗位。

8.1.8　标志、标识安全巡查

1. 标志管理

物业标志为区域用户今后的安全工作环境和日常生活使用提供快捷方便和有利的安全环境保障服务。同时其可以有效规避用户的活动风险。本标志的管理原则等部分依据相应的国家安全部门标准进行。

1）交通指示标志

（1）一般规定

物业标志管理要求按照标志种类来分，主要包括道路交通警示诱导指示引导标志、服务引导提示诱导标志、疏散交通警示引导提示导向标志和临时道路指示临时车辆通行警示标志等这四大类。

（2）巡查要点

在本小区道路内所有道路交通标识都须齐全完整，在各小区入口处也须立有车辆禁鸣、限速的标识，在街道主要的路口等一些公共交通地方还须立有车辆引路的标识，监控系统摄像立有车辆正在监控视频中标识。在小区地下或车库入口较显眼的部位也要立有一个对进入车辆实行限高、限速、禁止违章鸣笛通行的警告标识，有请走下楼梯、载客电梯、安全疏散出口等标志提示。在新建高层楼宇还应同时在电梯每一层及电梯厅内显眼醒目部位安挂贴写有小区物业标识的"消防示意图""如遇火警，请勿使用升降机"等的醒目标识，大厅粘贴有物业相关人员客服管家照片及物业保洁专业人员照片及保安电话等告知牌。道路等引导标志，应符合 GB 5768.2 的要求。

（1）应综合考虑、布局合理，防止出现信息不足或过载的现象。信息应连续，重要的信息宜重复显示。

（2）一般情况下应设置在道路行进方向右侧或车行道上方；也可根据具体情况设置

在左侧,或左右两侧同时设置。

（3）为保证视认性,同一地点需要设置两个以上标志时,可安装在一个支撑结构（支撑）上,但最多不应超过四个;分开设置的标志,应先满足禁令、指示和警告标志的设置空间。

（4）一个支撑结构（支撑）上最多不应超过两种标志。标志板在一个支撑结构（支撑）上并设时,应按禁令、指示、警告的顺序,先上后下、先左后右地排列。

（5）警告标志不宜多设。同一地点需要设置两个以上警告标志时,原则上只设置其中最需要的一个。

（6）交通标志颜色使用应符合 GB 5768.2—2009 的规定

① 红色:用于禁令标志的边框、底色、斜杠,也用于叉形符号和斜杠符号、警告性线形诱导标的底色等。

② 黄色或荧光黄色:用于警告标志的底色。

③ 蓝色:用于指示标志的底色。

④ 黑色:用于标志的文字、图形符号和部分标志的边框。

⑤ 白色:用于标志的底色、文字和图形符号以及部分标志的边框。

⑥ 橙色或荧光橙色:用于道路作业区的警告、指路标志。

⑦ 荧光黄绿色:用于注意行人、注意儿童警告标志。

（7）交通标志的形状应符合 GB 5768.2—2009 的规定

① 正等边三角形:用于警告标志。

② 圆形:用于禁令和指示标志。

③ 倒等边三角形:用于"减速让行"禁令标志。

④ 八角形:用于"停车让行"禁令标志。

⑤ 方形:用于指路标志,部分警告、禁令和指示标志、辅助标志、告示标志等。

2）疏散标志

1）一般规定

物业消防安全检查的内容主要包括:消防控制室、自动报警（灭火）系统、安全疏散出口、应急照明与疏散指示标志、室内消防栓、灭火器配置、机房、厨房、楼层、电气线路以及防排烟系统等场所。

（2）巡查要点

（1）疏散引导标志应以应急疏散照明和消防应急照明为主,其他应结合物业管理实际需求。

（2）主电源应采用 220V（应急照明集中电源可采用 380V）、50Hz 交流电源,主电源降压装置不应采用阻容降压方式;安装在地面的灯具主电源应采用安全电压。

（3）在主电状态下,应急标志应能在高温 55℃±2℃ 的环境中持续工作 16 小时,在低温 0℃±1℃ 的环境中持续工作 24 小时。

（4）主电源切断后,应急工作状态持续时间,应急疏散照明工作状态持续不低于 20 分钟,消防应急照明工作状态持续不低于 90 分钟,且不小于灯具本身标称的应急工作时间。

（5）灯光疏散指示标志应设玻璃或其他不燃烧材料制作的保护罩。

（6）应设主电和应急电源状态指示灯，主电状态用绿色，故障状态用黄色，应急状态用红色。

（7）标志的方向指示标志图形应指向最近的疏散出口或安全出口。

（8）设置在地面上的疏散指示标志，宜沿疏散走道或主要疏散路线连续设置。

（9）设置在安全出口或疏散出口上方的疏散指示标志，其下边缘距门的上边缘不宜大于 0.3m。设置在墙面上的疏散指示标志，标志中心线距室内地坪不应大于 1m。

（10）应牢固、无遮挡。

（11）标志表面应无腐蚀、涂覆层脱落和起泡现象，无明显划伤、裂痕、毛刺等机械损伤。

（12）定期对标志进行检测，应每月至少 1 次，确保疏散引导标志有效、运转正常。

2. 标识管理

1）一般规定

安全标识是向工作人员警示工作场所或周围环境的危险状况，指导人们采取合理行为。

1）项目类标识：一个成熟的物业管理小区必备的标识及国家现行相关交通规范标识，其作用是为本小区的平面指引及规范交通为主。

2）环境类标识：一个成熟的物业管理小区的环境绿化、设备设施、安全提示等相关标识，其作用是使小区的物业管理区域明确清晰，融合于建筑设计风格中。

3）物业类标识：物业管理所用的相关标识，是以告示小区业主及规范物业本身内部管理流程所用的标识。

4）房屋本体标识：包括小区名称、道路标识、组团标识、楼栋标识、楼层标识、单元标识、房号标识等。

2）巡查要点

（1）检查危及人身安全部位有无安全提示标识

① 危及人身安全部位：a. 施工区域；b. 大型设备或水电设施所在区域；c. 水域；d. 地形复杂区域；e. 监控未覆盖或死角区；f. 易发生安全事故（如高空坠物、滑倒、摔倒等）区域；g. 天台地下停车场、闲置房屋、地下室等人迹较少易发生事故的区域。

② 在相关区域，应设立不同的安全提示标识

安全警告标识应突出其警示作用，一般以黄色、红色为主色调，管区内常见到"有电危险！""危险！请勿攀越"等安全警告标识，在天台处设有"请注意！慎防坠落"标识。雨雪天外场用"地面潮湿、当心跌到！"施工区用"正在施工，请勿靠近！""正在维修，暂停使用"，危险区常用"下有线路，请勿挖掘！""煤气管路、禁止烟火""高压！止步！""线路有人工作，请勿合闸""注意，当心碰头！""注意！油漆未干""小心！玻璃易碎"等等，以保证相关人员及设施的安全。

（2）检查危及人身安全部位安全提示标识是否清晰、明显

① 标识的管理要按区域，分系统落实到谁主管谁负责，明确使用人、责任人。

② 对物业内外的标识按名称、功能、数量、位置统一登记建册，有案可查。

③ 标识管理要做到定期检查、定期清洁，对状态标识要经常验证，损坏丢失应及时更

换增补。

④ 物业中重要标识要建立每班巡场检查交接制度,特别是雨雪天,一些警示标识要专人设置检查落实。

⑤ 标识的使用制作应符合国际、国家的相关标准。

⑥ 标识牌的制作材料要经久耐用,安装牢固、美观。

⑦ 标识的字体要统一、颜色要和谐不刺眼。

⑧ 标识牌的安装位置要准确、合适、醒目。

⑨ 安全标志牌应设置在醒目和施工现场危险部位与安全警示相对应的地方,使施工人员及相关人员注意并了解其内容。遇有触电危险场所,应使用绝缘材料的标志。因施工需要或工程竣工后,安全标志牌须移动或拆除时,安保部门工作人员和部门安全员负责组织将安全标志牌收起,上交安保部门统一保管。

(3)检查主要路口是否设有路标

交通道路引导标识主要对道路交通起警示、疏导、告知作用。常用荧光标牌形式制作,单体有效面积较大,标识种类常有:弯道、上坡、下坡、限高、限速、禁鸣、避让、单行、禁停、绕行、环行、停车、方向引导标识、机动车、非机动车、车位已满、私家车位、免费停车区、收费停车区、荷载等。应根据实际道路交通状况、道路特点具体设置此类标识,此类标识制作应符合国家的道路交通安全法规。

(4)检查化粪池井盖等危险井盖是否喷涂危险标识

8.2 治安、消防、车辆安全管理

8.2.1 治安管理

治安管理是物业管理中的一项重要内容,它涉及对公共安全秩序的维护,应急事件的处理也包括对于治安设施的维护与管理。本章节从治安制度、设备设施、视频监控、防攀爬措施、巡逻管理、出入口管理、突发事件处理等多个方面展开讨论,为物业公司治安管理质量提升提供相关建议与规范。

治安管理的主要任务为:根据《治安管理处罚法》第一条的规定,治安管理的任务是维护社会治安秩序,保障公共安全,保护公民、法人和其他组织的合法权益。一是维护社会治安秩序;二是预防、发现和控制违法犯罪活动;三是处置治安事件、查处治安案件、治安事故;四是保障公共安全,保护公民、法人和其他组织的合法权益。

物业安全管理是指物业服务公司采取各种措施、手段,保证业主和业主使用人的人身、财产安全,维持正常生活和工作秩序的一种管理行为,这也是物业管理工作最基础的工作之一。

1. 治安制度

1)一般规定

物业上所谓的治安管理制度,是指负责治安管理人员为维护物业内的治安秩序,对物业进行全面规范的巡逻管理,安全出入管理对出入的外来人员和物品进行登记和管理;同时,对物业进行安全闭路监控,及时发现可疑情况并进行处理,确保物业内处于安全状态的制度。

2)巡查要点

(1)检查是否建立秩序维护的工作制度,并制定具体的工作手册、工作流程,严格执行制度。

(2)建立秩序维护的工作制度,包括相关治安管理职责的分配,对出入物业的外来人员和物品登记管理制度,相关设备安全闭路监控制度,应急事件处理汇报制度,治安巡逻管理制度等。

(3)在物业管理日常活动中,应规范工作流程,并对日常工作状况进行详细记录,相关单位进行检查时,重点关注本身工作制度的完整性与规范性,并通过具体的手册与工作流程对制度的执行情况进行检验。

2.周界设备设施

1)一般规定

周界为球体或圆形体的表面或外部界限,周界防范是在需要防护的区域边界利用电子围栏、振动光纤、激光对射等技术手段形成一道可见或不可见的"防护墙",当有人通过或欲通过时,相应的周界探测器即会发出报警信号送至控制中心的周界报警控制主机,同时发出报警声音,显示报警位置。

周界安防解决方案分为以下几种:红外对射方案、视频监控方案、微波对射方案、泄漏电缆方案、振动电缆方案、电子围栏、电网等,目前最先进的有电子围栏周界报警系统,全光纤周界监控预警系统等。

周界防越报警系统主要由设在被保护区周界(或围墙)上的检测装置(如红外收发器、振动传感器、接近感应线等),周界报警器及设在终端控制室的报警控制主机,以及各种报警联运装置和传输线路等构成。在布防状态下,一旦有入侵者企图跨越周界(或围墙),即发生报警。终端控制室主机显示器上便可清楚地看到现场报警部位。这样利用周界防范系统就可实施对小区的封闭式保护。

周界报警系统与围墙共同设置,是在实体防范的基础上另加一道技术防范的屏障,使整个小区的防护系统更加严密,将犯罪分子拒于围墙之外。周界报警探测器的设置应最大限度地发挥其探测能力,尽量降低误报警,探测器类型的选择应尽可能互相弥补其固有缺陷,达到准确、灵敏、误报少的探测目的。

周界报警探测器种类有:

(1)红外对射探测器;

(2)微波探测(包括多普勒探测器);

(3)警戒电缆;

(4)其他周界探测器。

2)设备设施完好性

周界设备设施的完好性,是指周界设备设施是否符合工作要求并能够正常运转,完成闭路。物业治安管理要求保持周界设备设施的完好性,发挥周界设施的作用,能够正常执行物业管理日常工作的要求。检查要点为：

(1)检查是否全面设防,无盲区和死角。

注意检查在出入楼梯转角、行道转角、闲置区域、地下室、天台等地段是否由周界设施全面覆盖。

(2)检查周界是否有障碍物阻挡,是否影响正常使用功能。

周界设施周围存在诸如围墙乱停乱放车辆、各种设备等障碍物,应尽快移除。

(3)检查红外对射、电子脉冲围栏是否有故障,有无报修记录或跟进记录。

(4)检查电子脉冲围栏有无避雷措施

物业公司为确保周界设备设施的完整性,应从以下两个方面着手：

① 相关布置是否能保证周界设备设施发挥工作效应,即是否存在相关物品干扰周界设备设施运转,周界设备设施自身是否出现监控死角,确保周界设备设施周围的环境符合设施使用要求。

② 检查设备自身的维修状况与使用情况,并预防可能的安全隐患诸如防风措施、避雷措施、防沙措施,以保证设备自身正常运转,确保在探测到非法侵入时,能及时向有关人员示警。

3)分布图

分布图是指对周界设备设施的布局情况的统计与实施规划,周界设备设施的统计图应放置在安全监控中心,服务于物业治安管理活动,当出现紧急情况时,相关工作人员可根据分布图,迅速确定地区。另外,分布图也是周界设备设施实施计划的重要部分,分布图是否合理规划不仅关系到周界设备设施的使用效率,更关系到物业治安工作的工作质量。

检查有无周界报警部位分布图：

(1)在物业安全管理中心设置周界报警部位分布图,分布图应符合实际情况,不得有破损或污渍等问题,检查时会重点检查周界报警部位分布图是否具有实用性。

(2)分布图应放置在明显位置,以保证工作人员能够迅速定位相关场所;分布图应定时更新,以符合实际情况。

4)检查记录

周界设备设施的检查记录,是指工作人员应在规定时间内对周界设备设施的完整性进行检测,定时更新分布图表,对此情况以图表或日志的形式进行记录,作为周界设备设施管理的凭证。检查要点为：

(1)检查每天是否不少于一次对周界报警系统的设防情况进行测试,每月是否全覆盖测试检查一次。

(2)每天应进行周界测试,确保周界报警系统的设防情况正常,切忌工作制度与执行情况脱节,若出现事故,应及时报修。一个月对周界报警系统进行全覆盖检查一次,以保证周界报警系统的整体完整。

周界报警系统全覆盖测试检查应包括：

① 探测器的盲区检测,防动物功能检测;

② 探测器的防破坏功能检测应包括报警器的防拆报警功能,信号线开路、短路报警

功能,电源线被剪的报警功能;

③ 探测器灵敏度检测;

④ 系统控制功能检测应包括系统的撤防、布防功能,关机报警功能,系统后备电源自动切换功能等;

⑤ 系统通信功能检测应包括报警信息传输、报警响应功能;

⑥ 现场设备的接入率及完好率测试;

⑦ 系统的联动功能检测应包括报警信号对相关报答现场照明系统的自动触发、对监控摄像机的自动启动、视频安防监视画面的自动调入、相关出入口的自动启闭、录像设备的自动启动等;

⑧ 报警系统管理软件(含电子地图)功能检测;

⑨ 报警信号联网上传功能的检测;

⑩ 报警系统报警事件存储记录的保存时间应满足管理要求;

⑪ 检查记录填写是否规范、清晰,有无作假、乱画现象。

周界设施的检查记录应包括检查时间、检查状况、检查人姓名、备注、检查位置等多项指标。应保证检查记录日志与相关凭证整洁,字迹清晰规范。不能出现滥竽充数与虚假填报等现象,检查记录与维修记录应与实际报修费用等凭证相互印证。

3. 视频监控系统

1)一般规定

监控系统是由摄像、传输、控制、显示、记录登记 5 大部分组成。摄像机通过同轴视频电缆、网线、光纤将视频图像传输到控制主机,控制主机再将视频信号分配到各监视器及录像设备,同时可将需要传输的语音信号同步录入录像机内。通过控制主机,操作人员可发出指令,对云台的上、下、左、右的动作进行控制以及对镜头进行调焦变倍的操作,并可通过控制主机实现在多路摄像机及云台之间的切换。利用特殊的录像处理模式,可对图像进行录入、回放、处理等操作,使录像效果达到最佳。

2)监控台账

监控台账是指针对物业视频监控系统的工作情况所记录的工作日志,包括物业视频系统当日负责人员、相关视频内容记录、时间等基本信息。监控台账是鉴别物业安全公司是否正确使用物业视频监控系统的重要措施。检查要点为:

(1)是否建立监控台账

监控台账应保存在物业安全中心,每日由相关负责人进行记录,并将已经记录完成的日志放入专门的位置保存,保证监控台账不丢失、不损坏,并且能够与相关工作记录相对应。

(2)是否识别"重要镜头和一般镜头"

重要镜头一般分布于拐角处、事故多发处、重要区域等。

重要镜头应专门记录重点监控拐角处、事故多发处重要区域的视频监控,并进行储存,当遇到紧急事故时可作为事故责任认定的重要依据。重要镜头应特别保护,且器材应相较于一般监控拥有更高的辨识度。

一般镜头是指分布于小区内部与周围的普通路段的镜头,并不需要进行特别的监控台账记录。

3）设备完好性

视频监控系统的完好性，是指视频监控系统的运转状况与自身质量符合开展物业安全管理工作的要求，相关设备与机器可以进行物业视频监督并且监控系统可以正常运转。检查要点为：

（1）系统运行正常

坚持对系统设备进行日常维护和系统设备的清洁。密切注意监控设备运行状况，定期按规定对机房内设备进行检查和维修，保证监控设备系统的正常运行，发现设备出异常和故障要及时报修。每天应擦拭监控设备一次，保持显示屏、录像机等设备清洁。

监控设备维护要点：在对监控系统设备进行维护过程中，应对一些情况加以防范，尽可能使设备的运行正常，主要需做好防潮、防尘、防腐、防雷、防干扰的工作。

① 防潮、防尘、防腐

对于监控系统的各种采集设备来说，由于设备直接置于有灰尘的环境中，对设备的运行会产生直接的影响，需要重点做好防潮、防尘、防腐的维护工作。如摄像机长期悬挂于棚端，防护罩及防尘玻璃上会很快被蒙上一层灰尘、炭灰等的混合物，又脏又黑，还具有腐蚀性，严重影响收视效果，也给设备带来损坏，因此必须做好摄像机的防尘、防腐维护工作。在某些湿气较重的地方，则必须在维护过程中就安装位置、设备的防护进行调整，以提高设备本身的防潮能力，同时对高湿度地带要经常采取除湿措施来解决防潮问题。

② 防雷

防雷的措施主要是要做好设备接地的防雷地网，应按等电位体方案做好独立的电阻小于 1 欧的综合接地网，杜绝弱电系统的防雷接地与电力防雷接地网混在一起的做法，以防止电力接地网杂波对设备产生干扰。

③ 防干扰

防干扰则主要做到布线时应坚持强弱电分开的原则，把电力线缆跟通信线缆和视频线缆分开，严格按通信和电力行业的布线规范施工。

如果需要其发挥作用，日常巡检进行测试，测试留存记录，发现损坏及时维修；对发生误报等情况进行排查，而不能够将警报关闭了事；如果已不在乎其是否发挥作用，维修、清洁等日常作业时进行巡查和清洁，保证外观有效。

（2）摄像效果清晰，无频闪、网纹、雪花、黑白滚道等

摄像效果清晰，可达到监控的标准清晰程度，能够辨识往来人群与进出车辆，无频闪、黑屏、黑白翻滚条等现象。摄像保存录像带格式正确，录像带可正常播放，相关内容可正常观看。新的录像带启用时应在标记栏上注明开始使用的日期。每次录像后，注明录像时间。录像带连续使用 24 个月应更换新带。发现录像模糊，不能有效分辨监控对象时，应及时更换新带。

（3）观察摄像机水平垂直范围内无遮挡物、逆光等异常情况

物业工作人员不得随意调整摄像头方位及角度，不得擅自改变视频系统设备，设施的位置和用途。

（4）摄像镜头无微光夜视功能，有采取增加照明措施或更换设备

微光夜视功能可以在夜晚进行清晰的图像监控，普通摄像镜头无法在夜晚进行有效的监控，而如果没有微光夜视功能，应该采取增加照明措施，保证监控设备可以在晚上进行监控，并传回有辨识度的监控录像。

4）存储标准

监控录像带是对一定时间空间内所发生的具体情况的真实记录，对于事后分析事情发生的起因、过程和结果都有十分重要的参考作用，将被司法机关用作证据范畴。检查要点为：

监控存储日期至少30日。每盒录像带都在完成后必须填写监控录像带使用保管记录。并在带上做好起止时间、地点、部位等标识，保管期限为30天，保管期满后，经过管理主管浏览确认无重要内容需要保管后，方可进入重复使用程序。

对于有重要情况记录的录像带，必须保留至事情处理完毕后，再将有重要情况的录像时段复制到重要情况录像带上，经播放确认复制完成，管理处领导同意后方可转入重复使用程序。重要情况专用录像带应编好目录，确定专人妥善保管，定期检查，防止损坏。重要情况专用录像带列入长期保管范围的，保存时间不少于一年。

5）工作记录

监控系统的工作记录包括值班记录、问题处理记录、日志与监控内容记录等多个方面，监控系统工作记录是监控系统的最后一步。检查要点为：

（1）值班记录清晰，问题处理记录有闭环，遇突发事件应及时调整摄像镜头进行录像，并保存录像备查。

保证值班记录清晰完整，无污渍与乱写乱画，明确时间、地点、责任人与具体工作事宜，做到工作记录清晰明了有条理。相关上级人员有责任定期检查翻阅监控室工作记录，以保证工作记录正常记录，监控工作顺利开展。

遇到突发紧急事件时，应进行录像记录。管理处应备有一盒用于复制保存重要视频的专用录像带。所谓的重要情况视频，系现场拍摄的已经发生的或有迹象表明，有可能发生的治安事件、刑事案件、安全事故等，包括可疑的人或事，并对事后分析事故发生的原因、过程、结果和所涉及的人员等，以此对事后处理事故能够提供帮助的实况。

（2）每日对监控镜头存储进行录像回放查看，当月内覆盖全部存储录像。

（3）秩序维护主管每周抽查一次录像资料清晰度、完整性等情况，确保录像资料完整并将检查情况记录在值班记录上。

（4）录像查看需经服务中心负责人审批。物业工作人员不得擅自复制、提供、传播视频信息。因工作需要进入中央监控室的管理人员，应经保安主管签证认可；外来人员进入，应经管理处经理签证认可。因其他需求而要求查看录像需有合法理由，并经过相关上级领导批准，方可进入监控录像室查看录像资料。

（5）查看录像须由秩序维护主管或值班班长陪同查看并填写审批记录。原则上，业主不可以查看监控，需要通过公安部门。但是，如果业主实在有需要，可以在不侵犯其他业主隐私的情况下，调取部分监控录像查看，但是不允许拷贝。事实上，《物业管理条例》中并未明文规定业主是否能够调看小区监控视频，但明确注明业主享有"知情权"。小区

安装监控的目的是保障所有业主的财产安全,虽然监控资料属于全体业主,但是共有的监控资料牵涉到个别业主的权益时,基于对其他业主隐私保护的考虑,个别业主可通过公安机关来提取调看,也可以在公安部门的现场监管下,复制涉及相关事务的监控资料。至于调看监控是否涉及侵犯个人隐私,可以肯定的是,虽然是公共区域监控,但部分监控确实牵涉个人隐私,在这方面,物业公司应当慎重。

4. 防攀爬措施

1)一般规定

物业管理中的防攀爬措施有两个方面,其一是防止小区内人员攀爬各种设施,造成人伤亡事故;其二是防止非小区人员通过攀爬等非正式方式进入小区。防攀爬装置有防护网、刺网、防护栏杆、倒刺等几种。

2)检查要点

(1)有防攀爬措施(围墙上的玻璃、铁丝,围墙缺露处设置防护网等)且围墙无破损。

(2)安保人员应在易攀爬区域设置安全标识,比如在较低矮的围墙处、小区施工处、小区景观特别是假山与水域。

(3)在每年进行的安全教育培训中,应强调随意攀爬对人身财产造成危害,并指出,小区攀爬地区和攀爬可能的后果。特别加强对儿童的防攀爬安全教育,正确引导孩子们使用娱乐设施,严禁在危险区域进行危险的攀爬游戏,并督促相关物业人员在巡逻时给予警示与禁止。

(4)物业工作人员应在每天工作巡视时,重点关注易攀爬区域是否有可疑人物,是否有攀爬痕迹。有攀爬痕迹,应立即上报。

(5)在易发生攀爬区域设置防攀爬措施,包括铁丝网、防护栏杆、倒刺等攻击性装置。并在旁边设立相关的安全标识。

5. 巡逻管理

1)一般规定

小区巡逻岗在物业管理企业中至关重要,小区巡查员如同物业管理人的一双双眼睛,在物业管理的日常性工作中起到了发现问题、整改问题、反馈问题的关键性作用。只有进行不同程度、多层次的巡查,巡查的频次越高、角度越宽越密越广,才能更好地发现管理中存在的不足,进而进行有效的整改,提供更好的优质服务。

巡逻的主要任务:维护巡逻区域内和保护目标周围的正常治安秩序;预防、发现、制止各种违法犯罪行为;及时发现各种可疑情况,警戒、保护刑事案件、治安事件和治安灾害事故现场;检查发现防范方面的漏洞;平息巡逻中突发事件和意外事故。

2)巡逻策划

巡逻策划是指对物业巡逻检查工作检查路线、工作重心、工作内容突发情况、应急处理维护和公共治安秩序等一系列巡逻物业安保工作的总体计划。检查要点为:

(1)制定两套以上巡逻路线图,路线图有服务中心负责人审批记录,有标明重点巡逻区域及路线。

设计巡逻路线应注意的事项如下:

① 根据小区实际状况制定巡逻路线（小区重点在控制平台，写字楼等重点在控制楼内）；

② 要方便、快捷、全面；

③ 要设巡更点，巡逻要定时、定量；

④ 注意岗位间的交叉巡逻；

⑤ 执行人在巡逻时要灵活变换路线，以免他人掌握保安的巡逻规律；

⑥ 要有实时的巡逻情况记录。

（2）两套巡逻方案按体系文件要求交替，并对巡逻方案每季度进行替换或者更新。

设置多套巡逻方案，并建立与之配用的物业巡逻管理规章制度和相关应急管理措施，应配备相应设备。巡逻方案应按时更新，及时更改签到位置信息、签到路线信息、签到时间信息。

（3）巡逻签到点设置合理，全面覆盖，无遗漏。

检查地点"四宜四不宜"

一是宜明不宜暗。检查地点应是光照或人工照明条件较好之处。这样有利于看清被检查对象的一举一动，确保自身安全。

二是宜宽不宜窄。检查地点尽可能避免在胡同交叉、建筑材料堆积的间隙中进行，防止检查对象利用地形与保安员周旋。

三是宜直不宜弯。尽可能避免在拐弯抹角的地方检查。

四是宜有所依托不宜四周无援。尽可能选择在附近有行人和车辆往来的地点检查。

3）巡逻签到

巡逻签到是指对物业安保人员巡逻活动的监督，通过签到模式保证物业巡逻工作的顺利开展。检查要点为：

（1）巡查签到无提前签到、漏签，使用纸质签到表的无涂画撕毁现象。一般情况下，物业状况巡视每日一次。清洁状况巡视每日一次。装修施工巡视每日至少一次。空置房巡视至少每日一次，其他方面巡视每两日一次。

巡逻打点要求如下：

① 不得代他人巡逻打点。

② 未经许可，无特殊原因不得早打点或误打点。

③ 巡逻打点前后打点的总误差不得超过 5 分钟。

④ 在巡逻期间，因故要迟到早退必须事先向班长说明，经许可后方可处理其他事，事后必须填写《巡逻打点异常情况记录表》记录详细情况并由班长审核批准。

⑤ 巡逻岗、班长岗在规定时间内自行将巡逻棒送往中心值班处。

（2）巡逻发现的问题有跟踪处理记录。

① 发现损坏情况必须当日填写《公共设施设备报修记录表》。

② 对装修施工巡视要求每日记《装修施工日记》，详细记录住户的施工状况。

③ 相关人员应对发现问题进行登记，并实时更新，遇到重大事件应及时上报。

（3）每班次应对巡逻状态抽查一次。应由巡逻签到班组组长或上级部门进行签到抽查，对签到巡逻状态负责。在每天的巡逻签到活动中，相关负责人应至少抽取一名工作人员进行检查。在特殊情况下，比如重大节日或者有重大施工，应落实全员监督检查机制。

(4)巡逻路线上标注的重点部位至少每3小时签到一次。

(5)装修施工现场巡查每天不少于一次。负责公共秩序维护相关业务的班组组长，应该负责检查本班人员的执勤和工作情况，及时纠正不良现象。组织巡逻队员每小时进行巡逻，并进行巡逻签到监督处理。根据白班和夜班不同的工作时间与情况，制定不同的巡逻细则。

4)巡逻签到设备

巡更系统包括：巡更棒、通讯座、巡更点、人员点(可选)、事件本(可选)、管理软件(单机版、互联巡更版、网络版)等主要部分。检查要点为：

(1)电子巡更系统录入安防装备清单，有编号、有管理责任人；对于物业电子设备，应进行标识管理，进行序号编列。将相关设备编号与维修状况录入档案。相关物业设备维护与设备管理应责任到人，应有相对应的维修岗位人员。

(2)巡更棒、巡更点外观完好，使用功能正常。

(3)巡更系统能正常导入、保存巡逻信息。

(4)每班班长对巡逻打点数据导出进行抽查，对导出数据建档留存。

(5)巡逻路线上标注的重点部位至少每2小时签到一次。

(6)发现打点异常情况在安防值班记录中记录。

(7)安装"电子围栏　禁止攀登"警告标识牌一块。

6.出入口管理

1)一般规定

出入口管理是指物业公司通过对出入口人员分流，调整使用出入口设备设施，用实现出入口的安全治安管理。

2)检查要点

(1)有效控制外来人员，经与业主确认后，对来访人员应进行登记管理。

① 对外来客人，包括业主或住户的亲友、各类访客、装修队等作业人员、物业公司员工的亲友等一定要实行进出物业登记或存取有效身份证件制度。

② 准予登记的有效证件特指有效期内的身份证、暂住证、边防证、回乡证和贴有照片并加盖公安机关硬件的边境证等。

③ 细心检查证件，将证件号码、被访单位、住户姓名、来访原因、时间等记录在表格中，登记来访登记册。

(2)对临时施工人员、供方人员的进出应实行登记，管理区域内装修施工人员应凭证出入。

① 施工人员必须佩戴施工证出入物业，每人当日首次进物业时，应当自觉接受检查登记。禁止施工人员乘搭客梯载运货物，一律乘货运载运。

② 从施工现场带出的电动工具，必须到安全部门办理物品携出单，否则施工人员不得私自带出施工工具。

(3)对于大件物品的运出应严格审核相关手续，做到可追溯到用户本人，以有效控制物品的出入。危险品应委婉拒绝进入管理区域,如系业主必需物品,应通知巡逻人员及监控人员予以跟进。

① 安全部门负责审查签发物品放行条并负责物品放行条的检查与核对,搬出物品的种类和数量。

② 所有带出大件物品者必须服从管理,如实回答保安员提出的问题。

③ 在搬运物品的过程中,必须爱护公共设施,防止磕碰损坏。注意保持环境卫生,不大声喧哗,以免影响小区的整洁和其他业主的正常生活。

(4)对形迹可疑的人员进行盘问,确保此类人员不在管理区域内逗留。

对于形迹可疑的外来人员,应通知班长或巡查保安员,由班长或巡查保安员进行监视,有权拒绝身份不明的外来人员进入物业。

7. 突发事件处理

1)一般规定

突发事件,是指突然发生,造成或者可能造成严重社会危害,需要采取应急处置措施应对的自然灾害、事故灾难、公共卫生事件和社会安全事件。

突发事件处理原则如下:

(1)遇有特殊情况和重大事件时,要沉着冷静,胆大心细,机智灵活,高度警惕,正确分析和判断情况,根据问题性质按应急方案处置;

(2)坚持以人为本,最大限度地保护人民群众的生命和财产安全;

(3)应急工作坚持政府统一领导、分级管理、条块结合、以块为主的原则;

(4)应急工作坚持预防为主、快速反应的原则;

(5)应急工作实行项目经理负责制,统一指挥,分部门负责,各部门密切配合、分工协作,资源整合、信息共享,形成应急合力;

(6)发现聚众闹事,应立即报告,并在安全部门或公安机关的指挥下,迅速平息,防止事态扩大。

2)应急预案制订

应急预案是指面对突发事件如自然灾害、重特大事故、环境公害及人为破坏而制订的应急管理、指挥、救援计划等。它一般应建立在综合防灾规划上。

应急预案几大重要子系统为:完善的应急组织管理指挥系统,强有力的应急工程救援保障体系,综合协调、应对自如的相互支持系统,充分备灾的保障供应体系,体现综合救援的应急队伍等。从文体角度看,应急预案是应用写作学科研究的重要文体之一。检查要点为:

(1)建立安全生产事故和突发事件的应急预案体系

应急预案至少应包括以下内容:

① 应急预案的方针与目标;

② 应急预案启动涉及的事故类别;

③ 物业概况;

④ 主要重难点及事故隐患的分布;

⑤ 危险源的识别;

⑥ 防范措施；

⑦ 事故的应急措施；

⑧ 应急预案工作流程图；

⑨ 应急准备：

a. 应急指挥领导组织机构；

b. 现场应急救援小组；

c. 应急领导应急人员的职能及职责；

d. 训练和演习。

（2）预案的制订切合管理的实际，可操作性强

预案所规定的工作量与反应速度，符合实际工作要求。明确每个组织与个人的具体工作职责，对应急事件进行教育培训与应急演练。

3）应急预案演习

应急预案演习，通过演习的方式，对应急预案进行模拟实施，使员工提高熟练度，能够在实施应急预案时拥有更高的效率。检查要点为：

（1）按照体系要求进行应急预案培训、演习

根据《郑州市物业管理条例》，物业公司有义务制订突发事件应急预案，并定期组织演练。根据条例，业主可以自行管理物业，也可以委托物业服务人提供物业服务。业主委托服务的，一个物业服务区域由一个物业服务人提供物业服务。其中明确：物业公司有义务制订突发事件应急预案，并定期组织演练。公共秩序维护队主管岗位负责演习方案的编制并组织实施。

物业应急演练应包括以下内容：

① 目的；

② 具体演习安排（演习时间、演习地点、演习人员）；

③ 应急处理职责（各部门职责、指挥小组职责）；

④ 具体演练步骤；

⑤ 准备物资；

⑥ 后期处置（物品归位、演习复盘）。

（2）演习效果达到预期效果，有验证记录

工作人员应对演习效果负责，针对演习出现的组织问题、现场实施问题、反映时间问题进行复盘，最终确保在规定时间内能够完成向上级主管部门和地方人民政府报告事故信息程序，并持续更新。相关组织实施人员应对演习过程及结果进行记录。

4）员工警惕性

员工警惕性是指在出现应急事故时员工的应急反应能力与快速响应能力。在此情况下，员工应该迅速按照应急预案上的步骤迅速展开工作。检查要点为：

（1）消防报警系统发出报警1分钟内，联系巡逻岗在5分钟内赶往现场查看情况

① 监控中心岗位安防员应留意消防监控系统运行状况，每班至少记录一次各种设施设备运行状况，并填写《消防监控系统运行记录表》。

② 消防监控系统出现任何报警信号时，安防员应马上通知巡逻安防员在5分钟内到

达现场确警,巡逻岗正在处事务,无法马上赶往现场时要报告领班处理。到现场处理人员将现场状况反馈回消防监控中心,属误报要准时消退原因,使系统复位,并填写《火灾报警/确警状况记录表》。

③ 发生火警时,监控中心要马上逐级上报并视状况启动消防联动系统,按《火警火灾应急处理规程》进行处理。

(2)通过监控视频发现异常情况 1 分钟内,联系巡逻岗在 5 分钟内赶往现场查看情况

当监控视频发现异常情况时,诸如刑事案件、治安事件、人身伤亡事件、爆炸恐吓事件等,联系当日负责的巡逻岗班在 5 分钟内到达现场查看相关情况,并迅速向上级汇报,或直接联系 110 和 120 等应急部门。

(3)发生异常情况,1 分钟内报告当班领导处理

当监控视频发现异常状况时,应迅速向上级反映,并由当班值班人员前往现场核查情况。如果属于较大的异常情况,相关物业管理人员应迅速上报应急管理部门及其他政府部门,请求协助。

为了提高员工的警惕性,提升对安全隐患的觉察能力,物业公司应定期对员工进行安全培训与能力提升,定期举行消防演习、应急事故演习等。相关班组负责人应该加大对班组工作人员的监督力度,减少工作时间偷奸耍滑与摸鱼行为的出现。物业经理等高层领导应该制定完整的巡逻制度、安全检查制度、绩效考核制度与惩戒制度。

5)业务熟练性

业务熟练性是指在出现应急事件后,物业员工对应急预案的执行能力与执行效率,是否可以符合应急预案所规划的步骤与效率。检查要点为:

(1)熟悉各项应急预案处理流程。员工应掌握一般应急预案处理流程与基本通用处理方法。

突发事件的处理一般有 10 个环节:接警与初步研判、先期处置、启动应急预案、现场指挥与协调、抢险救援、扩大应急、信息沟通、临时恢复、应急救援行动结束、调查评估。

物业突发事件处理方法,要根据事件的不同性质,采取不同的方法进行处理。具体如下:

① 对业主之间的属于人民内部矛盾的纠纷问题,可通过说服教育方法解决。主要是分清是非,耐心劝导,礼貌待人。

② 对一时解决不了又有扩大趋势的问题,应采取"可散不可聚、可解不可结、可缓不可急、可顺不可逆"的处理原则,尽力把双方劝开、耐心调解,千万不要让矛盾激化,不利于问题解决。

③ 坚持教育与处罚相结合的原则,如违反情节较轻,可当场予以教育或协助所在单位、家属进行教育;如需要给予治安处罚的,交公安机关处理;违反公司有关规章的,交管理处办公室处理。

④ 对于犯罪问题,应及时予以制止,把犯罪嫌疑人抓获并扭送公安机关。

(2)发生紧急情况能按照应急预案处理。

(3)事件结束后建立安全事件事故档案。安全事故档案是指在事故调查和处理过程

中形成的具有保留价值的各种文字、图表、声像、电子等不同形式的历史记录。

（4）按规定提交给相关部门及业主单位领导签字确认，根据需要配合政府相关部门取证。

8.2.2 消防安全管理

1. 消防制度

1）贯彻"预防为主，防消结合"的方针。按照"谁主管，谁负责"的原则，立足于自防自救，防患于未然，把消防工作切实落到实处。

2）消防系统的维修保养必须委托有组织的专业队伍进行。

3）发生火警立即疏散被困人员，并立即打"119"求救，派人到路口接消防队到达现场，同时组织自救，使用有效的消防器材，把火灾扑灭于萌芽状态。

4）高层建筑周围的消防车道不得堵塞和占用，楼梯、走道和安全出口等部位应当保持畅通，不得擅自封闭和堆放杂物，存放自行车。

5）不得把带有火种的杂物倒入垃圾桶，严禁在垃圾桶旁烧垃圾、废纸。

6）遵守电器安全使用规定，不得超负荷用电，严禁安装不合格的保险丝，确需加大用电负荷，必须向上级部门申请，经批准后方可增容。

7）严禁用金属构件或其他金属物体搭接作回路线，更不准将导线搭接在气焊设备、煤气管道、油罐等易燃易爆危险物品的管道或设备上。

8）高层建筑的室内装修材料，不得随意降低耐火等级，用于天花板吊顶、间墙、保温以及消声的材料，必须是非燃或难燃材料，天花板吊顶内部电线必须外套难燃管。

9）消防设施、器材严禁挪作他用，严禁损坏、丢失，如发现破烂或鼠害应立即报告。

10）每星期检查一次消防箱、水带、水枪、卷盘、破碎按钮、警铃，必须齐全完好。消防箱玻璃如有破烂，立即更换。

11）消防通道灯必须完好，灯泡烧坏及时更换。

12）消防箱前面及消防通道严禁堆放杂物。

13）灭火器必须齐全完好，分量不够或过期，必须加足、更换。

14）地下室及天面水池水量必须保持充足。

15）电梯机房、发电机房要落实通风冷却措施，油箱必须密封完好。

16）每季度进行一次消防系统试验：

（1）首层消防中心控制柜和地下室消防泵都处于自动控制状态；

（2）试验消防栓系统；

（3）试验写字楼自动喷淋系统；

（4）试验写字楼烟感报警系统。

17）烧焊作业动火前必须实行"八不""四要""一清"。

（1）"八不"是指：

① 防火灭火措施不落实不动火；

② 周围的易燃杂物未清除不动火；

③ 附近难以移动的易燃结构未采取安全措施不动火；

④ 凡盛装过油类等易燃液体的容器管道,未经洗刷干净、排除残存的物质不动火;

⑤ 凡盛装过气体受热膨胀有爆炸危险的容器或管道不动火;

⑥ 凡存储有易燃易爆物品的车间、仓库和场所,未经排除易燃易爆危险的不动火;

⑦ 在高空进行焊接或切割作业时,下面的可燃物品未清理或未采取安全措施的不动火;

⑧ 未经配有相应灭火器材的不动火。

(2)"四要"是指:

① 动火时要有现场安全负责人;

② 现场安全负责人和动火人员,必须经常注意动火情况,发现有不安全苗头时要立即停止动火;

③ 发生火灾爆炸事故时要及时扑救;

④ 动火人员要严格执行安全操作规定。

(3)"一清"是指:动火人员和现场安全责任人在动火后,应彻底清理现场火种后才能离开现场。

18)防火的基本办法:

(1)控制可燃物;

(2)隔绝助燃物;

(3)消灭着火源。

19)安装、使用电气设备时,必须符合防火规定;临时增加电气设备,必须采取相应的措施,保证安全。

20)建立健全防火制度和安全操作规程,组织实施逐级防火责任制和岗位防火责任制。

21)发生火灾时,起火单位要迅速组织力量,扑救火灾,抢救生命和物资,并派人接应消防车。任何单位或个人都有义务支援灭火。

22)组织防火检查,消除火灾隐患,改善消防安全条件,完善消防设施。

23)管理人员应当坚守岗位,加强值班和检查,确保安全。

2.火灾

1)检查要点

(1)对灭火剂储存容器的检查

① 没有变形碰撞等机械性的损伤,表面保护涂层完好,有清晰的容器执行标准、固定标牌等字样,以便进行管理和设计应急突发预案。

② 同一个防护区的灭火剂储存容器的尺寸规格、储存压力和充装量均应一致。

③ 储存容器的充装量不应小于设计充装量,且不得超过设计充装量的 1.5%。

④ 卤代烷的灭火剂储存容器内的实际压力不应低于相应温度下的储存压力,且不应超过该储存压力的 5%。

(2)对气体灭火系统检测中集流管的相关检查

① 制作方法应采用焊接方法,并及时进行内外镀锌,以保证质量符合国家标准。

② 集流管应固定在框架以及支架上。在固定时一定要确保牢固,并且要及时做好防

腐工作。

③ 集流管外表面应涂红色油漆。

④ 装有泄压装置的集流管，泄压装置的泄压方向不应朝向操作面。

（3）高压软管和单向阀的检查

① 单向阀的外观应无加工缺陷、无碰撞损伤，铭牌标志齐全，螺纹密封面良好。

② 高压软管与储存容器出口、液体单向阀及集流管或主管道之间的连接应牢固可靠。

③ 液体单向阀的安装方向应与灭火剂流动方向一致。

（4）气体灭火系统检测选择阀的检查

① 选择阀的公称直径应与主管道的公称直径相等，采用螺纹连接的选择阀与管网连接处宜采用活接头。

② 选择阀操作手柄应安装在操作面一侧且应便于操作，高度不宜超过1.7m。

③ 选择阀上应设置标明防护区名称或编号的永久性标志牌，并应将标志牌固定在操作手柄附近。

（5）阀驱动装置的检查

① 电磁驱动装置的电气连接线应沿固定灭火剂储存容器的支、框架或墙面固定。

② 电磁驱动装置的电源电压应符合设计要求。电磁铁心动作灵活，无卡阻现象。

③ 驱动气瓶内气体压力不应低于设计压力，且不得超过设计压力的5%。气动驱动装置中的单向阀芯应启闭灵活，无卡阻现象。

④ 驱动气瓶的支、框架或箱体应固定牢靠且做防腐处理。

⑤ 驱动气瓶正面应标明驱动介质的名称和对应防护区名称的编号。

⑥ 气动驱动装置的管道应采用支架固定，管道支架的间距不宜大于0.6m。平行管道宜采用管夹固定，管夹的间距不宜大于0.6m，转弯处应增设一个管夹。

（6）喷嘴的检查

① 喷嘴外观无机械损伤，内外表面无污物，喷嘴应有表示其型号、规格的永久性标志。

② 喷嘴的安装位置和喷孔方向应与设计要求一致。喷嘴的安装间距不宜大于6m，距墙面的距离不宜小于2m，且不大于4m。

③ 吊顶下的不带装饰罩的喷嘴，其连接管管端螺纹不应露出吊顶；吊顶下的带装饰罩的喷嘴，其装饰罩应紧贴吊顶。

（7）气体灭火系统检测灭火剂输送管道的检查

① 管道及管道附件的外观应平整光滑，不得有碰撞、腐蚀及加工缺陷。

② 管道及管道附件内外表面应进行镀锌处理，无缝钢管采用法兰焊接连接时，应在焊后进行内外镀锌处理。

③ 已镀锌的无缝钢管不宜采用焊接连接，与选择阀等个别连接部位需要采用法兰焊接连接时，应对被焊接损坏的镀锌层做防腐处理。

（8）自动控制操作和控制的检查

任选某一防护区，选择相应数量充有氮气或压缩空气的储瓶取代气体灭火储瓶。用火灾探测器试验器分别对火灾探测器送烟、加温使其报警，启动灭火系统。

① 防护区内的火灾自动报警系统应正常、可靠地工作。

② 灭火系统接到灭火指令延时后,试验气体能喷入被试验防护区内,且应能从被试验防护区的每个喷嘴喷出。

③ 有关控制阀门工作正常。

④ 有关声、光报警信号正确。

⑤ 储瓶间内的设备和对应防护区的灭火剂输送管道无明显晃动和机械性损坏。

3. 消防设施

1)消火栓

(1)一般规定

消火栓系统主要是指一种固定式的自动灭火消防装置,其系统功能的主要组成和技术作用原理分别主要是通过自动灭火控制自动熄灭室内可燃物,隔绝其周围助燃物、消除室内着火源。对于物业管理公司来说,适当在小区内部放置消火栓,定期检查消火栓功能及折损情况对于保障人民生命安全尤为重要。

消火栓系统分室内自动消火栓系统和室外半自动消火栓系统。消防自动系统中通常包括室外的自动消火栓系统、室内的手动控制消火栓系统、灭火器系统,有条件的时候还可能会同时设计自动水幕喷淋式灭火系统、水炮系统、气体火焰喷射自动灭火系统、火侦探系统、水雾系统等。消火栓系统一般主要供应公安消防人员从厂区内的市政给水管网孔中取水,或利用室外公共消防设备的消防给水管网直接取水补给现场,从而实施人工辅助灭火,同时又可以将用水人员直接从室外连接到止水带、水枪等消防出水管口上灭火。所以,室内给水和室内外用的消火栓系统等通常同时也是消防车现场救火及辅助灭火需要的重要公用和消防的供水补给设施之一。

(2)检查要点

① 消防栓系统一般是被统一放置于小区室内公共走廊及两侧阳台或室外公共厅堂阳台等室内户外的公共建筑物的集中或者共享存放的空间系统中,一般也就是隐藏在连接上述存放的空间系统中的外墙体缝孔内,不管该业主想对其建筑物周围墙面做何种建筑装饰,都要求周围墙面有一个醒目的数字或标注的位置(写明消火栓)作标识,并有明确提示,不得在消火栓门的前方及墙面两侧设置一些明显的障碍物,以避免其直接影响室内的消火栓或门口开关的开启。

② 在酒店某些临时房间走廊区域(如包厢)内悬挂消防栓,不符合有关公共场所消防栓使用安全规范的某些新规定。

2)灭火器

(1)一般规定

灭火器,常称灭火筒,是一种便携式小型或可携式的灭火工具。灭火器也是现在人们生活中常用的主要用于防火或安全应急的灭火器材之一,存放点可在靠近易燃易爆物品的公众场所及附近区域或其周围可能会发生较大规模的火灾的任何地方。不同规格型号及种类的干粉灭火器瓶口内所可供装填可燃气体所用的燃料化学成分都不一样,专为预防各种不同爆炸性质气体的火灾爆炸或火警发生危险情况而设。

现行常用灭火器分为普通的水基固体型的灭火器、干粉颗粒型气体灭火器(ABC 灭火器)、二氧化碳灭火器和洁净气体灭火器等 4 类。物业公司要及时更新存放相应的灭火器,并定时向居民家中及居民楼投放便携式灭火器。其中,我们身边常见的灭火器类型一般是水基型灭火器和干粉型灭火器等;而在水基型灭火器系统中又会被细分为疏水型灭火器系统和灭火器。GB/T 第 4968—2008 版中的《火灾分类》的国家标准重新规定的六类火灾如下:

A 类危险火灾:固体类易燃有毒物质火灾。这种物质具有某些特殊有机物性质,一般会在火焰剧烈燃烧时能很快产生灼热的可燃金属余烬,如由木材、煤、棉、毛、麻、纸张等原料燃烧造成的火灾。扑救 A 类火灾应选用水型、干粉等灭火器。

B 类火灾:液体物质爆炸或燃烧其他液体可或直接引燃熔化的金属物质的易燃和固体危险物质火灾。如扑救煤油、柴油、原油、甲醇、乙醇、沥青、石蜡酯类物质等石油原料燃烧引发气体爆炸的化学火灾。扑救易燃爆炸性的 B 类火灾时应选使用化学干粉灭火剂、卤代烷灭火剂、二氧化碳灭火剂等,扑水溶性气体爆炸或 B 类危险化学火灾活动中都不得再擅自选用化学泡沫灭火器。

C 类火灾:气体火灾。如发生由人工煤气、天然气、甲烷、乙烷、丙烷、氢气烃类化合物等剧烈燃烧时引发剧烈爆炸导致的火灾。扑救以上三种烷类气体火灾时一般均应选用干粉灭火器以及卤代烷干粉型、二氧化碳型灭火器。

D 类火灾:金属火灾。如由高浓度钾、钠、铝或镁炸药、铝镁合金材料等气体燃烧造成的化学火灾。扑救 D 类火灾时一般均应尽可能选用化学消防专用干粉灭火器。

E 类电气设备的火灾:带电的机械设备火灾。物体与自身及带电的设备同时燃烧发生时极易引发类似火灾中的电气设备火灾。扑救类似这种燃烧带电的机械设备火灾,一般还应选备合用的卤代烷、二氧化碳、干粉灭火器。

F 类火灾:烹饪器具着火产生有毒的或易燃性碳化物烟雾的(如动植物油脂)火灾。扑救 F 类火灾,一般情况应考虑慎重地选用干粉灭火器。

(2)检查要点

① 消火栓、灭火器箱面板干净整洁,周围无阻挡,箱门开启轻松,取拿方便。

② 消火栓箱内水带、枪头完好;水带干燥(用手触摸无湿润),阀门无滴漏。

③ 水带无破损、发霉等现象,箱内无其他异物,阀门水带用手触摸无灰尘。

④ 灭火器箱内灭火器数量充足(2 瓶),灭火器外观完好,无变形;保险销、铅封、压把完好,无缺损、生锈;胶管、喷嘴完好,无破损、无堵塞;压力表指针在绿色区内为合格;箱内无其他异物。

⑤ 压力表的指针是否指在绿区(绿区为设计工作压力值),否则应充装驱动气体。

⑥ 灭火器压力表的外表面不得有变形、损伤等缺陷,否则应更换压力表。

⑦ 灭火器操作机构是否灵活可靠。

⑧ 灭火器喷嘴是否有变形、开裂、损伤等缺陷,否则应予以更换。

⑨ 灭火器的橡胶、塑料件不得变形、变色、老化或断裂,否则必须更换。

⑩ 灭火器的压把、阀体等金属件不得有严重损伤、变形、锈蚀等影响使用的缺陷,否则必须更换。

⑪ 灭火器盖密封部位是否完好,喷嘴过滤装置是否堵塞。

3）烟感、温感

（1）一般规定

① 烟感：感烟探测器，即由相应的探测器对悬浮在物体及在其外界大气系统介质中而引起气体燃烧扩散过程的和气体或及/或在烟气热方应解聚时能产生强烈火焰反应的由微小的固体粉末或少量液体微粒而组成火焰的气体探测器，进一步又可逐步发展分为离子感烟、光电感烟、红外光束、吸气型等多种类别，比较常见的为典型的感烟探测器。

② 温感：感温探测器，即可用来测量响应物体温度异常信号的温度、温度速率值变化和昼夜温差值的温度变化、温度分布规律等的各种物理参数温度感的一种温度探测器。根据火灾报警和升温报警器的基本原理不同，也大致可以把感温报警器分为定温报警式（火灾引起的温度上升超过某个定值时启动报警）、差温警报式（火灾引起的温度上升速率超过某个规定值时启动报警）、差定温报警式（结合了定温和差温两种作用原理）。离子型感烟探测器主要作用是通过测量传感器周围的空气离子气体浓度的正负电荷含量相对平衡状态变化信号来控制展开探测器工作活动参数的。

（2）检查要点

① 确认点型感烟火灾探测器与火灾报警控制器正确连接并接通电源，处于正常监视状态。用加烟器向点型感烟火灾探测器施加烟气，观察火灾报警控制器的显示状态和点型感烟火灾探测器的报警确认灯状态。

② 复位火灾报警控制器，观察点型感烟火灾探测器的报警确认灯状态。

4）消防门

（1）一般规定

防火门一般是指一种在建筑物耐火构造一定的使用周期内保证完全能够满足该建筑本身耐火及结构稳定性、完整密封性能要求和良好防水耐火隔热性要求的消火门。它有时也是被用来保护设在防火分区梯道间、疏散安全通道楼梯间、垂直式通风管道竖置井口处等其他地方而具有一定范围耐火性质的另一种防火分隔物。

防火门门锁除具有类似于普通的消防专用门锁的自启动自闭止作用特点功能外，更具有明显地阻止火势进一步蔓延和有效减少火场烟气向周围扩散的自动封闭作用，可在火灾后自动阻止火焰进一步蔓延，从而在一定程度上确保了火场人员迅速疏散。

设置位置：

① 封闭或疏散的楼梯，通向走道；封闭的电梯间，通向电梯前室通道以及从前室通向楼梯走道的门。

② 负责对高压电缆井、管道井、排渣烟道、垃圾道口井等大型竖向管道井进行的日常安全生产检查门。

③ 合理划分建筑防火结构分区，控制该分区建筑面积和加设在防火墙上和防火外隔墙结构上的火门。当建筑物外部设置防火墙或安装防火门窗有很大困难时，要设法用防火卷帘门墙代替，同时外墙须尽量用水幕进行保护。

④ 消防规范要求（如 GB 50016—2014《建筑设计防火规范》）规定或要求设计或特别注明要求使用防火、防烟阻燃的防火隔墙分户门。

防火门也是现代室内火灾消防安全设备系统配置过程中比较重要的组成部分，是目前城市社会整体安全的防火保障工作流程中至关重要的工作环节。防火门部位也应专门设计或安装有自动防火门闭门器装置或附加其他的设置,才可实现让常开型防火门扇系统在有潜在火灾隐患及发生灾害事故时能安全使用。

(2)检查要点

① 安全出口的数量和宽度应满足规范的要求。对两个或两个以上单位共用一个层面的大空间办公室应从严控制,应设有公共走道连接两个安全出口,走道墙的砌筑应符合防火规范的要求。

② 装修不得阻塞原设计中的安全出口,楼梯间或前室门前2m范围内不得设置有碍安全疏散的办公桌、柜和堆放物品。

5)消防疏散灯

(1)一般规定

消防现场自动消防疏散应急报警照明指示灯,适用于消防现场的消防疏散及报警应急发生时自动照明,是目前现代高科技消防救援与报警应急等领域工作中被最为广泛使用的高科技新型自动应急辅助照明灯,应急灯光作用时间长、亮度高并具有现场紧急消防断电报警以及火灾自动消防报警及应急报警照明两种功能。消防现场紧急人员疏散指示灯具有自发光及耗电比较小、亮度系数高、使用后工作寿命长、稳定可靠节能等十多项主要特点,也可独立设计作为电源开关指示灯和指针显照灯,适合在各类工厂、酒店、学校、单位办公室内部及城市各大型公共场所等场合使用,以作为意外停电和火灾现场人员做临时转移和应急转移时的照明或工作标志用。消防火灾自动感应疏散指示报警的指示灯通常采用工业塑料外壳和较高亮度的灯泡焊接制成,颜色上一般以高亮的白色塑料为主,表面贴有上下两个透明小箭头,材料均具备了不变形或耐老化、散热效率较快、抗冲击能力较强等诸多技术特点。消防灭火报警感应疏散指示报警的指示及报警用灯具安装通常采用壁挂式、手提式、吊式等多种方式。

(2)检查要点

① 前期检查要点

A. 火灾及应急处置照明设备和消防疏散信号指示系统标志设施的灯具类别、型号、数量、设置工作场所、安装地点位置、间距大小等均符合防火设计技术要求,表面涂层应完整、无机械载荷损伤、紧固的部位也应坚固无锈蚀松动。

B. 灯具电源线与灯具供电源线路端之间均不得擅自使用插头端子连接,必须插在电源线预埋盒口或专用接线盒孔内再连接。

C. 灯具装置的具体安装固定地点应保证设置正确牢固,不对称装置的应确保车上人员和车辆能够正常通行或无任何可能影响,周围应当设置明显无遮挡的物位标牌和有效防止产生视线混淆作用的其他警示标志灯杆(牌)等,带有安全疏散路线标示的箭头处设置的其他安全交通疏散路线和指示标志方向,还应尽可能做到与本道路内实际可通行车辆疏散安全路线方向一致。

D. 火灾的应急通道照明信号和人员疏散通道指示信号标志状态指示灯工作应相对正常。

② 基本功能检查

切断正常供电电源后检查如下:

A. 检查现场火灾的应急报警照明信号和人员疏散信号指示标志系统上的工作状态信息和图像显示情况是否显示正确。

B. 检查是否已设有可能影响应急报警功能运作的紧急开关。

C. 检查现场火灾报警应急通道照明信号和人员疏散信号指示灯标志信号是否可在 5s 秒内实现自动转换和进入自动点亮状态。

D. 有条件时可检测应急工作状态的持续时间(带蓄电池的应急灯,其工作时间应≥90min)。

6)照明灯

(1)一般规定

应急型照明用灯具是指一种为了在供电系统照明电源或者电源装置发生故障时,能稳定有效地接通紧急故障照明备用电源线路和显示疏散及逃生专用通道的灯具,被广泛地用于为各类室内公共场所的照明以及不能中断照明的场所。

应急备用电源照明系统灯具由光源、光源驱动器、整流器、逆变器、电池组、标志灯壳外罩组件等部分组成。平时,36V 的光源是通过控制光源驱动器,驱动光源来工作,同时电源需要通过一个控制电源整流器组件来对光源的电池组件进行一次电能上的补充,即使是在突发停电的情况下,整流器组件也仍然保持通电状态或维持在一个正常的充电和工作状态。当光伏用户突然遇到一些特殊和紧急电源使用等情况,市电供应又突然停止时,逆变器设备就可以将它能够瞬间自动响应的状态启动至低压逆变电路,把给光伏电池组上提供电能的中低压电能在瞬间迅速转换为中到高压电能,驱动照明的光源系统继续供电。

(2)检查要点

① 外观质量检测

外观完好,并未出现外表磨损、机械性损伤、污垢较多等问题,外壳和灯罩最好使用非燃材质的。

② 安装牢固程度检测

手掌触碰不应该有松动、无法拧动情况。

③ 应急照明转换功能检测

正常交流电源供电切断后,应顺利转入应急工作状态,转换时间不应大于 5s,并能连续转换照明状态 10 次。

④ 应急工作时间及充、放点功能

应急工作时间应不小于 30min,灯具电池放电终止电压应不低于额定电压的 85%,并应有过充电、放电保护。

⑤ 应急照明灯照度

启用应急状态,在此状态之下,对应急照明灯进行不少于 20min 的亮度检测,其最小亮度应急疏散照明灯照度不应低于 0.5lx。

7)安全出口指示灯

(1)一般规定

安全疏散出口是设在各种危险公共安全场合上的一个逃生的出口。安全撤离出口通常是远离人员过于密集危险场所中的又一个特别重要的安全设施。在一旦发生爆炸等重大事故时,人员密集场所中的所有人员主要通过各个安全出口迅速逃离事故现场,实施抢险救援中的所有人员同时也都主要通过这些安全逃生出口快速进入事故的现场,营救受困者或者紧急抢救财产。

(2)检查要点

① 消防应急灯和安全疏散指示灯必须备有两个电源,即正常电源和紧急备用电源。紧急备用电源一般由自备发电和蓄电池供给,如采用蓄电池时,其连续供电时间不能小于200min。

② 消防应急照明灯和安全疏散指示标志的照度不应低于0.5lx,使之充分地照亮走道、楼梯及其他疏散路线。消防控制室、消防水泵房、自备发电机房,以及火灾时仍需坚持工作的部位,亦须保证正常照明的照度。

③ 安全疏散指示标志宜设在太平门的顶部或疏散走道及其转角处距地面1m以下的墙面上,走道上的指示标志间距不宜大于20m。消防应急照明灯和安全疏散指示灯应设玻璃和其他不燃烧材料制作的保护罩。

④ 疏散楼梯间应用明显标志标明所在部位和层数,使楼内人员及时了解自身所处的位置,以利于安全疏散。

8)消防通道

(1)一般规定

消防生命通道是建筑物(居民楼)在一旦发生大面积火灾时用来消防急救疏散的临时生命通道,消防紧急通道也是可以迅速组织疏散火灾人员、抢救火灾生命财产、减少火灾次生损失发生的一项重要的保障。如果建筑物消防应急通道突然被堵占,一旦突然发生重大火灾可能就会再次造成火场救援疏散不及时,后果会不堪设想。消防救援指挥专用通道同样也是这条重要生命通道,它本身既是我们能够准确迅速进行指挥与扑救火灾、抢救及保全无辜人民群众生命财产、减少因各类事故火灾与爆炸灾害损失及伤亡扩大的另外一种极重要的交通前提,不能容许任何人擅自任意占用,必须同时确保它时刻能够完好保持畅通。如果消防救援安全救援通道被突然堵占,将势必给个人生命财产安危带来更重大的隐患。

街区界限内划定的公共道路中心线应尽可能考虑便于消防车及人员的有序通行,道路中心线节点间最大的水平距离不宜大于160m。建筑物规划中要求城市地下主要街道的部分建筑物的设计长度均大于150m时或而其周边总的建筑物长度大于220m时,应建议尽可能避免设置车辆直接或穿过街道部分建筑物出入口的城市专用地下消防应急车道。确有救援车辆存在通行安全困难问题时,应选择将道路就近设置成环形状的消防车辆救援安全车道。

高层住宅的大型民用公共建筑综合大楼建筑,超过3000个标准座位的小型综合性体育馆,或者超过2000个标准座位的综合性社区会堂,占地面积超过3000m² 标准建筑面积的社区公共餐饮商店建筑、展览馆建筑等单、多层民用住宅和公共居住区配套的建筑等周围都应尽可能设置一条半环形的地下消防应急交通车道。确有临时施工困难的地带,可选择在沿道路配套设施建筑的外围两侧划出至少两个长边地带,设置一个专用的消防疏散交通车道。对于沿城市高层住宅建筑范围内道路和道路邻近的山坡地上建筑或利用临近水库岸边建筑物的部分邻空建筑位置用于建造临时性消防车系统的或其他城市高层商业与居住民用类建筑,经允许可沿除了其主体建筑立面外所有的主要建筑长边处设置一个临时的消防登高交通车道,但应当注意通过该临时道路长边建筑的入口所在区域的主要建筑立面也应预设作为该临时建筑消防车道路的临时登高道路操作面。

(2)检查要点

① 列入治理范围的人员密集场所安全出口数量不少于 2 个。

② 安全出口或疏散出口应分散布置,相邻 2 个安全出口或疏散出口最近边缘之间的水平距离不应小于 5m。

③ 安全出口处不应设置门槛、台阶、不应设置屏风等影响疏散的遮挡物,疏散门内外 1.4m 范围内不应设置踏步。

④ 商住楼中住宅的疏散楼梯应独立设置。托儿所、幼儿园设置在其他建筑内时,宜设置单独的出入口。

⑤ 疏散门应向疏散方向开启,不应采用卷帘门、转门、吊门和侧拉门。

⑥ 用于疏散走道、楼梯间和前室的防火门,应具有自行关闭的功能,双扇防火门还应具有顺序关闭功能。常闭防火门的闭门装置应完好、有效。

⑦ 禁止在人员密集场所的疏散通道、疏散楼梯、安全出口处设置铁栅栏。禁止在公共区域,包括集体住宿的学生、幼儿、老人、住院患者和员工休息的房间外窗安装护栏。

⑧ 人员密集场所的楼梯、走道及首层疏散外门按实际疏散人数确定,且不应小于相关消防技术标准中对于最小净宽的有关规定。首层疏散外门最小净宽不小于 1.1m,公共娱乐场所不应小于 1.4m。

⑨ 房间门至最近安全出口最大距离不宜超过 30m,房间内最远点至该房间门的距离不宜大于 15m。

⑩ 设有公共娱乐场所且超过 3 层的地上多层建筑应设封闭楼梯间,其他超过 5 层及设有空气调节系统的人员密集场所应设置封闭楼梯间或防烟楼梯间。

⑪ 下列部位应设置火灾应急照明:封闭楼梯间、防烟楼梯间及其前室、消防电梯间及其前室或合用前室;设有封闭楼梯间或防烟楼梯间的建筑物的疏散走道及其转角处;消防控制室、自备发电机房、消防水泵房以及发生火灾仍需坚持工作的其他房间。

⑫ 安全出口或疏散出口的上方、疏散走道距地面 1m 以下的部位应设置灯光疏散指示标志,走道疏散标志灯间距不应大于 20m,连续供电时间不应小于 20 分钟。

9)消防隐患整改

(1)消防给排水设施问题。立即着手组织并加强检查在辖区内各建筑防火工程隐患点,迅速配齐灭火器并配备完全的消防给水设施、消防灭火救生设备器材,维修保护好消火栓,使之在其内部就能进行正常而稳定的安全运转。

(2)消防组织制度问题。迅速组织建立健全公司员工消防生产安全责任制各项内控制度,制定下发各类消防作业安全管理制度办法以及火灾事故应急疏散和安全疏散救援预案,开展定期防火监督检查、巡查,建立完善消防事故档案,大力倡导开展公司员工各类消防岗位安全培训。

(3)消防技术措施问题。落实消防技术安全措施日常实施管理检查第一人、消防质量安全监督管理第一岗位负责人问责制,指定岗三名新员工每日轮流上岗。每天 24 个小时内进行至少两次室内消防技术安全检查例行性巡查,并在每天都及时对照记录填写了三次室内外消防工程质量安全监督现场监督检查、巡查日志记录。

(4)消防人员管理的问题。由消防支队党委负责研究、各个专业部门具体参与,形成专业领导牵头带队、全员广泛参与演练的专业消防队伍,分别组织建立了领导层、职工层两级消防宣传义务队,负责具体应对日常执勤的现场消防及安全保卫问题。

(5)油库的安全使用问题。加油站全面进行各项安全隐患的排查整改和全面整改。

4. 消防水泵房

1)一般规定

消防建筑安全系统中,消防水泵房系统的安全性设计问题是构成其安全的组成重要部分之一。作为基层消防设计从业人员,要严格根据消防施工图设计规范合理布置、安装与使用消防泵,保证基层消防水泵系统性能的相对稳定。

2)检查要点

(1)消防水泵的性能应满足消防给水系统所需流量和压力的要求;

(2)消防水泵所配驱动器的功率应满足所选水泵流量扬程性能曲线上任何一点运行所需功率的要求;

(3)当采用电动机驱动的消防水泵时,应选择电动机干式安装的消防水泵;

(4)流量扬程性能曲线应为无驼峰、无拐点的光滑曲线,零流量时的压力不应大于设计压力的 140% 且宜大于设计工作压力的 120%;

(5)当出流量为设计流量的 150% 时,其出口压力不应低于设计压力的 65%;

(6)泵轴的密封方式和材料应满足消防水泵在低流量时运转的要求;

(7)消防给水同一泵组的消防水泵型号宜一致,且工作泵不宜超过 3 台;

(8)多台消防水泵并联时,应校核流量叠加对消防水泵出口压力的影响。

5. 防排烟系统

1)一般规定

防排烟系统,主要设备由送排风管道、管井、防火阀、门开关设备、送排烟风机装置等消防相关辅助设备配件所组成。防烟自动报警系统的安装设置与安装形式为楼梯间正压。机械排烟系统的排烟量与防烟分区有着直接的关系。高层建筑的防烟设施应分为机械加压送风的防烟设施和可开启外窗的自然排烟设施。

防排烟系统是防烟系统和排烟系统的总称。防排烟系统通常指建筑物采用通风机械送风或采用加压通风管道抽送烟气放风排烟方式或利用人工或自然方式排烟和通风换气两种方式,防止从室外产生烟气泄漏和进入除建筑内疏散人员逃生疏散通道系统以外烟气的任何一种通风系统方式总称;防爆排烟自动通风系统是建筑物采用人工和机械双重自动防爆排烟通风送排风方式或通过建筑物自然烟道的通风自动排烟通风方式,将建筑室内高温烟气直接强制排放送至通向该建筑物墙和外墙烟道处的排风系统。

2）检查要点

（1）检查防排烟机房是否设置明显标志，附设在建筑内的防排烟机房开向建筑内的门是否采用甲级防火门，防排烟机房内是否设置消防专用电话分机和应急照明灯具。

（2）防排烟风机系统组件、设备等应完好无损、无锈蚀；排烟风机应有注明系统名称和编号的标志；排烟风机的铭牌清晰，型号、规格、技术性能应符合设计要求；防排烟风机现场、远程启停正常，启动运转平稳，无异常振动和声响，叶轮旋转方向正确。

（3）查看送风机和风道的软连接是否严密完整，非隐蔽风道是否存在破损、变形、锈蚀等情况；送风和排烟管道应采用不燃材料，并应完好无损。

（4）送风机的进风口应直通室外，且应采取防止烟气被吸入的措施。

（5）防排烟机房未堆放杂物、可燃物等。

6. 志愿消防队

社区志愿消防队主要由居民当地和物业部门领导，接受街道公安办事处消防监督管理部门监督和属地公安派出所民警的技术业务指导。志愿消防队队员积极参加政府统一协调组织进行的防火学习技能训练、消防科普知识宣传、防火大检查、灭火小救援竞赛等灭火活动，视为按时出勤，所在辖区物业主管部门不得私自扣发支付其本人工资、资金奖励或津贴。各志愿消防队还应当坚持定期检修维护及保养其消防专用装备、器材，确保其性能完整。

志愿消防队应承担下列职责：

（1）业主负责管理本单元物业、本楼区域内部的公共消防安全教育与培训宣传工作。

（2）业主负责管理本辖区物业、本管辖区域内部的森林防火日常巡查、检查评比工作。

（3）物业负责维护本区内物业、本楼区域内部的防火安全和疏散避难设施维护管理、消防巡查值班管理工作；各类消防辅助设施器材安全维护及管理维护；负责火灾隐患检查整改管理工作；业主用火、用电设施安全保护管理职责；其他有关工作。

（4）负责监督管理易燃易爆类危险物品设施和危险场所内防火安全防爆等工作。

（5）物业负责维护本区内物业、本单位区域内外的室内燃气用具和室外电气设备器材的消防检查监督管理工作，以及其他有必要项目的内部消防及安全管理工作。

（6）应在辖区本单元物业、本楼区域内部定期地开展安全消防专项教育及训练等。

（7）可以参加在本辖区物业、本辖区发生初期群众性火灾组织扑救演练和直接协助所在地公安消防队、专职志愿消防队快速扑灭火灾。

7. 消防检查

1）检查要点

（1）消防安全检查

① 现场检查电源线、插销、插座、电源开关、灯具外壳上是否存在显著的破损、老化、明显烧焦的异味现象等，或用电温度异常所产生的电源故障现象，并填写用电现场监督检查和现场检验记录表，告知单位用电现场危害，上报所在单位或者有关责任单位领导，制定相应书面检查限期内容和监督改正措施。

② 现场检查容器是否存在混贮易燃易爆性物品、易燃易爆有害化学物品的贮存容器和含有其他有害可燃性固体物品的存放容器,填写好现场监督检查及现场处理记录表,告知其存在安全危害,协助安全执法巡查人员在当场及时进行处理改正。

③ 灭火器台是否被摆放在最明显的位置,是否已经被覆盖、遮挡。

(2)员工宿舍(客房)内明火的安全防火监测检查监测要点内容和紧急处置技术方法

员工宿舍楼内防火和宾馆客房卫生间里防火的防火源及安全生产管理等工作的主要思想工作是加强日常生产用火安全和用电操作技术上的消防规范化、管理规范训练工作和员工职业道德教育。严禁违章随意乱搭乱拉临时线,严禁擅自使用各类专用电热器具,严禁违规在宿舍、食堂餐厅和客房内违规用电、热器具制作其他任何食物。具体方法如下:

① 检查插销、插座、电源线、电源开关、灯具外壳上是否有电或存在破损、老化、有烧焦、有异味等情况或有温度异常的潜在危险等现象,并填写事故隐患或检查情况现场处置记录表,告知其可能危害性,上报有关专业科室领导,同时制定相关事故预防限期纠正或督促改正相关工作措施。

② 检查通向疏散室外入口的防火疏散专用楼梯、防火门板质量是否符合有关要求。

③ 疏散通道指示标志、应急通道照明和灯具照明是否足够灵敏。

④ 禁止吸烟者在卧床位吸烟警示标志、疏散图等是否齐全,应尽可能按照公安部门相关标准要求设计配置。

⑤ 检查现场是否发现用酒精炉、电热锅、煤气灶具等在宿舍自制的食品,并填写好现场卫生检查处理情况记录表,告知其危害性,协助食堂管理人员督促改正。

⑥ 是否存在违章安装使用燃气热水器,以及使用电热杯、电热毯等其他各种电热设备。

⑦ 是否有在公共宿舍外或在楼道范围内任意焚烧个人书信、文件、垃圾杂物等私人物品。

⑧ 是否准许在公共宿舍内部或在楼道系统内燃放烟花、爆竹。

⑨ 是否有疏散通道、安全出口被堵塞或上锁。

(3)办公室的防火检查要点和处置方法

办公室内员工应严格加强各类用电辅助设备如办公电脑、空调、打印机、饮水机之类的电源安全规范使用培训和维修管理,避免电脑长时间超负荷待机;严禁个人私自购置增加各种大功率辅助用电的设备,要进一步加强对有违规吸烟、用电行为员工的监控管理,杜绝上班时间遗留的火种,下班之后要断电。具体方法如下:

① 检查插销、插座、电源线、电源开关、灯具外壳上是否有电或存在有破损、老化、有烧焦、有异味等情况或有温度异常的潜在危险等现象,并填写事故隐患或检查情况现场处置记录表,告知其可能危害性,上报公司的有关专业科室领导,同时制定相关事故预防限期纠正或督促改正工作措施。

② 检查插排、插座开关是否存在超负荷的使用情况并填写现场检查情况记录表,告知现场危害,协助技术人员当场改正。

③ 人员下班后是否关闭电源。

④ 是否存在私自增加临时电器设备数量和擅自接拉临时电源线。

⑤ 是否存放储有易燃易爆气体和化学可燃物品的容器。

⑥ 垃圾是否及时清理,是否遗留火种。

(4)建设项目施工管理现场专项防火检查措施要点内容和防火处置工作方法

施工区内建筑和现场露天存放有害可燃物料较多,人员结构成分复杂,施工管理组织人员整体素质及专业消防救援施工操作人员自身安全和生产消防意识状况均显良莠不齐,是建设工地火灾案件主要易发地区与刑事案件多发的场所。同时企业必须逐步配备与完善应急抢险灭火救护器材设施和各种抢救灭火器材,加强对临时进行电焊、气焊等现场设备审批和登记以及对焊接生产现场各类安全设施、消防救援设施进行安全保护和管理,及时现场集中清理可燃物品,严禁用实施交叉切割、焊接切割作业,严禁人员临时占用企业学校宿舍楼道围墙内或违章私自使用现场临时使用电炉、热得快、电褥子等其他各种高温电热设备以及擅自乱拉电线、临时架空电线。具体方法如下:

① 检查现场施工安全场所中暂且没有任何设备施工和现场正在安装施工机械设备或施工现场尚未使用明火施工状态的现场施工机械安全网、围网,和屋面或保温的墙体材料上的物品是否都具有易燃可燃危险性,并填写施工安全隐患检查治理工作记录表。若现场存在火灾危害,上报至当地政府指定的有关单位领导,制定其处理限期并监督改正措施。

② 是否完全按照建筑仓库及防火与安全相关管理规则妥善存放、保管各种施工机械材料。

③ 是否在建筑工程内设置宿舍。

④ 是否允许在公共临时道路消防应急车道线上放置堆物、堆料或者擅自挤占临时的消防紧急车道线。

⑤ 建设人防工程内是否有存放着易燃易爆及化学危险品液体和各种易燃液体、可燃材料。

⑥ 检查是否按规定在安全作业密闭场所内分装、调料其他易燃易爆化学剧毒危险液体并填写书面检查处理记录表,告知现场危害,协助管理人员当场进行改正。

⑦ 是否在建筑工程用途内直接使用液化石油气。

⑧ 施工作业用火时是否领取用火证。

⑨ 施工现场内是否有吸烟现象。

⑩ 是否有随意在各大学宿舍区域范围内任意乱加使用各种诸如电炉、热得快、电褥子等大功率电热设备,是否有人随地任意乱搭乱拉各种临时电线。

(5)消防车道的检查

消防车道的防火检查要点如下:

① 严密观察现场消防救援应急车道出口旁区域是否存有已集中堆放易燃易爆危险物品和被紧急锁闭、停放的重型车辆等,影响后方车辆出入畅通情况等线索;

② 观察消防专用车道附近是否会有乱挖坑、刨沟路等违规行为,影响了消防专用车辆顺利通行;

③ 现场消防疏散车道沿线上施工人员是否允许有私自搭建临时违法建筑设施等施

工行为。

(6)防火分隔设施的检查

防火门和防火隔卷帘也是最主要使用的室内防火检查和分隔防火设施,对它们实施的室内防火专项检查,主要应体现在分隔上或者是封闭上,真正要起到居室一旦火灾发生能将全部火灾活动控制在室内一定的防火空间范围内的作用。

① 防火门的检查要点

A. 检查防火门房的内外门框、门扇、闭门器等附属部件安装是否做到完好或无损,并保证具备良好程度的防潮隔火、隔异烟作用功能;

B. 检查安装带自动闭门器装置的全部电子防火门系统是否能够全部或者同时实现全部自动按顺序地关闭,电动防火门则必须做到当电磁铁系统完全关闭释放掉磁力能量后就能全部保证按规定顺序自动、顺畅、安全地关闭门;

C. 查看防火门前是否因堆放易燃易爆物品等影响开启。

② 防火卷帘检查要点

A. 仔细察看防火卷帘罩下是否有人故意堆放杂物,影响降落等;

B. 检测防火安全卷帘和控制窗面板、门体等是否保持完好无损等;

C. 查看防火安全卷帘系统是否能够处于正常自动升起卷帘状态下;

D. 检查防火隔热卷帘所配备对应设备的红外烟感、温感探头安装是否均完好无损。

8. 消防控制中心

1)全体消防控制室专职工作岗位人员还应依法严格遵守公司消防控制室颁布的现场各项操作安全岗位操作管理规程要求和企业各项内部消防技术安全工作管理制度。

2)监控中心的消防控制室值守人员都应当能按消防规定严格实行本室内及每日24小时专设防火岗值班执勤的巡逻制度,确保监控人员准确及时地快速发现危险问题并做到快速有效准确地发出处置本室内各类火灾事故报告和通信系统故障等应急报警。

3)消防控制室工作人员每班不得少于2人。

4)所有负责本消防控制室安全和实施自动分切换消防楼宇自控设备系统监控作业任务的其他所有现场值班管理人员或现场操作岗人员,应按时全部登记并取得相关安全防护岗位操作证,持证并安全防护上岗,同时及时妥善整理存放技术资料并在存放本工程消防控制室备查。

5)各小区消防控制室及其主要消防工作机构值班人员原则上每月应确保本人按时合格上岗,并应当提前做好人员上岗交接工作,接班人员与逾期未达到按时到位或岗前规定标准的交班岗位工作人员不得中途擅自离队离岗。

6)各值班消防控制室内全体工作人员外出值班期间应依法认真执勤,按时到登记点上岗,并始终自觉坚守本岗位,尽职尽责,中途不得随意请假脱岗、替岗、睡岗,严禁在上岗值班时间内进食或饮酒,个人因重大和特殊突发疾病导致不能按期到本岗值守的,应按国家有关规定提前30日向值班单位负责同志或者主管科室负责同志请假,经上级审核批准并登记备案确认后,由其同等或者以下职位技术级别的相关专业人员负责代替值班。

7)消防队应依法在出入口消防控制室区域的安全入口处内设置具有明显标志的安

全标志灯;消防控制室现场应同时设置发生火灾事故后应急救援照明、灭火器具等重要消防辅助器材,并需配备有相应等级的消防车通信或联络工具。

8)公司全体各消防控制室及其专职安全工作消防控制操作人员等均一定要自觉切实做到严格管理本部门消防控制室工作中需要的设备及所有附属设施,保持公司本部门控制工作室内明亮、整洁、无污染。

9)严禁无关单位人员未经许可进入现场消防控制室,随意攀爬触动灭火设备。

10)在消防自动控制操作室内严禁直接存放任何易燃易爆类危险金属物品和临时堆放其他与自控设备工作运行环境无关的可燃物品或堆放杂物,严禁与消防控制室设备无关的其他电气线路设施和介质管道穿过。

11)在消防人员控制区域室内外严禁野外吸烟明火或临时动用其他明火。

8.2.3 车辆安全管理

1. 停车场管理内容

1)一般规定

停车场是供车辆停放之场所。停车场既包括仅画停车格而无人管理及收费的简易停车场,亦包括配有出入栏口、泊车管理员及计时收款员的收费停车场。现代化的停车场常有自动化计时收费系统、监控设备系统。停车场通常只是提供场地给司机停泊车辆,不承担车辆停放期间的任何损失或被盗责任。合约免责条款一般会贴于停车场出入口处供司机参阅。

2)巡查要点

(1)停车场管理

① 道闸系统运行正常,外观完好。

② 保证车场内设备设施完好且无积水现象。

③ 发现故障有报修记录。

④ 道闸有安装防砸红外感应系统,安装了防撞桩。

⑤ 道闸杆有张贴"车辆慢行 一车一卡"标识。

⑥ 在机动车场值勤的人员 24 小时应着反光衣。

⑦ 停车场秩序:停车场无车辆乱停放;停车场无嫌疑人员、小孩等逗留;停车场无练车、维修、加油现象;停车场无车辆漏油等现象;按照相关规定控制危险化学品进入小区或停车场。

⑧ 建立停车场管理制度,以完善对停车场的安全管理。

⑨ 应划定汽车、助动车、摩托车和电动自行车的停放区域。

⑩ 停车区域的划分应符合相关法规要求,不应影响人员疏散、消防车通行及举高消防车作业,人车应分流。

⑪ 停车场有必要的消防设施以及防雨水措施,并定期检查保养,使其处于完好状态。

⑫ 在车辆出入口应配备减速带,转弯以及视线不良处应配备广角镜。

⑬ 限速、限高等标识标牌及道路标线应清晰完整。

⑭ 设有充电桩和充电设备的停车位,应当符合 GB/T 18487.1 的规定,非机动车停

放充电应规范管理,有必要的安全措施;每班次值勤人员对停车场进行巡查,发现存在安全事故隐患时应做好登记,并进行改善,保留相关记录。

(2)停车场车辆进出管理

① 停车场管理人员应引导车辆使用人在指定位置停放车辆,主动、礼貌上前接待。

② 停车场管理人员在办妥相应手续后方可允许车辆离场,如因私自放行导致车辆失窃,车管人员承担一切责任。

③ 夜间停放的车辆,停车场管理员应做好记录并办理交接班手续。

(3)停车场巡视管理

① 停车场管理员每半小时或临时详细检查车辆的车况,发现漏油、未上锁、车厢(车篓)遗留物品等情况应及时处理并通知车主,同时应在交接班记录本上做好记录,特殊情况报告部长处理。

② 逾夜车辆,或遇交接班时应清点、核对数量,确保安全。

③ 停车场管理员检查手提灭火器等消防器材,发现逾期或其他异常情况应在交接班记录本上记录并及时上报,立即处理。

④ 停车场管理员负责维护好停车场内清洁卫生,保持车场整洁。

(4)停车场收费管理

物业服务中心可依据物价部门、交通部门或业主委员会核定的标准收取停车场车位管理费、临时停车费和地面车位使用费,用于园区道路整修、停车场公共设施用电、清洁和设备维修等。

(5)停车场消防管理

① 严禁携带易燃、易爆物品的车辆及漏油漏水的车辆进入。

② 按区域配置灭火器材,定期检查消防栓,时刻保持良好的技术状态。

③ 车场内严禁吸烟或任何明火作业。

④ 严禁在小区车场内对车辆进行修理、加油、加池水。

⑤ 严禁乱占车道、堵塞走火通道及平安出口。

(6)停车场岗亭制度管理

① 岗亭应用镜框悬挂车辆管理制度(岗位制度、操作规程和停车场管理规定)、收费标准、营业执照,保管员姓名和照片等。

② 不许闲杂人员进入。不许存放杂物,随时保持室内外清洁。

③ 岗亭"值班记录""车辆出入登记表"及"车辆停放卡"均放在固定位置,且应摆放整齐。

(7)停车场意外事故的处理

① 当停车场管理员发现停车场内的车辆被盗或被损坏时,应立即通知车主,同时逐级报告领班及部门主管和公司领导。

② 属撞车事故的,停车场管理员不得放行肇事车辆,保护好现场,并立即报警。

③ 属酗酒或寻衅滋事而引发的砸车事故,停车场管理员应立即制止,并通过巡逻安全员上门通知车主,对造成的事故进行确认。

④ 停车场管理员认真填写交接班记录,如实写明逾夜停放车辆的数量、区域停放情

况、发生事故的时间以及发现后的报告处理情况。

⑤ 车辆在停车场被盗后,停车场管理员应立即汇报公司处理,待车主确认后向当地公安机关报案。停车场管理员以及车主都应积极配合公安机关做好调查处理工作。涉及公司内部人员责任问题,由公司组织调查,视情况做出处理决定。

⑥ 收费系统一旦停电,应通知出入口岗位当值人员,使用手动计费;然后立即使用紧急照明,保证各通道照明。

2. 停车场管理制度

1)停车场管理监控系统(库)所有工作人员岗位必须始终坚持至少有一个专职的停车场并保证服务站工作人员每日进行 24 小时连续巡逻值班,建立健全现场各项管理岗位服务制度,明确岗位职责,管理规范制度、岗位责任人资料原件和个人近期一英寸照片、保管服务站部门负责人、营业执照、收费依据标准等,应当正确悬挂或设置在专用停车场内,管理(库)站点所在的地下停车场的出入口向外有明显的位置。

2)在临时停车场区域内还应当按国家有关消防法规的规定及时设置临时固定设施消防栓,配备专用灭火器,由当地城市园林绿化管理处消防负责人定期检查,由该停车场车管员派专人负责管理并使用。

3)机动车临时在小区收费停车场泊位内临时停放和占用该小区车行道路用地的停车场,须提前按规定做好区内主要道路行车路线、停车位、禁停、转弯、减速、消防安全通道和出口设置等道路相关的标识,并一定要确保在道路各项主要交通方向车行道路口转弯处能按统一规定标准安装反光玻璃凸面镜。

4)在各公共停车场小区门口附近的车辆出库闸入口处均应设置垃圾箱等,在其他各公共小区出入口或明显位置上要设置安全路障灯牌和安全防护栏。

5)其他各类危险集装箱罐车、大型小货车、40 张以下座位客车或吨以上载客容量吨位的普通中型货运客车(110、119、120、999 等应急车辆除外)、拖拉机、工程车,以及其他一切未经许可运载有过担易燃、易爆、有毒或者放射性废物等其他特殊有毒危险化学物品在运行区域的所有各类特种车辆,都严格禁止私自进入该封闭小区。

3. 电动车辆充电管理内容

1)一般规定

电动车,即电力驱动车,又名电驱车。电动车分为交流电动车和直流电动车。通常说的电动车是以电池作为能量来源,通过控制器、电机等部件,将电能转化为机械能运动,以控制电流大小改变速度的车辆。电动车辆在国民经济中所占份额不是很高。但是它符合国家定的节能环保趋势,大大方便了短途交通,最主要的是节约能源和保护环境,因而在国民经济中起着重要的作用。

2)检查要点

(1)非机动车存放点有巡逻签到点。

(2)非机动车存放点在监控范围内。

(3)非机动车停放点的车辆停放整齐有序。

(4)无乱拉电线充电行为。

(5)非机动车停放点有明显的防盗温馨提示。

（6）非机动车停放点有充电桩安全使用须知。

4. 应急物资

1）气溶胶式灭火器，每 20 台车辆最少配 1 个。

2）停车隔离桩，最少配 4 个。

3）警戒绳 1 盘。

4）汽车临时千斤顶 1 个。

5）急救箱 1 个，里边要有硝酸甘油、创可贴、酒精棉、酒精，以及感冒药 1 盒、拉肚子药 1 盒、剪刀和镊子各 1 把、口罩 1 包等。

5. 非机动车辆管理

1）非机动化车辆请确保按标示位置进出地下车库，严禁个人携带易燃易爆危险品。

2）尽量将所有车辆一律分别临时停放在停车场管理人员指定的各个安全停车位置，临时需要集中停放于车库以外的任何其他停放车辆时，则尽量一律按临时管理人员指定的 4 个安全停泊位置分别进行停放处理即可。

3）请勿长时间占用他人车位停放或违规在疏散通道外以及周边消防报警通道空地上停靠。

4）车主请锁好车辆，不要将贵重物品放在车上。

5）严禁车辆驾驶员个人在公共地下车库系统场地内违规从事露天洗车、修车、学车收费行为。

8.3 设备设施安全管理

8.3.1 电梯安全管理

1. 设备设施

1）上岗证

检查要点：电梯、自动扶梯维护保养和操作人员应持有特种设备安全监督管理部门核发的统一格式的特种设备作业人员证书。

2）合同

检查要点：电梯、自动扶梯应由专业人员维护保养，与专业公司签订维护保养合同，合同在有效期内。

3）资质证书、安全注意事项及警示标识

检查要点：

（1）电梯、自动扶梯维保单位的资质符合国家规定，电梯维护保养符合 TSG 08 的要求。

（2）电梯及自动扶梯应有使用登记证，《安全检验合格》标志应在有效期内且按规定张贴。

（3）电梯及自动扶梯应有警示标识及安全注意事项，且张贴在醒目位置。

4）制度

检查要点：电梯及自动扶梯年度维保工作计划及月度工作计划完善

（1）安全管理人员应制定和落实电梯的定期检验计划。

（2）在"安全检验合格"标志规定的检验有效期届满前 1 个月，向特检设备检验检测机构提出定期检验申请，并做好以下准备工作：申请检验前，应责成电梯维护保养单位对电梯进行全面检查和保养并做好记录；准备好电梯安全技术档案，以备查阅；与检测机构约定具体检验时间。

（3）检测机构现场检测前，应将停梯原因及时通知相关部门，并将公告贴在电梯首层门口和人员密集层站。通知电梯维修保养单位到场配合检测部门现场检验。

（4）检验后，按照检测机构出具的整改通知书的要求对不合格项及时进行整改，如有重要项目或存在安全隐患，继续使用可能导致事故发生，应停用进行整改；一般项目由于各种原因确实无法整改的项目，应制定监护使用措施，并在本单位内部发布实施。整改结束后，认真填写整改回执单，向检测机构申请复检或确认。

（5）检验结束后，及时将电梯检验报告书取回存档，将"安全检验合格"标志张贴在电梯轿厢内或者出入口的明显位置。

5）计划

检查要点：电梯及自动扶梯年度维保工作计划及月度工作计划完善。

2. 巡检、维修保养、演练

1）一般规定

电梯及自动扶梯维修保养过程中设置明显警示标识，巡检、保养、维修及演练记录完整（在免保期内可由取得许可的安装、改造、维修单位或者电梯制造单位进行）。

2）检查要点

电梯及自动扶梯维修保养过程中设置明显警示标识，巡检、保养、维修及演练记录完整（在免保期内可由取得许可的安装、改造、维修单位或者电梯制造单位进行）。

（1）电梯维修保养

① 应对机房的电器和机械设备做定期的巡视检查，清理轿厢、机房卫生，检查司机交接班记录。

② 应至少每 15 日按照国家安全技术规范的要求对电梯进行一次维护保养，并做好记录。

③ 每季度对各种安全防护装置和电控部分进行详细检查，更换各种易损部件，并做好记录。

④ 每半年对重要的机械部件和电器设备进行详细检查，并做好记录。

⑤ 每年进行一次全面的安全技术检验，确定电梯运行状态及不安全因素。

⑥ 根据电梯性能和使用频率，可在三至五年内进行一次全面的大修（清洁曳引机、更换摩擦片、检修控制柜、更换钢丝绳、做平衡系数实验等），电梯停用 1 年以上或者停用期跨过 1 次定期检验日期时，应当在 30 日内到原使用登记机关办理停用手续，重新启用前，应当办理启用手续。

⑦ 当火灾、地震、水淹等灾害发生后，应对电梯进行全面的检查和维修，并做好记录，报请特种设备监督检验机构检验合格后方可投入使用。

⑧ 按照安全技术规范的要求，及时采用新的安全与节能技术，对在用电梯进行必要

的改造或者更新,提高在用电梯的安全与节能水平。

⑨ 建立电梯运行记录并详细填写故障及原因尤其是安全部件、安全装置维修及调整后的数据记录在案,为日后的维修保养工作提供可靠的数据。

(2)电梯巡视

① 每日巡视检查

巡检的要求:检查人员采用询问、手摸、耳听、目视等方法,检查电梯运行情况,查电梯各个安全回路控制点来判断电梯运行状态。如果发现问题,能修理应及时停机修理,并将维修情况记入电梯维修日志中;发现重大问题,应及时向上级主管领导汇报,并设法处理。

A. 舒适性的检查:每次电梯运行时巡视人员进轿厢,用身体感觉确认从起动到平层皆无异常振动、冲击以及异常声响。

B. 机房内检查:机房内应无杂物及积水、漏水,通风良好、温度适宜且保持整洁,各设备无严重积尘。电梯机房不得有人随意进入,钥匙应由维护检查人员及专人管理。

C. 异常声响即振动检查:电梯各机械部件、轴承、导轨、门机构运行中有无振动、冲击及异声。电气控制屏主开关有无异常声响、异味,确认控制变压器及其驱动电源变压器无异常的激磁声和振动。

D. 电动机及制动器的检查

a. 引机工作温度是否正常,有无异声。

b. 检查曳引机转动时闸瓦制动带与制动轮之间有无相擦现象。

c. 检查制动时的工作可靠性和有无不正常的撞击声及其他异常现象。

E. 限速器的检查

a. 检查超速开关动作的可靠性。

b. 检查夹绳钳口及绳槽处有无异物。

c. 检查限速器运动是否灵活可靠及是否有不正常声响。

d. 限速绳有无拉丝、断丝、折曲。

e. 控制屏及主电源部分及电气件工作是否正常。

f. 有无脱线、松动或元件损坏。

g. 有无异常情况报警信号。

h. 指示灯、按钮、报站器及报警器工作正常无机械损坏。

F. 每月巡视检查:月检的目的与要求是,查易损易松动的零件及安全装置,电气柜层、轿厢门、开门机构,发现问题及时处理并将维修情况做详细记录,有针对性地解决每日检查无法处理的问题。

G. 每季巡视检查:季检的目的及要求是,由大厦的工程部电梯管理人员与电梯维修公司有关技术维修人员以及电梯维修工共同检查,综合一个季度电梯运行、维修情况进行总结。需换的易损部件应及时更换。

(3)电梯演练

① 每年至少进行一次应急演习,成员必须全员参加。

② 演习的内容、时间、排除方法、应急预案由电梯安全管理人员拟定,行政领导批准

后实施。

③ 演习结束后,电梯安全管理人员应将该次演习的情况作书面记录,并进行总结,对存在的问题在下次演习中进行调整、修改。

④ 演习电梯火灾情况

A. 及时与消防部门联系并报告有关领导。

B. 按动有消防功能电梯的"消防按钮",使消防电梯进入消防运行状态,以供消防人员使用;对于无消防功能的电梯,应立即将电梯直驶至首层并切断电源,或将电梯停于火灾尚未蔓延的楼层。告诫轿厢内乘客保持镇静,按救援程序实施后,组织、疏导乘客离开轿厢,沿安全通道撤走,将电梯置于"停止运行"状态,用手关闭厅门、轿门、切断电梯总电源。

C. 井道内或轿厢发生火灾时,应即刻停梯疏导乘客撤离,切断电源,用灭火器进行灭火。

D. 对于有共用井道的电梯发生火灾时,应立即将其余尚未发生火灾的电梯停于远离火灾蔓延区,或者交给消防人员用以灭火使用。相邻建筑物发生火灾时,也应停梯,以避免因火灾而停电造成困人故障。

3. 电梯机房

1)一般规定

电梯机房一般设置在井道的正上方,目前也有部分机房设置在井道的底部或侧面。机房的通风降温已成为一个相当重要的要求;另外,机房必须具有良好的抵御风吹日晒和雨雪雷电的能力,电梯机房不能同其他设备的机房通用。

2)检查要点

(1)电梯机房通风、照明良好,整洁无杂物,无易燃易爆品,挡鼠板安装符合标准,无滴漏水现象,孔洞封堵完好,室温应控制在 40℃ 以内、湿度在 85% 以内,应急救援及通信工具齐全完好,应急预案上墙。

(2)曳引机和曳引轮无噪声、振动,控制柜内无积尘、干净整洁,限速器及开关功能正常,各线头无松动,动作灵活,无异常声响。

(3)各枢轴部件的润滑良好,无异常声响,曳引钢丝绳和限速器绳无断丝,楼层标识清楚。

具体措施如下:

① 详细制定电梯机房各岗位的具体职责;

② 禁止在机房内使用电热设备;

③ 施工用火要申请,并提前采取各种防火措施;

④ 机房要配备适当的灭火工具,灭火工具不得挪作他用;

⑤ 外来人员进入机房,须经有关部门同意并进行登记;

⑥ 严格执行交接班制度,机器发生故障要及时排除;

⑦ 定期检查机房设备,使之保持良好状态;

⑧ 如果发现火情,要保持冷静,并立即通知有关部门,同时积极组织灭火;

⑨ 机房内应保持干燥,有良好的通排风、防尘、防有害气体、防潮、防鼠措施,并有充

分的照明亮度;

⑩ 定期清扫,保持清洁整齐,所有通道不得有障碍物,不准堆放易燃、易爆物品,要有消防措施;

⑪ 机房不得用作与电梯无关的储存室,除维修保养所必需的工具物品、灭火器材和电梯备品备件外,不应存放其他物品;

⑫ 机房所有门要加锁,门上应有"机房重地,闲人免进"字样的标志;

⑬ 机房顶要有金属吊钩,注明最大允许负荷标志;

⑭ 制定规范的电梯机房安全制度,合理规范电梯用电安全、操作安全;

⑮ 制定电梯机房责任制度;明确具体责任,要求责任到人。

4. 电梯井道

1)一般规定

电梯井道是电梯的重要组成部分,对电梯安全有重要意义。电梯井道里面有限位开关、手动急停开关、限速开关、安全钳开关、涨紧轮、缓冲器开关,照明开关、井道电源开关。限位开关安装在最底层和最高层,是防止电梯记忆里的楼层错误,或者刹车不灵向上或向下冲的保护开关;手动急停开关是给专业人员维修保养时用的开关,安装在最底层维修人员开门比较容易按到的位置;限速开关无机房的安装在最高层,有机房的安装在机房,这个开关是超速时自动动作的开关,当超过额定速度的百分之一百零五就动作;涨紧轮开关安装在最底层的井道下面的涨紧轮,涨紧轮简称为重锤,这个开关就是防止重锤到地;安全钳开关用在井道轿厢底部或顶部,当超速到百分之十五时安全钳动作,开关也就带动动作,其作用是使主机停止转动。缓冲器是在最底层轿厢对中的地面和对重对中的地面,开关就在缓冲器上,当电梯冲顶时对重缓冲器开关动作,蹲底时轿厢缓冲器开关动作,作用是使主机停止转动,不运行电梯。

对于电梯井道的安全防护和安全管理要做到以下内容几点:

(1)维修人员在进入井道作业之前要打开设置在井道内的照明灯(每盏灯间隔 5~7m);

(2)维修人员进入井道作业时要佩戴安全帽、穿绝缘鞋,绝对禁止一只脚厅门里一只脚厅门外作业;

(3)任何人员不许在井道内任何位置放置、暂存任何物品或暂息任何人员;

(4)严禁在拆除和短接井道器任何安全机电部件的情况下进行电梯的操作运行;

(5)各导轨支架及分隔梁无螺丝松动、生锈;

(6)各厅门上罩无积垢,滑动导靴无破损,润滑良好;

(7)重装置清洁、重压块不松动;

(8)随行电缆无破裂、固定可靠,照明完好,安全门及开关动作灵活可靠;

(9)当电梯在运行状态时,严禁有超出轿顶面积的人体、工作服及任何物品,并随时做好防范措施,严禁"无司机控制"下的一人检修工作;

(10)在轿顶工作时,如有超出轿顶实面积的人体、物体作业时必须切断安全控制回路,并将电梯处于检修运行状态;

(11)做好四防(防护、防火、防蚀、防盗)工作及电梯保养工作,安全、润滑、信号、功

能、卫生更换件等;

　　(12)非专业培训合格人员、未经三级安全教育人员严禁对电梯及配套设备进行各项独立操作。

　　2)检查要点

　　(1)各导轨支架及分隔梁无螺丝松动、生锈;

　　(2)各厅门上罩无积垢,滑动导靴无破损,润滑良好;

　　(3)重装置清洁、重压块不松动,随行电缆无破裂、固定可靠;

　　(4)照明完好,安全门及开关动作灵活可靠。

　　5. 电梯底坑

　　1)一般规定

　　电梯底坑位于轿厢服务的最低层站以下的井道部分。其内设有缓冲器及电梯停止开关和井道灯开关、电源插座及照明;可按需要设底坑门;底坑应有足够的空间;坑底与轿厢最低部分之间的净空距离不小于 0.5m;坑底与导靴或滚轮、安全钳楔块、护脚板或垂直滑动部件的净空距离不得小于 0.1m。其底部应光滑平整,不能积水。其结构应能承受轿厢或对重与缓冲器碰撞时反力的抗压强度。

　　2)检查要点

　　(1)井道底坑不得漏水和渗水,底坑底部应光滑平整。

　　(2)电梯底坑环境清洁、无杂物、无积水。

　　(3)急停开关以及其他安全开关动作可靠灵活,底坑内照明正常,涨紧轮及开关功能正常,无异声,润滑良好。

　　(4)为了便于检修人员安全地进入底坑作业,应在底坑内设置一个从层门进入底坑的永久性装置,此装置不得凸入电梯运行空间。

　　(5)进入底坑工作前,打开层门后,应先打开底坑照,打开安全开关,用梯子进入底坑,不准攀附轿厢随行电缆,若发现底坑有积水,应及时排清,待干燥后,再开始对底坑作业。

　　(6)进入底坑进行施工时,轿厢内应派专人看管配合。关闭轿厢内的电源,拉开轿门和层门。

　　6. 厅门

　　检查要点:

　　(1)地坎无积垢,厅门板无变形,门板与门框、门头间隙≤6mm。

　　(2)外呼、到站钟(层显)正常有效。

　　(3)进出电梯轿厢时,快进快出,不要停留在厅门轿门处,进入轿厢后应尽量向箱内站立。

　　(4)电梯运行过程中,不要蹦跳、推搡。乘用自动电梯时,按下选层按钮后,不要再随便按其他按钮,以防电梯不能到达目的楼层。乘用自动扶梯时,要扶住电梯扶手带,头、手、身体等部位不超出扶手带,以防挤伤。上下扶梯时要高抬脚快速进出梯阶台,少儿乘用时须由大人监护,以防万一。

　　(5)乘用电梯时如果碰到突然停电,无法下电梯时,不要乱动,应按电梯轿厢内的报警按钮,或通过电话与值班人员联系,等候救援。

(6)为了保证电梯的正常运行,不要碰撞电梯厅门,更不要用手或棍棒等物扳撬电梯厅门。

7. 轿顶

1)一般规定

安全进出轿顶操作步骤如下:

(1)如果井道照明开关在井道外,先打开井道灯;

(2)对其作业的电梯轿厢呼叫到员工所在楼面;

(3)在轿厢内选两个与本层相邻向下楼层信号,使轿厢向下运行;

(4)用层门钥匙打开层门,通过打开层门的方法,将轿厢顶停在轿顶比厅门地坎高0~500mm 的位置;

(5)如果轿厢不是因打开层门被强制停止的,或者说轿厢是自动停靠下层站的状态下,需观察轿门关闭(确认轿内没有乘客)等候 10 秒钟,确认轿厢没有移动,以验证本层门安全回路是否有效;

(6)将急停开关打到停止位置,关上层门等候 10 秒钟,再打开层门,确认轿厢没有移动,以验证急停开关是否有效;

(7)将轿顶检修开关拨到检修位置,急停开关恢复正常位置,关上层门等候 10 秒钟,再打开层门,确认轿厢没有移动,以验证检修开关是否有效;

(8)将急停开关打到停止位置,打开轿顶照明灯,使用厅门阻止器将厅门固定;

(9)进入轿顶关闭层门,站立靠轿顶中间位置,将急停开关恢复正常位置;

(10)先点动下行方向按钮、再点动上行方向按钮操作轿厢检修速度运行,以验证检修开关/按钮的有效性,开始井道中的工作。

2)检查要点

(1)轿顶护栏、空调或换气扇、轿架固定可靠,空调或换气扇运行正常、无异响;

(2)安全开关动作正常,照明完好。

8. 轿厢

1)一般规定

轿厢是电梯用以承载和运送人员和物资的箱形空间。轿厢一般由轿底、轿壁、轿顶、轿门等主要部件构成,其内部净高度至少应为 2m。

轿厢是电梯的主体部分,在使用时保持轿厢内部的清洁,同时在对电梯进行安全检查时,必须着重注意对轿厢的安全排查。

2)检查要点

(1)对讲、应急灯、警铃、轿厢内操作按钮、显示功能正常;

(2)开关门动作正常,无异响,轿厢天花板、灯无破损、松动、不亮现象;

(3)运行无明显振动、摇晃现象;

(4)轿厢门联锁是否正常;

(5)安全触板及开关是否正常;

(6)轿厢内显示器、按钮工作是否正常;

（7）对讲电话与警铃是否正常；

（8）天花板、壁纸、地面、是否完好；

（9）通风扇是否工作正常；

（10）照明灯、应急灯是否正常；

（11）有无异声、异感、启动,行车加减速时的平稳性、振动、噪声。

8.3.2　给排水系统安全管理

1. 设备设施

1)制度

检查要点:给排水系统安全管理制度完善(包括给排水系统检查、运行、维护保养制度及应急预案)。

2)计划

检查要点:给排水系统年度维保工作计划及月度工作计划完善。

3)巡检、运行、维修保养

检查要点:给排水系统巡检、运行、保养及维修记录完整。

4)水泵房

（1）一般规定

① 水泵房安全管理

A. 非值班人员不准进入水泵房,若需要进入,须经生产安全部或工段长同意并在值班人员陪同下方可进入。

B. 水泵房内严禁存放有毒、有害物品,严禁堆放各类杂物。

C. 水泵房内需配备灭火器材并放置在方便、显眼处;水泵房内严禁吸烟。

D. 水泵房内、外蓄水池需做到随时用防护盖板盖好,以防人员坠落发生意外。严禁往池内扔杂物,严禁从池内取水他用。

② 水泵房设备管理

A. 水泵房及蓄水池全部机电设备必须由指定人员负责监控,定期进行保养、维修、清洁工作,定时进行巡检,了解设备运转情况,认真做好检查记录。

B. 设备设施要求做到表面无积尘、无油渍、无锈蚀、无污物,油漆完好、整洁光亮。

C. 电控制柜上所有的选择开关位置、操作标志都应标识明确、清楚。

D. 操作人员如果下蓄水池检修,必须有至少一人留守池口看护,禁止在无人看护的情况下独自下池作业。

③ 水泵房运行管理

A. 水泵应每 24 小时自动轮换运行,并定期检查泵的运行情况。

B. 水泵房机电设备每天由专人巡视、操作、记录,其他无关人员不得擅自操作,也不得进入水泵房。

C. 所有水泵应保证随时都能投入使用,所有长期停用的水泵需每月进行一次预防性运转。

D. 水泵每次启动或停泵后,都应仔细观察有关仪表、指示灯及水泵运行是否正常,发现异常情况及时上报生产安全部。

E. 熟悉各控制按钮、仪表功能,小心操作,不得有误。

(2)检查要点

① 水泵房通风、照明良好,整洁无杂物,无易燃易爆品;

② 挡鼠板安装符合标准,无滴漏水现象,孔洞封堵完好,室温应控制在 40 度以内、湿度在 85％以内,应急预案上墙。

5)水泵

(1)一般规定

① 水泵安全

A. 水泵的安装应牢固、平稳、有防雨、防冻措施;

B. 多台水泵并列安装时,间距不小于 80cm;

C. 较大的进出水管,须用支架支撑,转动部分要有防护;

D. 电动机轴应与水泵轴同心,螺栓要坚固,管路密封,接口严密,吸水管阀无堵塞,无漏水;

E. 启动时,应将出水阀关闭,起动后逐渐打开;

F. 运行中,若出现漏水、漏气、填料部位发热、机温升高、电流突然增大等不正常现象,要停机检修;

G. 水泵运行中,不得从机上跨越;

H. 升降吸水管时,要站到有防护栏的平台上操作,作业后应先关闭出水阀,后停机。

② 水泵操作过程

A. 开泵前,必须检查水泵机组安全装置是否完好、电机接地是否可靠、风道是否畅通、轴承油质油位是否正常,并排气、盘车;盘车时,切断电源,派专人监护。同时,将进水阀、检修阀全开,出水阀全关。

B. 开泵时,人、物品要与转动部分保持安全距离;启动后应点开出水阀缓慢增加流量,以保持管网压力稳定,避免爆管。

C. 水泵在闭闸情况下运行时间不得超过 2～3 分钟。进水阀门必须保证全开,严禁采用调小进水阀门的方式控制水泵流量。

D. 停泵时,若出现反转,只能用关闭出水或进水阀的方式控制,不得用机械方法将水泵卡住。

E. 更换水泵阀门的盘根,须在静压 0.03MPa 以下,不得带压进行。

F. 因进水阀失灵、泵头集气,造成水泵不出水和泵体温度过高时,应按关闭出水阀—停泵—关闭进水阀的程序,使水泵自然冷却,严禁打开阀门和排气阀进冷水降温。

G. 检修水泵机组设备时,必须将进出水阀门关闭,以免高压水带动水泵旋转或淹没泵房;并断开电机电源(隔离开关在断开位置),取下操作保险,落实安全、挂牌措施。

H. 严禁在电机旁烘烤衣物。

I. 气温低于零度时,打开备用水泵排气阀确保常流水,以免冻裂设备。

J. 电气设备发生火灾时,不得用水或酸碱性泡沫灭火器扑灭。

(2)检查要点:水泵运行正常,无异常声音,无异常振动,无渗漏水现象。

6）管道

（1）一般规定

管道是用管子、管子连接件和阀门等连接成的用于输送气体、液体或带固体颗粒的流体的装置。通常，流体经鼓风机、压缩机、泵和锅炉等增压后，从管道的高压处流向低压处，也可利用流体自身的压力或重力输送。管道的用途很广泛，主要用在给水、排水、供热、供煤气、长距离输送石油和天然气、农业灌溉、水利工程和各种工业装置中。

（2）检查要点：水流标识清晰、正确，管道畅通、无渗漏水。

7）阀门

（1）一般规定

阀门（valve）是流体输送系统中的控制部件，具有截止、调节、导流、防止逆流、稳压、分流或溢流泄压等功能。

（2）检查要点

① 止回阀蝶阀能够完全关闭，闸阀关闭正常，泄压阀无渗漏；

② 检查确认阀体各部连接紧固无松动；

③ 检查阀门与管线连接紧固无松动；

④ 检查操作手轮或手柄的启闭标志后再操作。

阀门操作关键如下：

A. 手轮、手柄是按正常人力设计的。一般手轮、手柄的直径（长度）＜320mm 的，只允许一人操作，手柄的直径（长度）＞320mm 的，允许两人共同操作，或者允许一人借助扳手（一般不超过 0.5m）操作阀门。

B. 关闭阀门时，不能用力过大过猛，防止损坏手轮，擦伤阀杆和密封面，甚至压坏密封面。

C. 手轮、手柄损坏或丢失后，应及时配制，不允许长期用活动扳手代替。

D. 开启球阀、蝶阀、旋塞阀时，当阀杆顶面的沟槽与通道平行，表明阀门在全开启位置；相反，则表明阀门关闭。

E. 高温阀门，当温度升高到 200℃ 以上时，螺栓受热伸长，容易使阀门密封不严，这时需要对螺栓进行"热紧"；在热紧时，不宜在阀门全关位置上进行，以免阀杆顶死，以后开启困难。

手动阀门操作要求如下：

A. 手动开闭阀门时，用力要均匀，同时阀门开闭的速度不能过快，以免产生压力冲击损坏管件。

B. 手动阀门的开启方向为逆时针转动手轮，关闭时则与之相反顺时针转动手轮。

C. 楔式闸阀在开启过程中阀杆应随着阀门的开启不断上升，反之关闭时阀杆应随着阀门的关闭不断下降，如发现开闭不动、手轮空转等异常情况应立即停止操作，并汇报当班主操。

D. 平板闸阀、球阀在开启过程中刻度盘的开度指示应随着阀门的开启不断扩大直到开启度为 100% 为止，在关闭过程中刻度盘的指示应随着阀门的关闭不断指向"0"位，直到指针回"0"为止，当开关到位后，切不可再施加外力，防止造成限位机构的破坏。如发现开启不动、手轮空转等异常情况应立即停止操作,并汇报当班主操。

E. 蝶阀在开启时应逆时针转动手轮,直到指针指向刻度盘上的"OPEN";关闭时则应顺时针转动手轮,直到指针指向刻度盘上的"CLOSE",当开关到位后,切不可再施加外力。

F. 防止造成限位机构的破坏。如发现开闭不动、手轮空转等异常情况应立即停止操作,并汇报当班主操。

G. 闸阀在开启到位后,要回转半扣,使螺纹更好密合,以免拧得过紧,损坏阀件或在温度变化时把闸板楔紧。

H. 球阀在操作中只能全开或全闭,不允许节流。

I. 作业过程中值岗人员应随时检查阀体及其与管线连接部位有无渗漏,如发现问题立即汇报当班主操。

J. 阀门的维护保养

a. 对于运行中的阀门,要保证阀件的完整。螺栓不可缺少,螺纹完好无损。保护好能表明阀门相关参数等标牌的清晰;

b. 对于运行中的阀门,根据阀门安装位置及管道输送介质状态,每季度对阀门进行动作(需彻底开启后恢复阀门的运行状态)。对于电动、气动装置的维护可参照相关的驱动装置使用说明书。

K. 阀门使用周期

a. 阀门自安装之日起,运行后,需对阀门进行更换,保证系统安全稳定运行;

b. 阀门在运行期间若因腐蚀出现关闭不严、阀门执行机构操作困难、阀芯腐蚀等现象时,应在工艺条件允许的情况下更换阀门;

c. 阀门更换后,立即更新阀门使用台账。

8)软接头

(1)检查要点

① 软接头无老化、裂纹、破裂现象。

② 安装软管接头时,螺栓的螺杆应伸向接头外侧,每一法兰端面的螺栓按对角加压的方法反复均匀拧紧,防止压偏。

③ 丝口接头应使用标准扳手匀力拧紧,不要用加力杆加力使活接头滑丝、滑棱和断裂,而且要定期检查,以免松动造成脱盘或渗水。

④ 同时考虑到橡胶制品存在老化问题,所以在室外或向阳迎风的管道应搭建遮阳架,严禁曝晒、雨淋、风蚀是很必要的。

⑤ 安装前,必须根据管线的工作压力、连接方式、介质和补偿量选择合适的型号,其数量根据减噪位移要求选择。注意,软管接头在初次承受压力时,例如,在安装受压后或长期停用再次启用前,应将螺栓重新加压拧紧再投入运行。

⑥ 注意压力的调节,当管道产生瞬间压力且大于工作压力时,应选用高于工作压力一个挡位的接头。

⑦ 注意其水温调节,正常适用介质是温度在 0~60 摄氏度的普通水,特殊介质除外。

⑧ 高层给水或悬空给水,管道应固定在吊架、托架或锚架上,且不能让接头承受管道

自身重量和轴向力,否则接头应配备防拉脱装置。

9)集水井

(1)集水井有时也称检查井,是在埋设地下管道时每隔一段距离,或在转弯处用砌块砌成上面加盖的圆形的井,便于平时管道检查和疏通。

(2)检查要点

① 集水井超高水位报警正常。

② 集水井无溢水现象。

③ 水泵运行正常无异响。

④ 控制柜各种显示指标正常。

⑤ 水位是否正常,是否超水位报警。

⑥ 水泵运转时压力表是否正常。

⑦ 水泵运转时通过压力表、水位观察单流阀是否正常。

⑧ 泵房整洁、照明完好、温度适宜。

⑨ 污水站集水井,必须用防护栏进行限制并上锁,任何人员不得翻越。

⑩ 防护栏上应有明显的"禁止翻越"标识。

⑪ 污水站值班人员进行日常的检查,发现损坏立即维修。

10)水池(箱)

(1)一般规定水池是用自然形成的装有水的小型坑洼或者人工材料修建、具有防渗作用的蓄水设施。

(2)检查要点

① 水箱间应保持良好的通风、照明及清洁卫生,不得堆放与供水无关的物品。

② 生活用水水池(箱)每半年清洗一次,有水质检验合格报告、报告符合 GB 5749 的要求。

③ 水质处理公司资质及水质处理公司工作人员健康合格证有效。

④ 水池(箱)无渗漏水、破损、锈蚀。

⑤ 水池口安装有防锈、防虫、防尘的门并已加锁,溢流管、透气管已加装防虫网。

⑥ 水池超高水位报警正常。

⑦ 水箱加盖、加锁,水箱间加锁,非管水人员不得进入水箱间,对二次供水水箱的安全管理落实责任人。

⑧ 管水人员每日巡视水箱,有记录。清扫及巡视记录表应挂在水箱间。

⑨ 严格实施水箱清洗作业标准,并建立水箱清洗记录档案。

⑩ 严禁在水箱间进行油漆作业。

⑪ 建立水箱档案资料,对水箱、水池安全检查和安全状态分级报告,遇突发紧急情况要立即向相关部门报告,立即启动应急预案,停止使用被污染的生活用水,并负责保护好现场。

11)隔油池、化油池

(1)一般规定

隔油池、化油池是处理油的重要场所,食堂排放的废弃油脂,应当由市环保局指定的单位进行回收和加工,从事回收废弃油脂活动的单位,应当取得工商营业执照,应告知废弃油脂回收单位,不得将废油脂加工后再作为食用油脂使用或销售。

（2）检查要点

① 餐饮商户（食堂）隔油池、化油池完好，无堵塞，废弃油脂处理符合 GB 10146—2015 要求。

② 积聚在隔油池内的油垢，根据油污情况定期进行清理，确保隔油池的操作正常，防止油垢积聚在去水管内。

③ 隔油池应至少每隔三天检查一次，如发现油垢积聚超过液体的三成时，应立即进行清理。每个应视使用情况的不同，由食堂主管进行定期检查，来决定是否有清理的需要。

8.3.3 供配电系统安全管理

1. 上岗证

检查要点：供配电操作、维修保养人员应持证上岗（电工操作证）。

2. 制度

检查要点：供配电系统安全管理制度完善（包括供配电系统检查、运行、维护保养制度及应急预案）。

3. 计划

1）一般规定

供配电系统年度维保工作计划及月度工作计划完善。

2）检查要点：供配电系统年度维保工作计划及月度工作计划完善。

4. 巡检、运行、维修保养

1）一般规定

供配电系统巡检、运行、保养及维修记录完整。

2）检查要点：供配电系统巡检、运行、保养及维修记录完整。

5. 配电房、发电机房

检查要点：

（1）配电房和发电机房通风、照明良好，整洁无杂物，无易燃易爆品；

（2）挡鼠板安装符合标准，无滴漏水现象，孔洞封堵完好；

（3）室温应控制在 40 度以内、湿度在 85％以内；

（4）应急预案上墙；

（5）油库应有安全防护措施（消防沙、灭火器等），照明设施应采取防爆措施，发电机房护耳器完好，防毒面具完好有效；

（6）配置有高压验电笔、绝缘手套、绝缘鞋、接地线、高压操作杆、专用扳手以及"严禁合闸"标识等，柜前、后绝缘胶垫完好（高压验电笔、绝缘手套、绝缘鞋、绝缘胶垫等有检验合格标识且在有效期内）。

6. 高压网柜

1）检查要点

（1）设备运行正常；环网柜全部上锁，不能使用通锁，钥匙应放置在明显位置，每把钥匙编号清晰。

（2）环网柜上标有各柜编号、环出位置、进线号，该线号所在供电部门联系电话。高压环网开关柜操作应至少两人到场，其中一人负责操作，另外一人现场监护。

（3）操作者应戴绝缘手套，穿绝缘鞋，操作时站在绝缘垫上。

7. 低压配电柜（箱）

检查要点：

（1）各类控制箱（柜）的手动、自动控制及安全（漏电、短路、过载）保护功能正常，技术铭牌及操作标识清晰，各控制柜张贴控制原理图，配电房有与使用相符的供电系统图；

（2）指示灯完好，柜内装置无异响、无焦烟气味，开关状态、标识准确，内外清洁；

（3）停用的开关应转换到"关"的位置并悬挂"严禁合闸"标识牌，进线柜断路器停用应将其退出并挂牌上锁；

（4）各二次线路端子处连接紧密、线号完好规范，连接螺栓无松动，接线无发热变色；

（5）各仪表盘、蜂鸣器、电铃、按钮指示动作正常，电流值在额定范围内；各大电流连接处、开关无异常发热，柜内外零线、地线连接牢固；

（6）补偿柜开关运行正常，放电电阻、熔断器可靠无损坏，手动、自动切换有效，电容壳体无膨胀；

（7）电气联锁安全可靠；

（8）送电时，必须检查所有开关是否断开、装设在各种设备的临时安全措施和接地线是否确已完全拆除；

（9）操作时，必须由两人进行，一人监护，一人操作，使用合格的安全工具，按操作顺序进行；

（10）严禁使用隔离开关直接切断或接通带有负荷电流的回路和有接地故障的线路设备。

8. 变压器

检查要点：

（1）变压器温度正常，风机、温度监测仪运行正常；

（2）变压器房或变压器隔离网必须上锁；

（3）变压器高低压接口无氧化，无变色；变压器编号及相色标识清晰，无破损、干净；

（4）母排无损伤，不变形。

9. 柴油发电机

检查要点：

（1）柴油发电机充电器充电正常，铅酸蓄电池的两端电压达到 DC24V，铅酸蓄电池引线无松动、腐蚀，电解液面应高出极板 10～12mm。

（2）发电机运行正常，外观清洁、无漏油、渗水，燃油保证 8 小时连续运行，储量、润滑油液位正常。

（3）柴油发电机润滑机油油位在接近油位标准（HI）位置，机油颜色无变色现象。

（4）柴油发电冷却水箱中的水位应在散热水箱盖下 50mm 位置。

（5）自动状态

① 保持启动电动机的蓄电池组达到启动电压；

② 保持散热器冷却水位正常,循环水阀常开;

③ 曲轴箱油位保持在量油尺刻线 2cm 的范围内;

④ 油箱油量在一半以上,燃油供油阀常开;

⑤ 发电机控制屏的"运行—停止—自动"开关放在"自动"位置;

⑥ 机组配电屏的模式开关在"自动"位置;

⑦ 散热器风机开关打在"自动"位置;

⑧ 机组收到市电失压的讯号后启动,确认市电失压,切开转换柜市电开关,合上转换柜发电开关。启动机房的进风和排风机。

(6)手动启动

① 室内气温低于 20℃时,开启电加热器,对机器进行预热。

② 检查机体及周围有无妨码运转的杂物,如有应及时清走。

③ 检查曲轴箱油位、燃油箱油位、散热器水位。如油位水位低于规定值,应补充至正常位置。

④ 检查燃油供油阀和冷却水截止阀是否处于开通位置。

⑤ 检查启动电动机的蓄电池组电压是否正常。

⑥ 检验配电屏的试验按钮,观察各报警指示灯有否接通发亮。

⑦ 检查配电屏各开关是否置于分闸位置,各仪表指示是否处于零位。

⑧ 启动进风和排风机。

⑨ 按动发动机的启动按钮,使其启动运转。如第一次启动失败,可按下配电屏上相应的复位按钮。待其警报消除、机组恢复正常状态方可进行第二次启动。启动后,机器运转声音正常,冷却水泵运转指示灯亮及各仪表指示正常,启动成功。

(7)运行安全管理

① 按照规定时间检查各指示仪表,注意润滑油的压力、水温是否有变化。润滑油的压力不得低于 150kPa,冷却水温度不得高于 95℃。

② 检查曲轴箱油位、燃油箱油位、散热器水位,低于正常位置应予以补充。

③ 观察配电屏各仪表及报警指示灯是否正常。凡红灯亮表示有故障,绿灯为正常运行指示灯。

④ 查充电器是否正常充电。

⑤ 倾听机器的各部分运转声响是否正常。

⑥ 手摸机体外壳、轴承部位外壳、油管、水管,感觉温度是否正常。

⑦ 留意发电机或电器设备是否有焦煳等异味。

⑧ 发现有不良情况,应即时处理解决;严重的应停机处理。

⑨ 凡故障停机,须把故障消除,然后按动机组上的重复手掣,机组方可再进行运作;

⑩ 对各运行参数,每班记录不少于两次。

10. 公共照明及其他

1)一般规定

公共地方照明是重要的基础设施,由楼宇自控系统控制,公共照明开关时间表由保安部拟制,报总经理批准后由工程部执行。因季节变化或其他原因需要调整公共照明开关时间时,由保安部重新拟制,报总经理批准后交工程部执行。

2)检查要点

(1)接地及绝缘良好;

(2)电缆沟内无积水和杂物;

(3)线路连接无松动,带电部分接触无裸露;

(4)临时用电(公共区域临时施工及装修等)应经物业公司审核批准,符合 GB/T 13869—2008 用电安全导则要求;

(5)路灯、楼照灯等公共设备完好。

8.3.4　防雷系统安全管理

避雷带、避雷针、避雷线、避雷网

1)一般规定

(1)防雷装置是指接闪器、引下线、接地装置、电涌保护器(SPD)及其他连接导体的总和。

一般将建筑物的防雷装置分为两大类——外部防雷装置和内部防雷装置。外部防雷装置由接闪器、引下线和接地装置组成,即传统的防雷装置。内部防雷装置主要用来减小建筑物内部的雷电流及其电磁效应,如采用电磁屏蔽、等电位连接和装设电涌保护器(SPD)等措施,防止雷击电磁脉冲可能造成的危害。

(2)接闪器就是专门用来接受雷闪的金属物体。接闪的金属杆称为避雷器,接闪的金属线称为避雷线或架空地线,接闪的金属带、金属网称为避雷带或避雷网。所有的接闪器都必须经过引下线与接地装置相连。

① 避雷针、避雷线、避雷网和避雷带都是接闪器,它们都是利用其高出被保护物的突出地位,把雷电引向自身,然后通过引下线和接地装置,把雷电流泄入大地,以此保护被保护物免受雷击。接闪器所用材料应能满足机械强度和耐腐蚀的要求,还应有足够的热稳定性,以能承受雷电流的热破坏作用。

② 避雷针的保护范围以它能防护直击雷的空间来表示。避雷针保护范围按 GB 50057—1994《建筑物防雷设计规范》规定的方法计算。

③ 避雷线架设在架空线路的上边,用以保护架空线路或其他物体(包括建筑物)免受直接雷击。由于避雷线既架空又接地,所以又叫作架空地线。避雷线的原理和功能与避雷针基本相同,其保护范围按 GB 50057—2000《建筑物防雷设计规范》规定的方法计算。

④ 避雷带和避雷网普遍用来保护较高的建筑物免受雷击。避雷带一般沿屋顶周围装设,高出屋面 100~150mm,支持卡间距离 1~1.5m。避雷网除沿屋顶周围装设外,需要时屋顶上面还用圆钢或扁钢纵横连接成网。避雷带和避雷网必须经引下线与接地装置可靠地连接。

2)检查要点:

(1)制度:防雷系统安全管理制度完善(及其附属设施检查、维护保养制度及应急预案)。

(2)计划:防雷系统年度维保工作计划及月度工作计划完善。

(3)巡检、维修保养:防雷系统巡检、保养及维修记录完整。

（4）检测：防雷装置（避雷带、避雷针、避雷线、避雷网）应每年检测 1 次，检测报告符合 GB/T 21431《建筑物防雷装置检测技术规范》的规定。

（5）合格证：制高点、建筑物等安装的雷电灾害防护装置应依法取得《防雷装置设计核准书》及《防雷装置验收合格证》。

（6）防雷设施：①避雷带/避雷针/避雷线/避雷网接地等设备保持完好，接地电阻值是否小于 4Ω；②避雷带/避雷针/避雷线/避雷网无锈蚀、缺损、断裂。

8.3.5 游泳池安全管理

1. 游泳池管理

本规范所称游泳场所，是指能够满足人们进行游泳健身、训练、比赛、娱乐等项活动的室内外水面（域）及其设施设备。

1）制度

检查要点：

（1）游泳池安全管理制度完善

① 池水净化与卫生打扫程序

a. 晚上停止开放后，向泳池中投放净化及消毒药物，进行池水净化和消毒。

b. 每天开循环泵对池水进行 2～3 小时的循环和过滤。

c. 对宾客开放前要进行池水净化，即吸尘、去掉水面杂物和池边污渍，搞好泳池环境卫生。净化池水要先投入次氯酸钠，过两小时后再投放碱式氯化铝。注意若投放次氯酸钠消毒就不能投放硫酸铜，避免因化学作用而引起游泳水面变色。

d. 泳池环境卫生必须在每天开放前和停止开放后，用自来水冲洗地面。在开放过程中如发现有客人遗弃的纸巾、烟盒、火柴盒、食物包装纸或其他杂物要随时捡放在垃圾桶里集中处理，以保持泳池的环境卫生，使其整洁美观。

e. 将泳池四周的椅、躺椅等抹干净，整理整齐，遮阳伞晚上要收起来集中存放在器具室。

② 游泳池水消杀消毒管理

a. 正常开放的泳池，应每天投放消毒药（也可根据不同药的效能不同处理），用量为每 1000 立方水加 40～50 公斤漂白水（次氯酸钠），或每立方水 2～3 克三氯异氰尿酸片剂，同时可根据游客多少适度地增量或减量。

b. 每星期投放 2～3 次聚合氯化铝（沉淀药），用量为每 1000 立方水加 5～10 公斤。施药应在泳池收场后进行，开循环泵进行循环，并保证有足够的静止时间，第二天早上吸尘。

c. 及时注意青苔的出现，约每半个月加一次硫酸铜。

d. 当 pH 值偏低时，适量投放碳酸钠，使 pH 值合乎水质标准。

③ 游泳池水保洁循环管理

a. 根据池水加药和沉淀的情况，及时对池底进行吸尘清理工作，吸尘必须做到细心彻底。

b. 每天清理池边及周边陆地，保证地面无尘，以免污染池水。

c. 每天开循环泵 8～10 小时（或视池水清洁度），让池水循环过滤。

d. 每次放水后要彻底有效地清理池底。加的新水要特别注意加药清理工作,消毒药、硫酸铜、沉淀药、苏打四药并加,并要足量。

（2）安全防范制度

① 游泳池开放时间由专人管理,非开放时间禁止进入泳池。

② 悬挂《入场须知》,加强安全教育,增强安全意识。确立"安全第一"的思想,向每个游泳健身者宣传游泳安全卫生常识。

③ 对患有肝炎、心脏病、皮肤病、性病、严重沙眼、急性结膜炎、中耳炎、肠道传染病、精神病等病患者,自觉禁止入内。如会所发现以上患者,有权禁止其进行游泳活动。

④ 设置安全标志和救生器材。

⑤ 设备设施维护:

人工游泳场所水质循环净化消毒、补水、保暖通风等设备设施应齐备完好,应建立并执行定期检查和维修制度,做好相应记录。

设施设备发生故障时应及时检修,采取应急处理措施,确保设施设备正常运行。水循环设备检修超过一个循环周期时,不得对外开放。

（3）应急预案

游泳池溺水事件是指游泳池在营业时间内,出现有人在水里无法游泳、正在沉入水里或已经沉入水里的紧急情况。制订游泳池应急预案的目的是确保游泳池出现溺水事件时,第一时间抢救溺水者。

2）计划

检查要点:游泳池年度维保工作计划及月度工作计划完善。

3）巡检、维修保养

检查要点:游泳场所应有《游泳池安全须知》、中英文警示标志和明显的水深、水温及水质标志牌,应采取有效的防滑措施,确保地面无破碎玻璃或尖锐物品。

4）标识

检查要点:游泳场所应有《游泳池安全须知》、中英文警示标志和明显的水深、水温及水质标志牌,应采取有效的防滑措施,确保地面无破碎玻璃或尖锐物品。

5）水质检测

检查要点:应对游泳池内水质定期检测,检测记录存档,检测结果符合卫生要求。

6）人员配备及器材

（1）一般规定

① 人员配备

A. 主管:具有长期从事游泳救生工作经验和资质、拥有中级救生员资质、担任过游泳池救生组长。

B. 救生组长:游泳池日常救生工作的组织者、管理者、协调者。负责游泳池开放程序的施行。由主管直接领导,统计救生员出勤、上岗、待命、训练情况;做好救生器材的维护管理。负责向主管正确反映游泳池开放工作情况。开放期间做好游客安全宣传服务。

C. 救生员:具有救生工作上岗资格。执行中心和上海市游泳救生协会的各项规定,服从主管工作分配。泳池在开放期间,必须配备一名持证救生员,负责泳池的救生、吸尘加药及水循环管理等工作。

D. 水处理员：由具有室内游泳池水处理工作经验及资格者担任。在主管的直接领导下，负责游泳池水质管理，确保水质符合国家检验标准，维护加热、净化设备的完好。

E. 医务：由具有医师执业资格者、经过游泳场所一般性培训的医师担任。由主管直接领导。做好开放值班工作，维护医疗器材，保证正常使用，员工健康统计、咨询、员工病假确认。

F. 广播员：负责广播宣传和即时对中心其他部门的联络。

G. 保洁管理员：负责游泳池、更衣室、休息室区域内的环境卫生工作，协助救生工作、宣传游泳安全注意事项、向游客提供使用说明服务。

H. 验票员：严格按照《进场人员须知》要求进行放人，观察询问不符该项目活动条件的人员，特别是老弱病残的、未成年的（要在成年人的陪同下）、酗酒的等等。在开放前必须在救助人员全部到位之后，方可开门放人入场。

② 器材

A. 人工建造游泳场所应设置游泳池及急救室、更衣室、淋浴室、公共卫生间、水质循环净化消毒设备控制室及库房。并按更衣室、强制淋浴室和浸脚池、游泳池的顺序合理布局，相互间的比例适当，符合安全、卫生的使用要求。

B. 急救室应按《体育场所开放条件与技术要求》(GB 19079)要求设置，配有氧气袋、救护床、急救药品和器材，救护器材应摆放于明显位置，方便取用。

C. 更衣室地面应使用防滑、防渗水、易于清洗的材料建造，地面坡度应满足建筑规范要求并设有排水设施。墙壁及内顶用防水、防霉、无毒材料覆涂。更衣室应配备与设计接待量相匹配的密闭更衣柜、鞋架等更衣设施，并设置流动水洗手及消毒设施。更衣柜宜采用光滑、防透水材料制造并应按一客一用的标准设置。更衣室通道宽敞，保持空气流通。常年开放的室内游泳池宜设有空气调节和换气设备、池水温度调节设施。

D. 淋浴室与浸脚消毒池之间应当设置强制通过式淋浴装置，淋浴室每 20～30 人设一个淋浴喷头。地面应用防滑、防渗水、易于清洗的材料建造，地面坡度应满足建筑规范要求并设有排水设施。墙壁及顶用防水、防霉、无毒材料覆涂，淋浴室设有给排水设施。

E. 为顾客提供饮具的应设置饮具专用消毒间。

F. 设有深、浅不同分区的游泳池应有明显的水深度、深浅水区警示标识，或者在游泳池池内设置标志明显的深、浅水隔离带。游泳池壁及池底应光洁不渗水，浅色，池角及底角呈圆角。游泳池外四周应采用防滑易于冲刷的材料铺设走道，走道有一定的向外倾斜度并设排水设施，排水设施应当设置水封等防空气污染隔离装置。

G. 淋浴室通往游泳池通道上应设强制通过式浸脚消毒池，池长不小于 2m，宽度应与走道相同，深度 20cm。

H. 室内游泳池应有符合国家有关标准的人员出入口及疏散通道，设有机械通风设施。

I. 游泳池应当具有池水循环净化和消毒设施设备，设计参数应能满足水质处理的要求。采用液氯消毒的应有防止泄漏措施，水处理机房不得与游泳池直接相通，机房内应设置紧急报警装置。放置、加注液氯区域应设置在游泳池下风侧并设置警示标志,加药间门口应设置有效的防毒面具,使用液氯的在安全方面应符合有关部门的要求。

J. 游泳场所应配备余氯、pH 值、水温度计等水质检测设备。

(2)检查要点:

① 游泳场所应配备救生员及必要的救生器材,应设有高位救生监护哨;

② 现场应配备足够数量的救生员。

7)许可证、健康证、上岗证

检查要点:

① 游泳场所应依法取得卫生许可证;

② 游泳池工作人员应有健康证;

③ 救生员应有救生证。

8.3.6　智能化系统安全

1. 设备设施

1)制度

检查要点:智能化系统安全管理制度完善

① 智能化系统检查、维护保养制度;

② 应急预案。

2)计划

检查要点:智能化系统年度维保工作计划及月度工作计划完善。

3)巡检、维修保养

检查要点:智能化系统巡检、维修保养记录完整。

4)弱机电房

检查要点:

(1)弱电机房通风、照明良好,整洁无杂物、无易燃易爆品;

(2)挡鼠板安装符合标准,无滴漏水现象,孔洞封堵完好;

(3)室温应控制在 40℃ 以内、湿度在 85% 以内,应急预案上墙。

5)监控及门禁对讲

(1)一般规定

视频监控系统是安全防范和生产监控体系的核心,可有效对各区域实行实时监控。整个视频监控系统的重点在于对生产区域、公共区域以及园区周界的监控。监控系统的主要目的在于防盗、防范意外和人身侵害,起到管理威慑作用,防患于未然;此外,从现代化管理的角度出发,监控系统在实现安全防范的同时,也能在管理方面发挥作用。

门禁管理系统是采用计算机网络技术、通信技术、机电一体化技术及非接触 IC 卡技术为用户提供的高效的出入口管理体系,它不仅作为出入口管理使用,而且有助于内部有序化管理。门禁管理系统能够时刻自动记录人员的出入情况,限制内部人员的出入区域、出入时间,防止非法人员随意闯入,保护建筑物安全和企业财产不受非法侵犯。

（2）检查要点

① 监控及门禁对讲系统运行正常，无损坏，设备及环境整洁；

② 系统操作软件运行稳定、可靠并及时更新。

6）监控及门禁对讲

检查要点：

（1）录像误差时间不超过 3 分钟，存储资料应达到 30 天；

（2）硬件功能正常，云台转动灵活，图像清晰，录像回放清晰；

（3）远程遥控遥测功能符合设备器件出厂技术指标要求；

（4）设备外观完好、整洁；

（5）对讲系统畅通，响应及时。

7）UPS 电源

（1）一般规定

① 职责

A. 各装置的 UPS 系统由设备部门归口管理，机安公司化工厂保运站电气车间负责日常运行与维护工作。主管电气（设备）的厂长和副总应随时掌握 UPS 运行情况，检查、督促有关部门抓好日常管理工作，确保 UPS 系统 100% 处于良好的工作和技术状态。

B. 应将 UPS 纳入正常的电气设备巡检范围内。对在运行中发现的问题，要采取积极有效的措施，制订整改方案，有计划地加以实施。

② UPS 的设计、选型

A. UPS 的设计，应以在最大负载条件下满足稳定供电的要求为前提，按照稳妥可靠、操作方便、维护便利的原则进行。

B. UPS 设备及附件选型工作应由设备管理部门组织，按照性能稳定、业绩突出、技术先进、价格合理的原则，拿出选型的书面依据，报请电气（设备）主管厂长批准。

C. 为防止品牌杂乱，有利于维护和服务，应在设备管理处会同物资装备部门在调研的基础上推荐 2～3 个品牌，选用 UPS 品牌。

D. UPS 控制系统必须具有电池管理环节，能对单个电池性能进行在线监测和事故报警：事故报警应远传至 DCS 室或 24 小时有人值班的地方。

E. 通过功能参数设定，UPS 具有自动旁路转换功能。切换功能要完善、合理、可靠。

F. UPS 设备选型要充分考虑电气隔离和谐波污染等问题。

G. 对新安装的 UPS 系统，设备管理部应组织审定调试大纲，调试单位要按大纲逐一落实，并出具书面报告；生产厂有关人员要参与整个调试过程，并签字确认。

③ 运行方式

A. 关键装置和要害部位的 UPS 其配置上应采用在线式，禁止采用后备式或在线互动式。对条件许可的，应采取主从热备方式或利用并机技术来提高供电可靠性，禁止由一套 UPS 给两套及两套以上控制系统供电。

B. 正常情况下，应以主电源通过整流和逆变后对外输出为主要供电方式；主电源故障时，自动切换到由电池通过逆变器对外输出的供电方式；当主电源（包括整流器和逆变器）和电池同时出现故障时，自动切换到旁路供电。

C. UPS 监测系统记录要完整准确,运行状态、各种运行参数、手动/自动事件、事故情况都能自动记录。

D. 严禁 UPS 超负荷运行或在 UPS 负荷侧接临时电源。

E. 运行中的 UPS 系统禁止退出运行;如因设备故障确须退出运行的,要办理完整手续,主管电气和生产的厂长要签字认可。同时,要采取措施,严禁供电中断。

④ 检修与维护

A. 维护人员要通过培训、学习等形式,熟悉和掌握辖区内 UPS 的性能、特点、供电方式以及负荷情况,经常组织事故预演。

B. UPS 室内环境要保持洁净、干燥,室内温度要严格控制在正常范围内。

C. 接线方式、事故处理预案、监测和巡检内容要准确无误地挂在 UPS 室内。

D. 维护部门应对辖区内的 UPS 做到"三定",即定期试验,定期检修,定期清扫,并严格执行操作票制度。

E. 电池作为 UPS 的重要组成部分,至少每半年进行一次充放电活化试验;严禁过度放电造成蓄电池损坏;电池的更换必须考虑参数性能的一致性,同一 UPS 内,禁止混用不同型号的电池。

F. UPS 维护部门应建立 UPS 及电池的相关档案(台账,试验及检修记录,电池寿命及充放电记录等)。

(2)检查要点:停电(包括模拟停电)时能正常转换,确保电源不间断。

8.3.7 "三小场所"安全管理

1. 一般规定

"三小"由小档口、小作坊、小娱乐场所组成,简称"三小场所"。

1)小档口:具有销售、服务性质的商店、营业性餐馆、饭店、小吃店、汽车摩托车修理店、洗衣店、电器维修店。

2)小作坊:具有加工、生产、制造性质的家庭作坊。

3)小娱乐场所:具有休闲、娱乐功能的酒吧、茶艺馆、沐足屋、棋牌室、桌球室、麻将房、美容美发店(院)等。

2. 检查要点

1)"三小场所"应配备相应的灭火器材、应急灯,消防通道无堵塞;

2)使用燃气场所或经营危险化学品场所应符合相关要求;

3)"三小场所"未堆放易燃、易爆的物品。

8.3.8 设计缺陷

检查要点:

(1)管理用房位置设计应合理;

(2)水泵房控制柜应与水泵及管道进行隔离安装;

(3)水管管道应安装在电缆桥架上方;

(4)水泵房应有排水沟;

(5)设备房设备设施应有足够的维修通道；

(6)冷却塔、消防稳压泵应有就地控制箱；

(7)强、弱电井应分开；

(8)不锈钢水箱应设计有足够观察水箱底部的空间基座；

(9)电梯底坑应有排水管道，排水管道应与排污井相通。

8.4　环境安全管理

8.4.1　工作制度

检查要点：

(1)制定清洁、绿化、消杀等作业规范和标准；

(2)建立台风暴雨等特殊天气安全作业规范；

(3)建立高空修剪、乔木支撑等特殊作业安全规范。

8.4.2　环境安全作业

检查要点：

(1)配备必要的环境作业安全防护用品；

(2)作业时严格按照防护要求进行作业；

(3)环境作业现场有必要的安全保护措施；

(4)高处作业时采取安全防护，高处作业安全管理流程执行到位。

8.4.3　消杀管理巡查

1.　一般规定

物业消杀项目的管理需要确保所有的消杀活动都按照预定的程序和时间进行，确保消杀效果，同时还要确保消杀活动对环境和人体的安全。这需要物业公司具备专业的消杀知识和技能，制订详细的消杀计划，按照计划进行操作，进行有效的监督和管理。此外，物业公司还需要对消杀活动的效果进行评价，以便对消杀活动进行持续改进。

2.　巡查要点

(1)检查物业服务企业是否制定消杀管理制度。

(2)检查物业服务企业在开始消杀活动之前，是否制订详细的消杀计划。这个计划包括消杀的具体内容、消杀的方法、消杀的时间、消杀的地点等。

(3)检查物业服务企业在制订计划的过程中是否需要考虑到消杀活动可能对环境和人体的影响。

(4)检查物业服务企业在消杀计划制订完成后是否按照计划进行操作。

(5)检查物业服务企业是否选择合适的消杀产品，是否按照正确的方法使用，以及按照预定的时间进行消杀。

（6）检查物业服务企业是否对消杀活动进行有效的监督和管理，以确保消杀活动的正确执行。

（7）检查物业服务企业是否对消杀活动的效果进行评价，以便对消杀活动进行持续改进。

8.4.4　园林景观安全管理

1. 检查要点

1）景观照明根据季节、气候、时间对景观照明的控制开放

（1）景观照明开关控制宜同时具备手动、时钟、远程控制等功能，并宜符合下列要求：

① 可根据需求进行编组回路控制；

② 可显示控制设备运行状态；

③ 可进行能耗监测统计和亮灯率统计；

④ 故障可自动报警并记录；

⑤ 移动终端可远程查询及监测；

⑥ 可向上兼容相应的集中控制系统及扩展。

（2）灯光效果控制宜具备下列功能：调节功能，自动预设和手动控制功能，数据采集和效果预览功能，效果场景切换功能。

（3）景观照明系统集成控制应支持多种组网方式，对所有参与灯光表演的主控设备进行联动控制管理，并宜具备下列功能：

信息采集、记录、分析功能，编辑、下发、切换、离线、本地效果控制功能，通道扩展功能，预留其他联动控制系统接入条件，联动控制同步时延宜小于 40ms，自动检测各控制设备的工况。

（4）同一照明系统内的照明设施应支持分区、分组、单体的集中控制，应避免全部灯具同时启动，宜根据使用要求设置平日、节日、重大庆典等不同效果的低碳节能控制模式。

（5）景观照明控制系统设备应便于维护，具有多媒体播放功能的控制设施宜设置在值班室内，设在室外的应增加相应的安全防护。

（6）景观照明控制中心宜配置一体化综合管控平台，可实现对景观照明开关、效果控制和系统集成，应预留基于物联网对接智慧城市建设的接口，并同时配置运维管理功能。

（7）景观照明"三同时"建设项目宜纳入市级景观照明控制中心进行控制。

（8）景观照明控制中心建设应满足相应信息安全要求。

2）室外用电应确保安全

（1）不得随便乱动或私自修理车间内的电气设备。

（2）经常接触和使用的配电箱、配电板、闸刀开关、按钮开关、插座、插销以及导线等，必须保持完好，不得有破损或将带电部分裸露。

（3）不得用铜丝等代替保险丝，并保持闸刀开关、磁力开关等盖面完整，以防短路时发生电弧或保险丝熔断飞溅伤人。

（4）经常检查电气设备的保护接地、接零装置，保证连接牢固。

（5）在移动电风扇、照明灯、电焊机等电气设备时，必须先切断电源，并保护好导线，以免磨损或拉断。

（6）在使用手电钻、电砂轮等手持电动工具时，必须安装漏电保护器，工具外壳要进行防护性接地或接零，并要防止移动工具时，导线被拉断，操作时应戴好绝缘手套并站在绝缘板上。

（7）在雷雨天，不要走进高压电杆、铁塔、避雷针的接地导线周围 20m 内。当遇到高压线断落时，周围 10m 之内，禁止人员进入；若已经在 10m 范围之内，应单足或并足跳出危险区。

（8）对设备进行维修时，一定要切断电源，并在明显处放置"禁止合闸，有人工作"的警示牌。

3）漏电保护完好，无破损线路

（1）漏电保护是电网的漏电流超过某一设定值时，能自动切断电源或发出报警信号的一种安全保护措施。低压电网中的漏电保护可以防止人身触电伤亡事故；高压电网则不能完全防止人身触电伤亡事故，但可提高电网和设备的安全性。所以，在高压电网又称此为单相接地保护。漏电保护的设定值一般为：低压电网以防止人身触电伤亡为宗旨，高压电网则以设备安全及阻止故障蔓延为目标。

（2）漏电保护器，简称漏电开关，又叫漏电断路器，主要是用来在设备发生漏电故障时以及对有致命危险的人身触电保护，具有过载和短路保护功能，可用来保护线路或电动机的过载和短路，亦可在正常情况下作为线路的不频繁转换启动之用。